무한: 수학적 상상

신기철 | 신현용 지음　**김영관** 그림

매디자인
mathesign

표지 그림

앞표지: 무한의 이론 정립에 중요한 역할을 한 사람들로서 왼쪽부터 볼차노, 칸토어, 힐베르트, 괴델이다.

뒤표지: 무한을 상징하는 수학 기호로서 초한기수를 나타내는 알레프^{aleph}이다. 히브리 자모字母의 첫 글자이다.

차 례

차 례 1

일러두기 3

여는 글 9

I 부 21

1장　무한, 오래된 상상이다 23

2장　단어와 문법을 만들다 57

3장　집합을 연산하다 81

4장　집합을 분할하다 107

5장　집합을 비교하다 131

6장　차례를 정하다 161

II 부		179
7장	자연수, 어디서 와서 어디로 가나?	181
8장	선택공리, 왜 공리이며 뭘 뜻하지?	213
9장	무한을 분류할 수 있나?	243
10장	무한을 셀 수 있을까?	261
11장	무한에서도 차례를 정하나?	283
12장	무한, 수학자의 낙원인가?	305
13장	퍼지논리, 무엇이 다른가?	331
14장	무한으로	353

닫는 글		375
참고 문헌		395
찾아보기	한글	399
찾아보기	영어	405

일러두기

수학이 무한에 적극적인 관심을 기울이기 시작한 것은 1900년 전후로서 그리 오래되지 않았지만, 무한은 현대수학에서 핵심적인 주제 중 하나라고 할 수 있습니다. 이제는 무한을 말하지 않고 수학을 언급하기 어렵다는 뜻입니다.

이 책은 여러 잡문이나 졸저에서 무한을 자주 언급한 바 있는 저자들이 신현용(2013), Pinter(1971), Lin & Lin(1974) 등을 참고하여 공리적axiomatic으로 무한을 이야기합니다. 이 책은 내용의 범위나 깊이에서 전문가 수준에는 미치지 못합니다.

이 책은 볼차노, 칸토어, 힐베르트, 체르멜로, 괴델, 코언 등에 의해 이어온 무한에 대한 접근에 동의하고 그 내용을 소개합니다. 대각선 논법이나 연속체 가설 등을 수용함으로 칸토어 집합론은 물론이고 비칸토어non-Cantorian 집합론도 유의미하다고 생각하는 것입니다. 마찬가지로, 표준해석학과 비표준해석학non-standard analysis 모두를 실수의 무한 세계에 접근하는 유의미한 이론으로 수용합니다.

∞ ∞ ∞

두 개의 부部으로 이루어진 이 책의 구성은 다음과 같습니다.

I부에서는 무한을 탐험하기 위한 준비를 합니다.

1장은 무한과 수리논리에 관해 개관합니다. 무한은 기원전 5세기 제논이 문제를 제기한 이후 지금까지 수학의 주요 화두였습니다. 20세기에 들어 무한에 관하여 본격적으로 논의된 과정을 칸토어의 생각을 중심으로 살핍니다. 수리논리에 관한 아리스토텔레스의 생각도 간략히 소개합니다.

2장에서는 기본적인 공리와 논리를 소개합니다. 집합론에서는 어떠한 명제들을 공리로 택하는지, 논리 전개는 어떤 절차로 하는지 등을 살핍니다. 무한집합의 존재를 보장하고, 그들의 성질을 살피며, 무수히 많은 명제도 수학적으로 논의할 수 있도록 준비합니다.

3장은 합집합과 교집합 등 집합의 기본적인 연산을 소개하고 각각의 성질을 살핍니다. 집합에 관한 모든 논리는 앞2장에 근거함을 주목합니다.

4장은 주어진 집합에서 새로운 집합을 얻는 중요한 방법을 하나로서 동치관계와 그에 의한 분할을 논의합니다.

5장은 집합을 비교하는 대표적인 방안으로서 함수를 정의하고 그의 종류와 성질을 살핍니다.

6장은 순서에 관해 논의합니다. 집합에 원소가 얼마나 많이 있는가도 중요하지만 각 원소들 사이에 주어진 순서도 중요합니다. 여러 종류의 순서를 소개합니다.

II부에서는 무한을 상상으로 탐험합니다.

7장은 자연수에 관한 이야기입니다. 수학^{數學}은 수^{數}의 학문이고 수는 자연수에서 출발합니다. 자연수 공리를 소개하고, 자연수에서 정수를 만들며, 정수에서 유리수를 만듭니다. 자연수 사이의 덧셈과 곱셈 연산을 정의하고 교환법칙이나 결합법칙 등을 증명합니다. 자연수의 연산과 순서로부터 어떻게 정수와 유리수의 연산과 순서를 얻을 수 있는지 알아봅니다.

8장은 선택공리와 비표준해석학을 소개합니다. 유클리드 기하학과 비유클리드$^{\text{non-Euclican}}$ 기하학이 있듯이 칸토어 집합론과 비칸토어$^{\text{non-Cantorian}}$ 집합론이 있습니다. 선택공리는 칸토어 집합론의 중요 요소이다. 실수의 무한을 논하는 해석학에는 표준 해석학과 비표준$^{\text{non-standard}}$ 해석학이 있습니다. 비칸토어 집합론과 비표준 해석학은 기존의 방식과는 다르게 무한으로 접근합니다.

9장은 무한의 집합이 얼마나 큰지 계산하며 구분합니다. 자연수 전체의 집합과 유리수 전체의 집합은 농도^{cardinality}가 같으나 실수 전체의 집합의 농도는 유리수 전체의 집합의 농도보다 크다는 것을 설명합니다.

10장은 자연수 개념을 확장합니다. 정수 또는 유리수로 확상하는 방향과는 다른 방향에서입니다. 유한집합의 개수를 자연수로 표현하듯 무한집합의 농도를 표현할 수 있는 '기수cardinal number'의 개념을 도입하는 것입니다.

11장은 무한에서 순서를 정합니다. 무한집합에 순서까지 고려한 '서수ordinal number'의 개념과 서수에 관한 몇 가지 성질을 소개합니다.

12장은 무한에 대한 적극적인 탐험의 결과로 무한에 관해 무엇을 알게 되었는지 소개합니다. 무한은 과연 '수학자의 낙원'인가? 무한은 다양한 수학적 호기심과 상상의 원천임을 주목합니다. 괴델의 불완전성 정리에 관해서도 살핍니다. 그 정리가 무한이 전제된 공리적 수학의 특징을 이야기하기 때문입니다. 괴델의 증명을 비전문가 수준에서 이해하려는 시도를 합니다.

13장은 두 개의 진릿값만을 인정하는 이분법적 논리 체계가 아닌 논리 체계를 소개합니다. 무한히 많은 귀속도membership를 허용하는 이 논리 체계는 기존의 논리 체계보다 더 많은 문장을 수학적으로 논할 수 있게 할 것이나 중요한 증명 기법 하나를 잃게 됨을 설명합니다.

14장은 무한이 유한의 문제를 해결하는데 이용될 수 있음을 예를 통해 설명합니다. 피보나치수열과 벨 수에 대해 다룹니다.

∞ ∞ ∞

이 책의 서술 형식은 대학 수준의 대부분의 책과 다릅니다.

'정의 — 공리 — 정리 — 증명'

의 틀을 취하지만 그 형식을 부각시키지는 않습니다. 장황하게 보일 수 있으나 '이야기하듯' 서술하는 장점이 있습니다.

이 책에는 가상의 대화가 여럿 있습니다. 가상 대화 대부분의 화자話者는 '여휴汝休'와 '여광汝匡'입니다. 여휴와 여광은 조선의 산학자算學者 경선징慶善徵, 1616-?과 홍정하洪正夏, 1684-? 각각의 자字입니다.

이 책에 소개된 여러 이야기는 저자들의 다른 글이나 책에서 언급된 것일 수 있지만 어디에서 어떻게 언급하였는지 등에 관해 일일이 밝히지 않았습니다. '유명한 사람들의 유명한 말'도 대부분 정확한 출처를 밝히지 않았습니다. 그들 모두는 인터넷에서 쉽게 검색됩니다.

나름의 노력을 기울였으나 이 책에 오자나 탈자 그리고 모든 오류가 있을 수 있습니다. 모두 저자의 잘못입니다. 독자 제위께 불편을 끼쳐 부끄럽습니다. 책을 읽다가 잘못을 발견하면 shin@knue.ac.kr 로 알려주기 바랍니다. 검토 후 즉시 수정하도록 하겠습니다.

다음 QR 코드를 스캔하면 이 책의 출간이후에 발견된 잘못을 모은 '정오표errata'를 볼수 있습니다.

이 책이 무한을 상상함에 도움이 되기를 바랍니다.

감사합니다.

2019년 2월 20일

신기철, 신현용

여는 글

인간은 생각을 시작한 그 순간부터 무한이 궁금했을 것입니다. 기원 전 5, 6세기, 현대적 의미의 수학을 시작한 그때부터는 무한을 논리적으로 접근하려 노력하였습니다. 제논의 역설Zeno's paradoxes은 그러한 대표적인 예입니다. 그러나 당시 무한에 관한 궁구는 관념적 수준에 머물렀으므로 제기되는 다양한 역설을 설득력 있게 해결할 수 없었습니다.

아리스토텔레스Aristotle, 384-322 BC는 『물리학Physics』에서 제논의 역설을 소개하고 무한을 논합니다. 무한에 관한 그의 생각은 대략 다음과 같습니다.

> 물리학은 변화change를 논하고, 변화는 연속적continuous이므로 무한가분적infinitely divisible이다. 따라서 무한은 물리학적 주제일 수 없다. 사실, 존재existence는 실제적actual이든가 잠재적potential이다. 무한이 존재한다면 이 들 중 하나여야 하지만 실제적일 수는 없다.

아리스토텔레스는 실무한actual infinity, completed infinity이 아닌 가무한의 입장을 취한 것으로 볼 수 있습니다.

뉴턴I. Newton, 1642-1727과 라이프니츠G. Leibniz, 1646-1716는 미적분학을 정립하여 물리 법칙을 효과적으로 설명하는 등의 성공을 거뒀지만 미적분학의 기초 개념인 무한 자체에 관해서는 엄밀한 이해를 하지 않은 상태였습니다.

경험주의 철학을 완성했다고 할 수 있는 흄 D. Hume, 1711-1776도 실무한 개념을 수용하지 않았습니다. 무한은 인간이 경험할 수 없기 때문에 정확히 인식할 수 없다는 생각이었습니다. 그는 특히 수직선에서의 무한가분성을 부정하였습니다. 이러한 입장은 기존의 유클리드 기하학과 충돌하지만 경험주의 철학다운 입장입니다.

이러한 상황에서 무한을 진지하게 상상하던 사람들이 있었습니다. 볼차노 B. Bolzano, 1781-1848는 그들 중 한 명으로서 무한이 얼마나 신비한지에 관한 책을 저술하였습니다.

∞ ∞ ∞

> 지금까지 수학에서 무한이 허락된 적이 없듯이, 나는 무한을 완전한 양으로 사용하는 것에 반대한다. 무한은 단지 표현의 방식으로서, 그 진정한 의미는 어떤 비가 무한히 가깝게 접근하거나 제약 없이 무한히 증가하는 것을 나타낼 뿐이다.
>
> I protest above all against the use of an infinite quantity as a completed one, which in mathematics is never allowed. The infinity is only a manner of speaking, the true meaning being a limit which certain ratios approach indefinitely close, while others are permitted to increase without restriction.

가우스 C. F. Gauss, 1777-1855의 말입니다.

아벨 N. Abel, 1802-1829도 무한에 관해 불편한 인식을 가졌던 것 같습니다. 다음은 그의 말입니다.

> 모든 수학에서, 기하급수를 제외하고는, 그 합이 엄밀하게 결정된 무한급수는 없다.

가우스 (C. F. Gauss, 1777-1855)

With the exception of the geometric series, there does not exist in all of mathematics a single infinite series whose sum has been determined rigorously.

발산하는 급수들은 악마의 작품이다. 어느 논증이라도 그들에게 기반을 두는 것은 수치이다. 그들을 사용할 것이라면 우리가 원하는 모든 결론을 유도할 수 있고, 그 점이 그 급수들이 많은 오류와 역설을 초래한 이유이며 ...

The divergent series are the invention of the devil, and it is a shame to base on them any demonstration whatsoever. By using them, one may draw any conclusion he pleases and that is why these have produced so many fallacies and so many paradoxes ...

19세기 중반에 이르러 수학은 꽃을 활짝 피웠습니다. 예를 들어, 다항식의 가해성 문제가 해결되었고, 작도불가능의 문제에도 답이 주어졌으며, 비유클리드 기하학이 아닌 새로운 기하학이 발견되었습니다.

무한의 경우는 달랐습니다. 모든 수학에 무한이 스며있지만 무한에 대한 기초조차 정립되지 않았고 무한은 수학의 본격적인 대상이 아니었습니다.

푸앵카레H. Poincaré, 1854-1912도 실무한을 인정하지 않았습니다. 그는 심지어 칸토어의 무한 이론에 대해 '수학에서 점차 회복되어야 할 질병disease from which mathematics would eventually be cured'이라고 말한 바 있습니다.

> 실무한은 없다. 칸토어주의자들이 잊고 있는 바이다.
> 그들이 모순에 빠지는 이유이기도 하다.
> There is no acutual infinite; the Cantorians have forgotten this, and that is why they have fallen into contradiction.

푸앵카레의 생각이었습니다.

∞ ∞ ∞

공간이나 시간에서 '무한'을 가정하면 여러 가지 어려운 문제가 생깁니다. 우리가 감각할 수도, 경험할 수도, 따라서 실험할 수 없는 무한의 특성 때문입니다. 수학에서도 무한의 개념이 개입되면 많은 문제가 발생합니다. 제논의 여러 역설을 비롯하여 수학에서의 많은 역설에는 무한 개념이 관련됩니다. 유클리드 기하학에서 제5공준

푸앵카레 (H. Poincaré, 1854-1912)

즉, 평행성 공준이 그 많은 상상을 야기한 것도 그 공준이 무한 개념을 내포하고 있기 때문입니다.

예로부터 무한을 인간이 범접할 수 없는 신의 영역, 즉 종교나 신학에서나 다뤄져야 할 영역으로 치부해 버리고, 수학에서는 깊이 다루는 것은 가급적 피했다고 볼 수 있습니다. 그러나 모든 학문이 마찬가지겠지만, 특히 수학에서 무한은 수시로 접할 수밖에 없는 문제입니다.

당장 자연수 전체의 집합이 무한입니다. 소수의 개수가 무한인 것도 이미 오래 전에 알려졌습니다. 수학을 하는 한 무한의 개념으로부터 완전히 자유로울 수는 없습니다. 멀리하자니 자주 만나게 되고, 가까이 하자니 그 행태가 기이하여 수학적^{논리적, 체계적}으로 다루기 어려웠습니다. 결국 무한은 수학자에게 하나의 커다란 골칫거리였습니다.

무한으로 인한 여러 어려움을 겪으며 무한을 바라보는 관점이 자연스럽게 형성되었습니다. 이 관점은 요즈음 우리가 말하는 '가무한^{virtual infinity}'의 개념입니다. 즉, 아리스토텔레스 이래로 칸토어 이전까지의 대부분의 수학자들의 무한에 대한 인식으로서 언제라도 충분히 크게^{혹은 작게} 할 수 있는 것이며, 끝남이 없는 것이므로 현실적으로는 존재하지 않는, 그래서 잠재적으로만 파악할 수밖에 없다는 것입니다. 어찌 보면 막연한 개념이며, 소극적이고 피상적인 인식이라고 할 수 있습니다. 가무한은 '보통 사람들이 가지고 있는 무한 개념'이라고 할 수 있을 것입니다. 가무한을 '잠재적 무한^{potential infinity}'이라고 부를 수 있습니다.

무한에 관한 이러한 소극적 인식은 무한성이 내재된 여러 역설을 적극적으로 해결하려는 노력을 방해하였다고도 볼 수 있습니다. 당시의 수학이 무한에 대해 상당히 모호하게 인식하고 있었지만 무한의 개념이 개입할 수밖에 없는 미적분학이나 사영기하학 등을 만족스럽게 정립한 것은 주목할 만합니다. 예를 들어, 미적분학에서의 '무한소' 개념, 사영기하학에서의 '무한원점' 개념 등은 무한에 대한 인식을 기반으로 정립된 개념입니다. 사실 기원전 4세기에 유독소스^{Eudoxus of Cnidus}는 이미 '우리가 원하는 만큼 작게 할 수 있는' 양, 즉 가무한의 관점에서 정립한 무한소 개념만을 사용하여 넓이와 부피를 성공적으로 계산 할 수 있었습니다. 이는 물리학에서 전기에 대하여 정확히 이해하기 전에 전기를 유용하게 활용하였던 것과 유사한 상황이라고 할 수 있습니다.

∞ ∞ ∞

현대 수학은 그 '자유성freeness'에 큰 특징이 있습니다.

수학의 본질은 자유이다.

The essence of mathematics lies in its freedom.

칸토어G. Cantor, 1845-1918의 말입니다. 수학은 결코 현실적인 검증이나 실험적 뒷받침을 요구하지 않습니다. 수학의 체계 안에서 모순이 없으면 됩니다. 따라서 수학은 현실적인 이유 때문에 발목을 잡힐 수 없습니다. 무한에 대한 기존의 소극적인 자세를 단호히 부정하고 적극적으로 접근한 수학자가 칸토어라고 할 수 있습니다. 칸토어는 조심스러워 하면서도 분명하게 무한에 접근하였고, 그가 정립한 이론을 적용하여 무한을 적극적이며 효과적으로 다루었습니다. 그 결과 '실무한actual infinity'의 개념을 확립하여 무한을 체계적으로 다루게 함으로써 수학의 지평을 크게 넓혔습니다.

힐베르트D. Hilbert, 1862-1943는 칸토어의 이러한 업적을 높이 평가하여 칸토어가 우리를 '수학자의 낙원12장'으로 인도하였다고 했습니다. 물론, 이러한 적극적인 접근으로 인하여 선택 공리의 문제, 연속체 가설의 문제 등의 추가적인 문제 또는 러셀의 역설 등과 같은 다양한 역설이 등장했습니다. 그러나 수학자들은 지속적으로 적극적 자세를 견지함으로 집합론, 함수 이론 등을 점점 발전시켜, 오늘날에는 무한을 체계적으로 상상하고 효과적으로 다룰 수 있게 하였습니다.

$$\infty \quad \infty \quad \infty$$

실무한적 관점에서 무한을 인식한 대표적인 예를 들어봅시다. 자연수로 유한 집합의 크기^{원소의 개수}를 나타낼 수 있습니다. 무한 집합에 적극적으로 접근한 칸토어는 무한 집합도 그가 개발한 방법에 따라 분류하고 각각의 무한 집합에 크기를 정의하였습니다. 이 크기를 '농도^{cardinality}'라고 부릅니다. 농도는 유한집합의 크기 개념을 일반화한 것으로 볼 수 있습니다. 특히 무한 집합 중에서 가장 중요한 역할을 하는 자연수 전체 집합의 농도를 $\aleph_0$로 나타냅니다. 마찬가지로 $\aleph_0$와 같은 집합의 농도를 나타내는 수^{또는 기호}는 유한집합의 원소의 개수를 세는데 이용되는 자연수의 개념을 확장한 것이라고 할 수 있습니다. 이 수를 '기수^{cardinal number}'라고 부릅니다. 칸토어는 실수 전체 집합의 농도는 $2^{\aleph_0}$임을 보임으로 실수 전체의 집합은 자연수 전체 집합과 같은 농도를 갖지 아니함을 증명하였습니다. 자세히 말해서, 실수 전체의 집합의 농도를 연속체^{continuum}를 나타내는 의미에서 c라고 하면, $c = 2^{\aleph_0}$이며 '$2^{\aleph_0}$는 $\aleph_0$보다 크다' 즉, $\aleph_0 < 2^{\aleph_0}$가 된다는 것을 보임으로써 실수 전체의 집합의 무한은 자연수 전체의 집합의 무한보다 크다는 것을 증명한 것입니다.

연속체 가설^{continuum hypothesis}은 $\aleph_0$와 c사이에는 다른 기수가 없

다고 주장합니다. 이를

$$\aleph_1 = c \,(= 2^{\aleph_0})$$

와 같이 표현할 수 있습니다. c는 $\aleph_0$ 다음으로 가장 작은 기수라는 뜻에서 0의 바로 다음 수^(정수)인 1을 이용하여 '$c = \aleph_1$'과 같이 나타낸 것입니다. 이 가설을 일반화 한 것이 일반 연속체 가설^(generalized continuum hypothesis)인데, 이에 의하면

$$\aleph_n = 2^{\aleph_{n-1}} \,(n\text{은 자연수})$$

가 됩니다. 즉, $\aleph_n$과 $2^{\aleph_n}$ 사이에는 다른 기수가 없다는 것입니다. 일반 연속체 가설의 정확한 내용을 다음과 같이 말할 수 있습니다.

> 임의의 무한집합의 농도 a에 대하여 a와 2^a 사이에는 다른 기수가 존재하지 않는다.

칸토어는 자연수가 아닌 기수를 '초한수^(transfinite number)'라고 하였습니다. $\aleph_0, \aleph_1, \aleph_2, \cdots$ 등은 초한수의 예입니다. 물론 '$\aleph_n$ (n은 음이 아닌 정수)' 형태 이외의 초한수는 얼마든지 있을 수 있음을 주목할 필요가 있습니다. '초한^(transfinite)'이라는 용어 역시, 칸토어가 무한을 실무한으로서 인식하였음을 말해줍니다. 즉, 칸토어에게 무한은 '막연히 큰 대상', 혹은 '계속에서 커지고 있는 상태'가 아니었습니다.

두 자연수를 더하거나 곱할 수 있듯이, 두 기수도 더하거나 곱할 수 있습니다. 그러나 초한수의 덧셈과 곱셈은 자연수의 덧셈과 곱셈과 비교하여 볼 때, 여러 가지 면에서 다른 성질을 가집니다. 예를 들어 $\aleph_0 + \aleph_0 = \aleph_0$이고 $\aleph_0 \times \aleph_0 = \aleph_0$입니다. 이러한 등식은 유한의

경우에는 $0 + 0 = 0$과 $0 \times 0 = 0$ 외에 볼 수 없습니다.

자연수로부터 기수 개념을 도입한 것과는 다른 방식으로 자연수의 개념을 일반화할 수 있습니다. 서수^{ordinal number} 역시 자연수를 일반화하여 얻은 개념입니다. 기수와 마찬가지로 두 서수도 더하거나 곱할 수 있습니다. 그러나 무한 서수의 덧셈과 곱셈은 기수의 경우보다 이상한 성질이 더 많이 있습니다. 심지어 곱셈은 물론 덧셈에서조차도 교환 법칙이 성립하지 않게 됩니다. 이러한 현상은 실무한의 입장에서나 가능한 신비입니다.

한편, 실무한의 입장에서는 자연수 집합에 적용되는 수학적 귀납법은 자연수 집합보다 더 일반적인 정렬집합^{well-ordered set}에 적용할 수 있는 초한 귀납법^{transfinite induction}으로 확장될 수 있습니다. 선택공리와 동치 명제인 정렬 원리^{well-ordering principle}에 의하면 모든 집합은 정렬집합으로 만들 수 있으므로 모든 집합에 대하여 수학적 귀납법과 비슷한 논증이 가능하게 됩니다. 이 사실을 통해서도 실무한의 입장이 수학의 범위를 얼마나 넓힐 수 있는지를 알 수 있습니다.

현대 수학에서 가장 특징적인 역할을 하는 선택공리^{axiom of choice}에서는 무한한 순차적 조작을 보장합니다. 무한 번의 조작은 공간적으로나 시간적으로 불가능합니다. 따라서 선택공리를 받아들인다는 것은 현실적으로 불가능한 조작을 시간과 공간의 문제를 초월하여 병렬적으로 단숨에 조작 가능하다는 것을 가정하는 것이므로 여러 가지 현실적 모순에 봉착하게 합니다. 수학의 이러한 특징은 고전 수학, 특히 유클리드 기하학에서도 발견할 수 있습니다.

    기하학적 의미의 직선이나 원은 현실적으로 가능한가?
    '무리수 $\sqrt{2}$는 작도가능하다'라는 주장은 현실성이 있는가?

우리가 그리는 수많은 삼각형의 내각의 합은 모두 180°인가?

수학에서 현실성이나 관찰 가능성을 염두에 두면 상황은 복잡해집니다. 어찌보면, 수학자는 오래 전부터 자기들만의 이상 세계에 살아온 것입니다. 그럼에도 선택 공리와 이로부터 도출되는 정렬원리 등은 20세기 초 대부분의 수학자들을 크게 당혹스럽게 하였습니다. 그러나 현실적인 검증이나 실험적 뒷받침을 요구하지 않는 현대 수학의 자유성, 즉 실무한 입장 등에서 표출되는 적극적 자세는 수학체계 내에 모순을 유발하지 않는 한 선택공리를 받아들이게 하였습니다. 따라서 실무한의 입장이 주류를 이룬다고 볼 수 있는 현대 수학에서는 무한이 중요한 연구 대상이 됩니다.

'수학은 무한의 학문이다'라는 말은 지나친 주장이 아닙니다. 칸토어는 가무한, 즉 '잠재적 무한potential infinity'을 '비본래적uneigentlich, improper 무한'이라고 불렀습니다. 실무한을 '존재로서의 무한'이라고도 하며, 칸토어는 '본래적eigentlich, proper 무한'이라고 불렀습니다.

19세기 말부터 본격적으로 논의되기 시작한 무한의 이론은 100년이 지난 오늘 날에도 여전히 논의되고 있습니다. 실수 전체의 집합과 자연수 전체의 집합의 농도가 같이 않음을 증명하는 칸토어의 '대각선 논법diagonal method', 그리고 그의 '$\aleph_0 < 2^{\aleph_0}$'라는 주장과 이에 기반을 두고 있는 '연속체 가설continuum hypothesis' 등 칸토어Cantorian

또는 비칸토어non-Cantorian 집합론의 기본에 동의하지 않거나 부정하는 이론이 있습니다. 무한의 수학은 신비한 세계에 관한 상상이므로 충분히 있을 수 있는 일일 것입니다.

괴델의 불완전성정리incompleteness theorem의 증명에 오류가 있다는 주장도 있습니다. 실수의 무한을 새로운 틀로 설명하는 로빈슨A. Robinson, 1918-1974의 '비표준해석학non-standard analysis'의 경우에 대해서도 마찬가지입니다. 이 책은 칸토어, 괴델, 로빈슨 등의 상상과 논리에 동의합니다.

이제 오랜 세월에 걸친 무한에 관한 수학적 상상을 따라가 봅시다.

I 부

유한을 관찰하고 살피며 무한을 위한 언어와 문법을 만든다.

- 증명 논리를 정립한다. 삼단논법과 귀류법 등의 정당성을 확보한다.
- 여러 가지 집합의 연산을 생각하고 그 성질을 살핀다.
- 관계로서 동치관계, 함수관계, 순서관계를 소개한다.

1장

무한, 오래된 상상이다

본능적으로 궁금하나 깊이 상상할 수 없는 주제, 맘먹고 조금이라도 깊이 따지고 들면 금방 모순된 상황을 마주하게 되는 개념, 무한이다.

무한은 많은 상상을 자극하나 진지하게 논하기는 만만치 않다. 경험, 관찰, 실험 등을 거부하기 때문이다. 그래서 사람들은 무한에 관하여 관념 이상의 이해를 시도하지 않았다. 그러나 자유로운 영혼의 수학자는 단순히 관념적인 상상만 하고 있을 수는 없었다.

제논, 아리스토텔레스, 버클리, 흄, 볼차노 등 수학자는 무한에 대해 깊이 생각했다. 그러나 그들에게 무한이 본격적인 수학의 대상이 되지는 아니하였다. 무한의 이론을 체계적으로 정립한 사람은 칸토어이다. 그가 전인미답의 영역을 개척함에 치른 대가는 적지 않았으나 그 이후 체르멜로, 힐베르트, 괴델, 코언 등에 의해 이어진 무한이론은 이제 수학기초론 Foundations of Mathematics으로 자리 잡았다.

이 장에서는 다음 질문을 중심으로 이 책의 전체 이야기를 미리 조망한다.

- 무한이 유한과 다른 점은 무엇인가?

- 사람들은 무한에 대해 어떻게 생각했나?

- 집합론의 정립 과정은 어떠했나?

$$\infty \quad \infty \quad \infty$$

기원전 5세기경에는 제논$^{\text{Zeno of Elea}}$이 제기한 여러 문제들에 대해 수학은 답을 하여야 했다. 제논의 역설$^{\text{Zeno's paradoxes}}$은 모두 무한에 관한 것이었다.

제논의 역설 외에도 수학의 여러 문제는 무한에 대해 깊은 이해를 요구했다. 학교수학에서 만날 수 있는 예를 몇 개 들어보자.

급수 $1 + \frac{1}{2} + \frac{1}{4} + \frac{1}{8} + \frac{1}{16} + \cdots$ 의 값을 다음과 같이 구할 수 있다.

$1 + \frac{1}{2} + \frac{1}{4} + \frac{1}{8} + \frac{1}{16} + \cdots$ 의 값을 S라고 하면 다음 관계로부터 $S = 1 + \frac{S}{2}$임을 알 수 있다.

$$1 + \frac{1}{2} + \frac{1}{4} + \frac{1}{8} + \frac{1}{16} + \cdots = 1 + \frac{1}{2}\left(1 + \frac{1}{2} + \frac{1}{4} + \frac{1}{8} + \cdots\right)$$

따라서 $S = 2$이다.

동일한 방법을 사용하여 $1 + 2 + 4 + 8 + 16 + \cdots$ 의 값을 다음과 같이 구하면 어떨까?

$1 + 2 + 4 + 8 + 16 + \cdots$ 의 값을 S라고 하면 다음 관계로부터 $S = 1 + 2S$임을 알 수 있다.

$$1 + 2 + 4 + 8 + 16 + \cdots = 1 + 2(1 + 2 + 4 + 8 + \cdots)$$

따라서 $S = -1$이다.

다음 논증은 어떠한가?

$$1 - 1 + 1 - 1 + \cdots = (1-1) + (1-1) + \cdots = 0$$

덧셈에 관한 결합법칙을 적용한 것이다. 이 풀이에 잘못이 있다면 무엇인가?

다음 논증은 타당한가?

$$1 - 1 + 1 - 1 + \cdots = (1 + 1 + \cdots) - (1 + 1 \cdots) = \infty - \infty$$

덧셈에 관한 교환법칙을 적용한 것이다. 이 풀이에 잘못이 있다면 무엇인가?

다음에서는 무엇이 잘못인가?

$$\begin{aligned} 1 &= \lim_{n\to\infty} \frac{n}{n} \\ &= \lim_{n\to\infty} \frac{1 + 1 + \cdots + 1}{n} \quad \text{(여기서 1의 개수는 } n \text{이다.)} \\ &= \lim_{n\to\infty} \left(\frac{1}{n} + \frac{1}{n} + \cdots + \frac{1}{n} \right) \\ &= \lim_{n\to\infty} \frac{1}{n} + \lim_{n\to\infty} \frac{1}{n} + \cdots + \lim_{n\to\infty} \frac{1}{n} \\ &= 0 \end{aligned}$$

덧셈에 관한 곱셈의 분배법칙을 적용한 것이다. 이 풀이에 잘못이 있다면 무엇인가?

기원전 4세기, 아리스토텔레스Aristotle, 384-322 BC는 잠재적potential

무한infinity을 체계적으로 논하였다. 무한에 관한 그의 말을 몇 마디 들어보자.

> 이상의 논의로부터 실질적으로 무한인 것은 없다는 것이 명백하다
>
> It is plain from these arguments that there is no body which is actually infinite BookIII, Chapter 5, Aristotle, 1952.
>
> 우리의 정의는 다음과 같다: 어떤 양量이 무한이라는 것은 이미 취해진 것 외에 항상 더 취할 수 있는 경우이다.
>
> Our definition then is as follows: A quantity is infinite if it is such that we can always take a part outside what has been already taken BookIII, Chapter 6, Aristotle, 1952.

여광: 현대의 수학기초론 특히 집합론에서 말하는 '실무한' 또는 '가무한'의 틀에서 아리스토텔레스는 '가무한 virtual infinity'의 입장이었군요.

여휴: 무한에 대한 '실무한의 입장' 또는 '가무한의 입장'을 명확히 구분하는 것은 용이한 일은 아니라고 생각합니다. 더욱이, 어떤 사람의 무한에 대한 입장은 그 둘 중 하나로 규정하는 것은 무리라고 생각합니다. 실험, 관찰, 그리고 경험을 거부하는 무한의 속성 때문입니다. 그렇더라도 아리스토텔레스는 무한에 관하여 '가무한의 입장을 취했다'고 말할 수 있을 것 같습니다.

여광: 그의 그러한 입장은 무한에 관한 후세의 이해에 적지 않은 영향을 끼쳤겠죠?

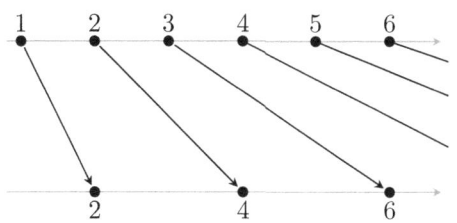

⟨그림 1⟩ 자연수전체의 집합과 짝수 전체의 집합 사이의 일대일대응

여휴: 동의합니다. 그의 학문적 위상도 크게 작용했을 것입니다. 동양에서도 무한에 대한 관심은 오래 전부터 있었습니다. 무한에 대한 동양의 전통은 '치지불론置之不論'이었습니다. 무한을 그대로 두고 논하지 않겠다는 자세였죠.

여광: '잠재적 무한'의 입장이라고 이해하면 될까요?

여휴: 그렇지 않을까요? 공자孔子 등 동양의 선현들의 무한에 대한 그러한 자세는 후학들에게 적지 않은 영향을 끼쳤다고 봅니다. 동양에는 무한을 진중하게 논의하는 학문이 없습니다.

무한의 특별한 성질을 진지하게 생각한 사람은 갈릴레오$^{\text{G. Galilei, 1564-1642}}$이다.

무한 집합 X는 X와 대등한^{equipotent} 진부분집합을 가진다는 것을 주목한 것이다. 예를 들어, 자연수 전체의 집합 $\mathbb{N} = \{1, 2, 3, \cdots\}$과 짝수 전체의 집합 $2\mathbb{N} = \{2, 4, 6, \cdots\}$ 사이에는 일대일대응이 존재한다.

갈릴레오 (G. Galilei, 1564-1642)

즉, 집합 N과 2N은 대등하다. 따라서 N은 N 스스로와 대등한 진부분집합 2N을 포함한다. 2N은 4N을, 4N은 8N을, ⋯. N은 N 스스로와 대등한 진부분집합을 무한히 포함한다.

홉스T. Hobbes, 1588-1679나 버클리 등 16세기에서 18세기에 걸치는 경험주의 철학자들의 무한에 대한 인식은 아리스토텔레스와 크게 다르지 않았다. 토리첼리E. Torricelli, 1608-1647가 '토리첼리 트럼펫 Torricelli's Trumpet'의 겉넓이는 무한이나 부피는 유한이라고 주장하자 홉스는 토리첼리 트럼펫을 '이해하기 위해서는 기하학자나 논리학자가 될 필요는 없고 미쳐야 한다. To understand this for sense, it is not required that a man should be a geometrician or logician,

뉴턴 (I. Newton, 1642-1727)

but that he should be mad.'라고 말했던 것은 무한에 대한 그의 입장을 대변한다고 할 수 있다.

∞ ∞ ∞

무한의 한 가지 형태로서 '무한소^{infinitesimal}'라는 수학적 개념으로 소개하고 이를 이용하여 미적분학을 소개한 사람은 뉴턴$^{I.\ Newton,\ 1642-1727}$과 라이프니츠$^{G.\ Leibniz,\ 1646-1716}$이다.

'발생하고 사라지는 양$^{nascent\ and\ evenescent\ quantity}$'인 무한소 개념을 적절히 활용함으로 유의미한 수학적 결론을 얻을 수 있었지만 그 개

라이프니츠 (G. Leibniz, 1646-1716)

념이 잘 정의된 것은 아니었다. 무한소는 '시작은 0이 아니지만 종국에는 0이 되는' 모호한 개념이었던 것이다.

다음은 라이프니츠의 말이다.

> 나는 실무한을 지지한다. 나는 자연이 실무한을 거부한다는 통념을 인정하지 않고 자연은 창조주의 완벽함을 효과적으로 드러내기 위해 어디서라도 실무한을 자주 활용한다고 생각한다.
>
> I am so in favor of the actual infinite that instead of admitting that Nature adhors it, as is commonly said, I hold that Nature makes frequent use of it everywhere, in order to show more effectively the perfections of its Author.

라이프니츠는 실무한의 입장의 취한 것으로 이해할 수 있는 말로서 실무한의 입장에서 무한을 상상한 볼차노와 칸토어가 자신들의 입장을 표명할 때 인용하였다.

그러나 라이프니츠에게 무한과 관련하여 고민이 있었다. 그의 고민은 '부분'과 '전체' 관계에 있었다. 유클리드 『원론』 첫 부분에는 스물두 개의 '정의definitions', 다섯 개의 '공준postulates', 그리고 다섯 개의 기본 개념common notions'이 있다. 마지막 기본 개념은 다음과 같다.

전체는 부분보다 크다.
The whole is greater than the part.

이는 오랜 기간 아무런 이의 없이 인정된 전통이었다. 그러나 갈릴레오가 이미 주목하였듯이 자연수 전체의 집합에서는 '부분'과 '전체'의 관계에 대한 이러한 인식은 문제를 야기한다. 라이프니츠는 이 오랜 인식을 포기하거나 다르게 해석하려 하지 않음으로 무한에 대해 적극적이고 개방적인 접근을 자제하였다.

뉴턴과 라이프니츠의 무한에 대한 접근은 괄목할만한 성취를 이뤘지만 무한소 개념은 많은 논란을 불러일으킬 수 밖에 없었다. 무한소는 엄밀하고 분명해야 할 수학적 개념이기 때문이었다. 17세기 후반 수학적 큰 성과를 거둔 미적분학에 관해 버클리G. Berkeley, 1685-1753는 『해석자Analyst』를 통해 비판하였다.

수학은 제논의 역설과 버클리의 비판에 답을 해야 했다. 무한에 관한 이론이 필요했다.

볼차노 (B. Bolzano, 1781-1848)

∞ ∞ ∞

실무한 입장의 획기적인 전기는 볼차노[B. Bolzano, 1781-1848]에 의한다고 볼 수 있다.

그는 선진들의 생각을 환기시키며 자신의 생각을 소개하였다. 볼차노는 그의 저서 『무한의 역설[Paradoxes of Infinity]』의 표지[그림 2]에서 라이프니츠의 '나는 실무한을 지지한다…[30쪽]'는 말을 인용한다.[Bolzano (1950)].

자연수 전체의 집합 $\mathbb{N}$과 같은 이산적[discrete] 무한 집합이 스스로와 대등한 진부분집합을 가지듯이 실수 전체의 집합 $\mathbb{R}$와 같은 연속

⟨그림 2⟩ 『무한의 역설』의 표지

적인 무한 집합도 스스로와 대등한 진부분집합을 가지는 것에 주목하였다. 그는 열린구간 $(0, 5)$와 $(0, 12)$ 사이에서 관계식 $12x = 5y$를 주목한 것이다. 특히, 어떤 집합이 자신과 대등한 진부분집합을 가지는 성질이 유한집합과 무한집합을 구별하는 핵심적인 성질임을 그는 간파했다.

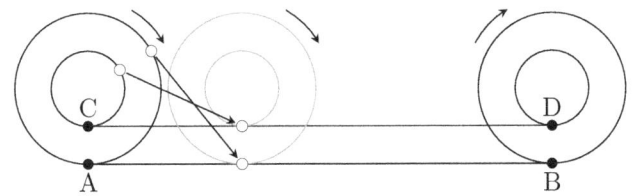

〈그림 3〉 아리스토텔레스 바퀴

여광: 볼차노가 주목한 무한의 특징은 '아리스토텔레스 바퀴Aristotle's Wheel'라고 불리는 역설을 말하는 내용과 같아 보이는데요. 지름의 길이가 다른 두 개의 바퀴가 붙어 있다고 하면 수학적으로 설명하기 어려운 문제가 생긴다는 겁니다. 작은 바퀴 둘레에 있는 점 모두의 집합과 큰 바퀴 둘레에 있는 점 모두의 집합은 일대일대응입니다. 볼차노가 주목한 사실입니다. 이제 작은 바퀴는 선로 $\overline{CD}$를 따라 가고, 큰 바퀴는 선로 $\overline{AB}$를 따라 가는데 두 선로의 길이는 같습니다. 두 바퀴 둘레의 길이는 같을 수가 없습니다. '아리스토텔레스 바퀴' 역설은 '뭐가 잘못인가?'라는 거죠.

여휴: '아리스토텔레스 바퀴' 역설은 아리스토텔레스의 저술로 여겨지는 책에 있는 것이므로 그렇게 불립니다. 가무한의 입장을 취하던 아리스토텔레스가 무한을 상상하며 그런 상황을 고민했던 것은 전혀 이상하지 않습니다. 아리스토텔레스, 갈릴레오, 볼차노뿐만이 아니라 수많은 사람들이 무한의 신비를 상상했을 것입니다. 다만

그들만큼 유명하지 않고 기록에 남지 않았을 뿐입니다.

여광: 볼차노의 유명한 정리 중 하나가 소위 '볼차노–바이어슈트라스 정리Bolzano–Weierstrass theorem'라고 하는 다음입니다.

> 실수 유계 수열은 수렴 부분 수열을 갖는다.
> Each bounded sequence of real numbers contains a convergent subsequence.

여휴: 볼차노의 업적은 이 외에 많이 있습니다. 무한에 관한 그의 이해는 칸토어 등에게 중요한 디딤돌이 되었습니다. '집합론Set Theory'은 칸토어에 의한 것이지만 '집합Set, Menge'이라는 용어는 볼차노의 것입니다. 그에 의하면 '집합'은 '잘 정의된 대상들의 모임aggregate of well-defined objects' 또는 '잘 정의된 원소들로 구성된 전체a whole composed of well-defined members'입니다. 지금 우리가 이해하고 있는 집합의 개념과 같죠?

볼차노의 이러한 발견들이 『무한의 역설paradoxes of infinity』이라는 책으로 발표되었지만, 그에게 '역설paradox'의 의미는 부정적이지 않고 '신비mystery'로서 긍정적이다.

볼차노는 해석학에서 수학적 엄밀성rigor을 성공적으로 추구한 수학자이다. 정해진 구간의 모든 점에서 연속이지만 모든 점에서 미분 가능하지 않은 함수를 처음 발견한 사람도 그였다. 실수 전체 집합의 완비성completeness에 주목하고 극한의 엡실론–델타ε–δ 논법을 체계화

데데킨트 (R. Dedekind, 1831-1916)

하였으며 이로부터 '중간값 정리Mean Value Theorem'등을 얻었다.

데데킨트R. Dedekind, 1831-1916는 자연수 전체의 집합과 실수 전체의 집합 각각이 자기 자신과 대등인 진부분집합을 가진다는 사실을 주목하고, 이 성질을 무한집합의 정의로 채택한 사람이다. 그는 무한의 이러한 특징을 이미 갈릴레오와 볼차노 등이 주목하였지만 그들은 이를 무한의 정의로 채택하지 않았다고 말했다Dedekind, 1963. 데데킨트는 이 특징을 무한과 유한을 구별하는 핵심 개념으로 인식한 것이다.

데데킨트는 '절단cut'이라는 개념으로 유리수에서 실수를 정의하였다Dedekind, 1963. 유리수에서 실수를 얻는 방법은 바이어슈트라스,

칸토어 등에 의해 다양하게 제시되었지만 데데킨트의 접근이 큰 호응을 받았다. 데데킨트의 절단에서 볼차노-바이어슈트라스 정리는 중요한 역할을 한다.

무한에 관한 논의와 성과는 괄목할만하였지만 무한 자체에 대한 수학적 논의의 분위기는 아직도 요원하였다. 예를 들어, '수학의 왕자Prince of Mathematics'라고 칭송받던 가우스의 무한에 대한 소극적인 입장을 앞선 '여는 글'에서 소개한 바 있다. 가우스에게 무한은 수학의 유의미한 대상이 아니라는 말이다. 사실, 아리스토텔레스 이후 가우스에 이르기까지 무한 자체를 실무한의 입장에서 수학적으로 진지하게 접근한 사람은 없었다. 가우스의 무한에 대한 이러한 생각은 수학계에 상당한 영향력을 끼쳤을 것이다. 가우스의 수학적 위상 때문이다.

'실무한'의 입장에서 무한의 수학적 탐험에 적극 나선 사람은 칸토어G. Cantor, 1845-1918였다.

그는 '무한의 이론theory of infinity'인 집합론으로 무한에 관한 여러 질문들에 대해 답을 시도한 것이다. 칸토어의 시도는 괄목할만한 성과를 여럿 거뒀다. 그 중 하나를 살펴보자.

대수적인 수algebraic number는 유리계수 다항식의 근이다. 작도가능한 모든 수는 대수적인 수이다. 거듭제곱근을 사용하여 나타낼 수 있는 수는 물론이거니와 거듭제곱근을 사용하여 나타낼 수 없는 오차다항식의 근도 대수적이다. 대수적인 수는 무척 많을 것 같다.

실수 중에 대수적이 아닌 수가 있을까? 모든 실수는 대수적이지 않을까? 대수적인 수가 아닌 수를 '초월수transcendental number'라고 한다면 실수 중에 초월수가 있을까?

칸토어 (G. Cantor, 1845-1918)

아벨[N. Abel, 1802-1829]에게 큰 힘이 되어준 크렐[A. Crelle, 1780-1855]이 1826년에 아벨의 논문 게재와 함께 창간한 수학학술지 Journal für die reine und angenwandte Mathematik[Journal for Pure and Applied Mathematics] 1874년 호에 특별한 논문이 실렸다. 그것은 칸토어의 'Über eigen Eigenschaft des Inbegriffes aller reelen algebraischen Zahlen[On a property of the collection of all real algebraic numbers]'였다. 칸토어는 그 논문에서 무한의 집합을, 특별한 그러나 매우 수학적인 관점에 따라 분류하였다. 이는 충격이었다. 그 전에 무한 집합을 막연하게 하나로 취급했고 '∞'는 모든 무한의 크기를 상징하는 기호였다. 자

연수 전체 집합의 크기도 ∞이고 실수 전체 집합의 크기도 ∞였다.

칸토어의 관점에 의하면 무한 집합의 농도^{cardinality}는 '∞' 하나가 아니다. 자연수 전체 집합, 정수 전체의 집합, 유리수 전체 집합의 농도는 모두 같으나 실수 전체 집합의 농도는 자연수 전체 집합의 농도보다 크다는 것이다. 쉽게 말하면, 실수 전체 집합의 무한은 자연수 전체 집합의 무한과는 다르다는 것이다. 칸토어는 자연수 전체 집합 ℕ의 크기$^{농도,\ cardinality}$를 $\aleph_0$라고 표기했고, 실수 전체 집합 ℝ의 크기를 c라고 표기했다. $\aleph$는 히브리 자모^{字母}의 첫 글자이다.

여광: 칸토어가 무한 집합의 농도를 나타낼 때 왜 $\aleph$라는 글자를 사용했을까요?

여휴: 자세한 연유는 모르겠지만 몇 가지 추측은 가능합니다. 유대의 신비교의 카발라^{Kabbalah}와 관계가 있지 않을까요? 칸토어가 유대혈통인지는 단정할 수 없더라도 그의 가문은 유대 전통에 익숙했던 것 같습니다. 카발라에서 절대자 신은 '아인 소프$^{Ein\ Sof,\ אֵין\ סוֹף}$'인데 이의 첫 글자가 $\aleph$이고, 성경의 하나님은 '엘로힘$^{Elohim,\ אֱלֹהִים}$'인데 이의 첫 글자도 $\aleph$입니다. 유대 전통인 카발라와 성경에 익숙한 칸토어에겐 무한의 탐험에서 만나는 신비함을 표현하기에는 $\aleph$가 잘 어울렸을 것입니다.

무한의 세계에서 두 번째로 만나는 무한 집합의 농도 c는 '연속체'를 뜻하는 'continuum'의 첫 글자이다. 연속체인 실수 전체 집합의 농도를 c로 나타내는 것이다. 칸토어가 탐험한 무한의 신비 중 하나는 c가 $\aleph_0$보다 크다는 것이다. 두 집합의 크기를 그냥 '∞'라고 표기하면 무한 집합의 수학적 신비가 가려진다.

칸토어의 이러한 논리는 다음의 중요한 사실을 함의한다. 대수적인 수 전체 집합의 농도는 자연수 전체 집합의 농도와 같으므로, 초월수 전체 집합의 농도는 실수 전체 집합의 농도와 같다. 유리수 계수의 다항식의 근이 될 수 없는 실수real number가 있다는 말이다. 더 나아가, 유리수 계수의 다항식의 근이 될 수 있는 수가 그렇지 않은 수보다 훨씬 적다는 것이다. 이는 칸토어 이전에는 상상한 적이 없는 사실이었다. 무한의 신비함이 수학에 의해 드러나기 시작한 것이다.

보통 '크렐지Crelle's journal'라고 불리는 이 학술지는 '무한의 이론'인 집합론set thoery의 시작을 알리게 되었다. '수학의 본질은 자유'라 하던 자유로운 영혼의 칸토어는 무한의 세계에 과감히 발을 들여놓은 것이다.

칸토어의 이론은 성과만큼이나 많은 역설을 양산했고 그로 인하여 호의적인 반응보다 비판적이고 부정적인 반응이 컸다. 그러나 '역설'은 '신비'였고 '비판'과 '부정적인 반응'은 집합론의 발전을 추동했다.

∞   ∞   ∞

세계수학자대회ICM, International Congress of Mathematicians는 지금까지 계속 개최되고 있는 국제적 규모의 수학학술대회이다. 오늘 날까지 이미 100여년에 걸쳐 개최되고 있는데 몇 개의 대회는 무한 이

힐베르트 (D. Hilbert, 1862-1943)

론과 관련하여 주목할 만하다. 제1차 대회에서 후르비츠[A. Hurwitz, 1859-1919]는 해석함수[analytic function]에서 칸토어의 무한 이론이 중요한 역할을 한다고 소개하였고, 1900년, 제2차 대회[프랑스 파리]에서 힐베르트[D. Hilbert, 1862-1943]는 강연을 하면서 칸토어가 제시한 문제를 중요하게 언급하였다.

여광: 힐베르트가 강연에서 무한과 관련하여 중요하게 언급한 문제가 무엇인가요?

여휴: 그는 그 강연에서 수학계가 향후 해결해야 할 문제를 여러 개 언급하였는데 그 중 처음은 '연속체 가설[continuum hypothesis'이고 두 번째는 공리계의 무모순성consistency과 완전성completeness이었습니다. 이 두 문제는 무한의 본질에 관한 것이라고 할 수 있습니다.

여광: 힐베르트가 언급한 문제 모두가 무한과 관련되지 않을까요?

여휴: 아, 그렇게 이해할 수 있겠습니다. 현대수학에서의 주요 화두로 논의되는 문제는 모두 무한과 무관한 문제는 없다고 할 수 있겠습니다.

여광: 리만 가설Riemann hypothesis도 그 중 하나였다고 들었습니다.

여휴: 그렇습니다. 여덟 번 째로 언급되었습니다. 리만 가설은 현재까지도 미해결입니다.

여광: 2019년 1월에 타계한 영국의 수학자 아티야M. Atiyah, 1929-2019가 해결했다는 소식이 2018년에 있었잖아요?

여휴: 그랬습니다. 좀 더 지켜봐야 할 것 같습니다.

여광: 리만 가설 외의 다른 문제는 모두 해결되었나요?

여휴: 그렇지는 않지만 대부분은 만족스러운 정도로 해결되었습니다. 20세기 벽두에 힐베르트가 언급한 문제들이 향후 한 세기 수학을 이끌었다 해도 과언이 아닐 것입니다.

칸토어가 참석하고 있던 1900년 세계수학자대회에서 푸앵카레[H. Poincaré, 1854-1912]는 대회장[President of the Congress]이었다. 힐베르트는 그의 강연에서 칸토어의 집합론을 중요하게 언급했는데 그 대회의 개최 책임자인 푸앵카레는 칸토어의 집합론을 전혀 용납하지 않는 입장이었다. 1904년, 제3차 대회[독일 하이델베르크]에서 칸토어의 집합론에 심각한 문제점이 제기되었다. 그 문제제기는 곧 잘못된 것으로 드러났고, 그 문제 제기는 집합론이 더욱 견고하게 정립되게 하였다. 주요 학술지에 논문을 원활하게 발표하지 못하던 칸토어에게 세계수학자대회는 중요한 기회였다. 칸토어의 집합론은 세계수학자대회를 통하여 철저히 검증되고 널리 알려졌기 때문이다.

무한 이론의 정립 과정에서 데데킨트[R. Dedekind, 1831-1916], 힐베르트, 체르멜로[E. Zermelo, 1871-1953]의 역할은 적지 않았다. 특히, 체르멜로가 주목한 '선택 공리[axiom of choice]'는 무한의 신비를 드러낸다.

공집합이 아닌 집합 열 개가 있다고 하자. 각각의 집합에서 원소 하나씩을 택하는 것이 가능하다. 공집합이 아닌 집합이 유한개 있다고 하더라도 그 작업은 마찬가지로 가능하다. 이제, 공집합이 아닌 집합이 무한개 있다면 어떨까?

이렇게 무한인 경우에도 각 집합에서 원소 하나씩을 뽑을 수 있다고 선언하는 것이 선택 공리이다. 선택 공리는 현실적으로 실험 가능한 주장이 아니다. 일단, 무한 개의 집합이 있다고 가정하는 것부터가 비현실적이다. 설령 공집합이 아닌 집합이 무한 개 있다고 하더라도 각각의 집합에서 원소 하나씩을 뽑는 게 가능할 수 없다. 예를 들어, 그 과정에 무한한 시간이 소요될 것이다. 따라서 선택 공리는 유한의 경우에는 자명한 주장이지만 무한의 경우에는 상황이

체르멜로 (E. Zermelo, 1871-1953)

달라진다. 현실적으로 불가능한 행위를 가능하다고 선언하기 때문이다. 수학의 특성을 다시 한 번 생각하지 않을 수 없다. '수학의 본질은 자유이다.' 수학적 활동은 현실적인 실험이나 관찰에 얽매이지 않고 자유로움을 추구한다. 따라서 무한이 개입되는 현대수학에서는 우리의 직관이나 상식 또는 경험과 주장이 일치하지 않는 수학적 사실이 많다. 한 가지 예를 들어보자.

> 한 개의 공球을 수학적 방법을 사용하여 다섯 조각으로 나눈 후, 다른 방식으로 결합하여 원래의 공과 같은 부피를 가지는 공을 두 개 만들 수 있다.

현대수학이 선택공리를 이용하여 증명하는 참 명제이다. 선택공리를 버리지 않는 한 이 명제를 수용하여야 한다. 즉, 이를 거부하려면 현대수학의 많은 부분도 버려야 한다.

수학자들은 이 사실을 보통 '바나흐-타르스키$^{\text{Banach-Tarski}}$ 정리'라고 부른다. 수학적으로 분명히 옳은 주장이지만, 그 내용이 매우 이상하여 이 정리를 '바나흐-타르스키 역설^{paradox}'이라고 부르는 경우도 있다. 어떤 사람은 이 정리를 다소 편하게 표현하여 '나에게 수학과 사과를 달라. 내가 태양을 만들어 주겠다.'라고 바꾸어 말하기도 한다. '나에게 지렛대와 받침대를 달라. 내가 지구를 들어 올리리라.'고 하며 지렛대의 원리를 소개한 아르키메데스의 말을 빗댄 것이겠다.

∞   ∞   ∞

두 개의 자연수 a, b에 대해 $a < b$라고 하면 a와 b 사이에는 자연수가 없거나 유한 개 있다. 유리수와 실수의 경우에는 어떠한가? 두 개의 유리수$^{\text{또는 실수}}$ a, b에 대해 $a < b$라고 하면 a와 b 사이에는 유리수$^{\text{또는 실수}}$가 무수히 많이 있다.

이와 같은 이야기를 무한에서 할 수 있을까? 자연수 전체 집합의 농도^{cardinality}를 나타내는 $\aleph_0$와 실수 전체의 집합의 농도를 나타내는 $c(= 2^{\aleph_0})$ 사이에는 다음과 같은 관계가 있다[10장].

$$\aleph_0 < c = 2^{\aleph_0}$$

$\aleph_0$와 $2^{\aleph_0}$ 사이에는 어떤 기수$^{\text{cardinal number}}$가 있을까? 즉, 자연수 전체

집합의 농도보다 크지만 실수 전체 집합의 농도보다 작은 농도를 가지는 집합으로서 뭐가 있을까? 유리수 전체 집합은 아니다. 유리수 전체 집합의 농도는 $\aleph_0$이다. 대수적인 수algebraic number 전체 집합도 아니다. 이 집합의 농도도 $\aleph_0$이기 때문이다. 무리수 전체 집합도 아니다. 무리수 전체 집합의 농도는 $2^{\aleph_0}$이다. 초월수transcendental number 전체 집합도 아니다. 이 집합의 농도도 $2^{\aleph_0}$이다.

2와 2^2 사이에는 2도 아니고 2^2도 아닌 기수 3이 있다. 3과 2^3 사이에는 3도 아니고 2^3도 아닌 기수가 4, 5, 6, 7 네 개나 있다. 2 이상의 자연수 n에 대하여 n과 2^n 사이에는 n도 아니고 2^n도 아닌 기수가 있고, n이 커질수록 더 많이 있다. 이제 n이 무한히 커져서 초한기수 $\aleph_0$이 되었다고 하자. $\aleph_0$과 $2^{\aleph_0}$ 사이에는 $\aleph_0$도 아니고 $2^{\aleph_0}$도 아닌 기수가 있지 않을까? 그것도 많이 있을 것 같지 않은가?

칸토어는 궁금했다. 많이 궁금했다. 두 기수 $\aleph_0$와 $2^{\aleph_0}$ 사이에 새로운 기수가 있으면 그게 무엇인지 제시하고 싶었다. 혹시 집합 X가 무한이면 상황은 완전히 달라지는 것은 아닐까? 예를 들어, 기수가 $\aleph_0$인 집합 X에 대하여 card X와 card $\wp(X)$ 사이에는 또 다른 기수가 없는 것은 아닐까? 없다면 없다는 사실을 증명하고 싶었다. 그러나 어느 쪽도 해결의 실마리를 보이지 않았다. 칸토어는 두 개의 초한기수 $\aleph_0$와 $2^{\aleph_0}$ 사이가 매우 궁금했다.

칸토어는 그의 삶 마지막 10년 동안 정신을 놓고 수학을 떠났다가 1918년에 세상을 떠났다. 그 후 상당한 세월이 흐른 1940년부터 1963년에 걸쳐 괴델K. Gödel, 1906-1978과 코언P. Cohen, 1934-2007은 이 질문에 대해 다음과 같은 답을 제시한다.

두 기수 $\aleph_0$와 $2^{\aleph_0}$ 사이에 새로운 기수가 있다고 해도 되고 없

괴델 (K. Gödel, 1906-1978)

다고 해도 된다.

다시 말하면, 두 기수 $\aleph_0$와 $2^{\aleph_0}$ 사이에 새로운 기수가 있다고 증명할 수도 없고 없다고 증명할 수도 없다. 기수가 $\aleph_0$인 집합 X에 대하여 card X와 card $\wp(X)$ 사이에는 또 다른 기수가 있다는 혹은 없다는 것을 당시의 집합론 체계에서는 증명도 반증도 하지 못한다는 것이다. 칸토어가 고민한 그 문제는 당시 수학의 범위를 벗어나 있었다는 말이다.

현대 수학의 주류는 다음을 새로운 공리로 채택한다.

기수가 $\aleph_0$인 집합 X에 대하여 card X와 card $\wp(X)$ 사이에는 또 다른 기수가 없다.

이를 '연속체가설continuum hypothesis'이라고 한다. 현대 수학은 연속체가설을 첨가하므로 칸토어 당시의 수학보다 수학의 지평을 넓혔다.

∞ ∞ ∞

1900년 세계수학자대회에서 힐베르트가 두 번째로 제시한 문제를 다음과 같이 기술할 수 있다.

> 무한을 품고 무모순적이고 완전한 공리체계를 구축하라.

그게 되면 모든 주장의 옳고 그름에 대한 최종 판단은 수학의 몫이 된다. 수학자가 최종 재판관이 되는 것이다.

수학의 공리계에 기본적으로 요구되는 성질은 무모순성consistency과 완전성completeness이다.

공리계의 무모순성은 다음과 같은 성질이다.

> 주어진 공리들로부터 모순인 명제가 유도되지 않는다.

당연히 요구되는 성질이다. 수학의 기초가 되는 공리들 사이에서 모순이 발생한다면, 즉 무모순성이 보장되지 않으면 수학 자체가 무너진다.

공리계의 완전성은 다음과 같은 성질이다.

> 주어진 공리계의 용어로 기술되지만 공리계로부터 증명도 반증도 되지 않는 그러한 명제는 없다.

공리계의 완전성은 공리계의 '힘'을 말한다고 할 수 있다. 바람직한 공리계라면 제시되는 명제들에 대해 참인지 거짓인지 판단할 수 있는 능력이 있어야 할 것이다. 무모순적이라고 하더라도 그러한 힘이 없는 공리계라면 아쉬울 것 같다. 결국 바람직한 공리계라면 무모순성과 완전성을 동시에 가지는 것이라고 할 수 있겠다.

힐베르트를 위시한 수학자들은 수학의 공리계를 무모순적이고 완전하게 하여 완벽한 수학을 건설하고 싶었다. 2,500년 이상의 역사를 가지는 수학에 탄탄한 기초를 제공하고 싶었다. 그러나 그것은 단지 꿈에 지나지 않았다. 그의 꿈은 결코 이루어질 수 없다는 것을 수학 스스로 증명한다.

힐베르트를 희망을 무너뜨린 사람은 괴델$^{\text{K. Gödel, 1906-1978}}$이다. 수학이 유용한 공리계라면 무한을 포함해야 한다. 자연수 전체 집합에 관한 공리가 그 공리계에 포함되어 있어야 하는 것이다. 괴델은 '불완전성 정리$^{\text{incomplete theorem}}$'를 통하여 무한성이 개입되는 공리계의 경우에는 무모순성과 완전성을 동시에 만족시키는 것이 불가능하다는 것을 증명하였다. 자연수 공리를 포함하는 공리계가 무모순적이면 그 공리계에 기반을 둔 수학에는 증명도 반증도 할 수 없는 명제가 있다는 것을 보인 것이다.

괴델에 의하면 주어진 수학 체계 내에 증명도 반증도 할 수 없는 명제가 존재하는 경우, 기존의 공리계에 새로운 공리를 첨가하여 무모순적인 체계로 보강한다 하더라도 그 새로운 수학 체계는 여전히 불완전하게 된다. 괴델은 참이지만 참이라고 수학적으로 논증할 수 없는 명제를 구체적으로 제시하였다. 그는 공리적 논증을 벗어나 있는 참 진리가 필연적으로 있다는 것을 수학적으로 논증한 것이다.

괴델의 불완전성 정리는 공리적 수학의 한계를 증언하지만, 한편으로는 수학의 무한한 발전 가능성을 보장한다. 수학은 결코 무모순적이어야 한다. 그러나 불완전성 정리에 의해 무모순적인 수학의 공리계는 완전할 수 없다. 기존의 공리계는 무모순성을 유지하며 지평이 넓어진 새로운 공리계로 보완될 수 있다. 이 과정은 영원히 반복될 수밖에 없다. 완전한^{complete} 수학은 존재할 수 없으므로 새로운 공리가 첨가되면서 새로운 수학이 탄생하며 수학은 영원히 발전할 수 있다.

∞   ∞   ∞

실무한의 입장에서는 자연수 집합에 적용되는 수학적 귀납법은 자연수 집합보다 더 일반적인 정렬집합$^{well\text{-}ordered\ set}$에 적용할 수 있는 초한귀납법$^{trans\text{-}finite\ induction}$으로 확장될 수 있다. 선택 공리와 동치 명제인 정렬 원리에 의하면 모든 집합은 정렬집합으로 만들 수 있으므로 모든 집합에 대하여 수학적 귀납법$^{mathematical\ induction}$을 일반화한 논증이 가능하게 된다. 초한귀납법을 통해서도 실무한의 입장이 수학의 범위를 얼마나 넓히는 지를 알 수 있다.

겐첸$^{G.\ Gentzen,\ 1909\text{-}1945}$은 1936년에 산술^{arithmetic} 체계의 무모순성^{consistency}과 완전성^{completeness}을 초한 귀납법을 적용하면 증명 가능함을 보인 것은 주목할 만하다. 물론, 이 방법으로도 수학 전체의 무모순성을 증명할 수는 없다.

초한귀납법을 이용하는 예는 많이 있다. 한 가지 예를 들어보자. 실수 전체의 집합 $\mathbb{R}$는 유리수 전체의 집합 $\mathbb{Q}$의 확대체이므로 $\mathbb{R}$는 $\mathbb{Q}$ 위에서 무한차원의 벡터공간이다. 여기서 무한은 가부번 무한이 아닌 비가부번 무한이다. $\mathbb{R}$의 $\mathbb{Q}$위에서의 기저^{basis} 존재 증명은 다양하게 할 수 있다. 선택공리와 동치 명제인 '초른의 보조정리$^{Zorn's\ Lemma}$'

를 이용하는 증명은 잘 알려져 있다. 초한귀납법을 이용하여 $\mathbb{R}$의 $\mathbb{Q}$ 위에서의 기저^{basis} 존재를 증명할 수 있다.

∞ ∞ ∞

무한의 상상을 따라가기 위해서는 섬세한 논리가 필수적이다. 유한의 세계에서 적용되는 논리 외에 무한에서 필요한 논리가 요구된다.

우리가 사용하는 논리체계가 타당한지 그렇지 않은지 누가 판단할 수 있을까? 인류의 긴 역사를 거치면서 이 쉽지 않은 문제에 나름의 답을 제시한 것은 논리학이다. 고대 그리스 철학자들은 어떤 방식으로 이 문제에 접근하였을까?

보통 논리학의 효시를 아리스토텔레스$^{\text{Aristotle, 384-322 BC}}$로 본다. 그는 그의 저서 『오르가논^{Organon}』에서 삼단논법^{syllogism} 등 연역법을 논의한다. 아리스토텔레서의 『오르가논』은 「범주^{Categories}」, 「명제에 관하여$^{\text{On Interpretation}}$」, 「분석론 전편$^{\text{Prior Analytics}}$」, 「분석론 후편$^{\text{Posterior Analytics}}$」, 「논제^{Topics}」, 그리고 「소피스트적 논박$^{\text{On Sophistical Refutations}}$」으로 이루어져 있다$^{\text{Aristotle, 1952}}$.

아리스토텔레스가 주로 논의한 명제는 다음과 같은 네 가지 형태이다.

- 모든 C는 D이다.
- 모든 C는 D가 아니다.
- 어떤 C는 D이다.
- 어떤 C는 D가 아니다.

위의 명제 각각을 편의상 다음과 같이 나타낸다.

$$CaD, \quad CeD, \quad CiD, \quad CoD$$

이 네 가지 명제를 결합하여 삼단논법으로 구성하자. 이를 위해 C와 D 외의 변수 M을 도입하면 다음과 같이 네 가지 형태를 생각할 수 있다.

- MxD이고 CyM이면 CzD이다.
- MxD이고 MyC이면 CzD이다.
- DxM이고 CyM이면 CzD이다.
- MxM이고 MyC이면 CzD이다.

위의 모든 삼단논법에서 x, y, z는 각각 a, e, i, o 중 하나이다. 따라서 가능한 삼단논법구성은 $4 \times 4 \times 4 \times 4 = 256$가지가 있다. 그러나 이 모두가 타당한 구성이라고는 할 수 없다. 아리스토텔레스는 이 중에서 어느 것이 타당한 삼단논법 구성인가를 논의하였다.

∞   ∞   ∞

'아는 것이 힘이다'라는 말로 유명한 베이컨[F. Bacon, 1561-1626]은 아리스토텔레스의 연역적 논리체계[특히, 삼단논법, syllogism]는 새로운 진리를 획득함에 크게 유용하지 않다고 비판하며 풍부한 경험과 관찰에 의한 귀납법의 중요성을 강조하였다. 『오르가논[Organon]』에 제시된 아리스토텔레스의 논리학에 대하여 베이컨은 '새 오르가논'이라고 할 수 있는 『Novum Organum』을 저술하여 귀납적 논리의 중요성과 유용성을 논하였다.

여광: 『Novum Organum』의 표지 그림이 화려합니다.

여휴: 지브롤터 해협The Strait of Gibraltar을 상징하는 '헤라클레스의 두 기둥Pillars of Hercules'이 그려져 있고, 새로운 지식을 찾아 지중해에서 대서양으로 나아가는 배의 모습이 그려져 있죠?

여광: 구약성경 다니엘서 12장 4절의 일부 '많은 사람이 빨리 왕래하며 지식이 더하리라. Many will travel and knowledge will be increased.'가 밑에 쓰여 있습니다.

여휴: 귀납적 논리 등을 통해 많은 지식을 얻게 될 것이라는 의미이겠죠?

영국의 수학자 부울G. Boole, 1815-1864은 논리의 문제를 대수적 방법으로 바꾸어 보다 더 명확하고 간편하게 하였다. 부울의 접근 방식은 다음과 같다.

집합을 x, y, z 등과 같은 문자로 나타낸다. 특히, 공집합은 0, 전체집합은 1로 나타낸다. 두 집합 x, y의 합집합은 $x+y$, 교집합은 xy로 나타낸다. 집합 x의 여집합은 $1-x$로 나타낸다. 예를 들어, 집합 x에 대한 집합 y의 차집합은 $x(1-y)$이다.

임의의 세 집합 x, y, z에 대하여 다음 사실을 쉽게 알 수 있다.

$$x + x = x, \qquad xx = x$$
$$x + y = y + x, \qquad xy = yx$$
$$(x + y) + z = x + (y + z), \qquad (xy)z = x(yz)$$

$$(xy) + x = x, \qquad (x + y)x = x$$
$$(x + y)z = xz + yz, \qquad (xy) + z = (z + z)(y + z)$$

$$0x = 0, \qquad 0 + x = x$$
$$1x = x, \qquad 1 + x = 1$$
$$x(1 - x) = 0, \qquad x + (1 - x) = 1$$

이 논리체계를 '부울대수Boolean Algebra'라고 한다. 여기에서 마지막 성질 '$x(1-x) = 0, x+(1-x) = 1$'가 '배중률law of excluded-middle'이다. 명제 $x(1 - x) = 0$와 명제 $x + (1 - x) = 1$은 드 모르강의 정리에 의하여 동치이다. 배중률은 자세하게 말하면 '중간배제의 법칙'이며 '모순의 법칙law of contradiction'이라고도 한다.

아리스토텔레스의 논의를 부울 대수를 사용하여 살펴보자. 먼저 CaD, CeD, CiD, CoD 각각은 다음과 같은 식으로 표현된다. 여기서 c와 d는 각각 변수 C와 D가 취할 수 있는 모든 원소들의 집합이다.

$$c(1 - d) = 0,$$
$$cd = 0,$$

$$cd \neq 0,$$
$$c(1-d) \neq 0$$

아리스토텔레스가 논의한 여러 개의 삼단논법 모형에서 몇 가지 예를 들어 그 타당성을 살펴보자.

$$MaB \text{이고 } CaM \text{이면 } CaD \text{인가?}$$

이는 다음과 같이 표현된다.

$$m(1-d) = 0 \text{이고 } c(1-m) = 0 \text{이면 } c(1-d) = 0 \text{인가?}$$

이 논리가 타당한지 알아보자. $m(1-d) = 0$과 $c(1-m = 0$ 각각에서 $m = md$이고 $c = cm$ 임을 알 수 있다. 이제, $c = cm = cmd = cd$ 이므로 $c(1-d) = 0$이다. 'MaB이고 CaM이면 CaD이다'라는 논리가 타당함을 알 수 있다. 예를 들어, 다음은 타당한 논리이다.

사람은 죽는다.
소크라테스는 사람이다.
따라서 소크라테스는 죽는다.

보통, '삼단논법^{syllogism}'은 위와 같은 논리 체계를 말한다. 한 가지 경우를 더 살펴보자.

$$MaD \text{이고 } MaC \text{이면 } CiD \text{인가?}$$

이는 다음과 같이 표현된다.

$$m(1-d) = 0 \text{이고 } m(1-c) = 0 \text{이면 } cd \neq 0 \text{인가?}$$

$m = md$이고 $m = mc$이므로 $m = mcd$이다. 여기서 $m \neq 0$이면 $cd \neq 0$이다. 그러나 $m = 0$이면 $cd \neq 0$라고 주장할 수 없다. 일반적으로, MaD이고 MaC일 때 CiD라고 할 수 없다는 것을 알 수 있다.

2장

단어와 문법을 만들다

 철학이나 자연과학의 논리 전개가 수학의 형식을 따를 수 있지만 그러한 학제에서 사용하는 언어와 규칙이 수학의 경우와 동일하다고는 할 수 없다. 예를 들어, 수학과는 달리 철학에서는 '육체^{body}' 또는 '마음^{mind}' 등을 정의할 수 있고, 자연과학에서 기본적으로 설정하는 '법칙^{law}'은 수학의 '공리^{axiom}'와는 성격이 다르다. 데카르트가 정의한 '마음'의 정의를 모두가 동의하기 어렵고, 뉴턴이 설정한 물리학적 기본 법칙이 시간과 공간을 초월하여 유효할 수 없기 때문이다.

 이 장에서 소개하는 용어와 기호 그리고 논리 규칙은 무한의 이론에서는 물론이고 수학 전반에서 통용된다. 뒤에 가서 무한의 세계에서 사용할 용어와 기호들을 추가로 소개할 것이다.

 이 장에서는 다음 질문을 유념한다.

- 무한의 이론은 어떤 것을 기본적으로 전제하나?
- 명제의 타당성은 어떻게 확보할 수 있는가?

> - 수학에서 기본적으로 수용하는 논리 체계는 무엇인가?
> - 수리 논리적 공리나 그에 따른 결과는 항상 우리의 상식이나 경험과 일치해야 하는가?

∞ ∞ ∞

현대수학의 모범이라고 할 수 있는 유클리드의 『원론Elements』은 공리적axiomatic 접근을 취한다. 그러한 접근을 취하는 집합론을 '공리적 집합론axiomatic set theory'이라고 한다. 이 책에서 채택하는 공리로서 다음을 들 수 있다. 공리 기술에 사용되는 용어와 기호 중에서 아직 설명하지 않은 것은 점차 할 것이다.

외연의 공리 axiom of extension 두 개의 집합 A, B에 대하여 $A \subset B$이고 $B \subset A$이면 그리고 이때에만 $A = B$이다.

공집합의 존재 아무런 원소를 가지지 않는 집합이 존재한다.

무순서쌍의 존재 임의의 집합 A, B에 대하여 집합 $\{A, B\}$이 존재한다.

합집합 공리 집합의 집합 $\mathscr{T}$에 대하여 $\bigcup_{A \in \mathscr{T}} A$는 집합이다.

멱집합 공리 임의의 집합 A에 대하여 A의 부분집합 전체의 집합인 멱집합power set $\wp(A)$가 존재한다.

이상의 공리들은 다양한 집합의 존재를 보장한다. 예를 들어, '멱집합 공리'로부터 공집합 $\varnothing$의 멱집합 $\wp(\varnothing) = \{\varnothing\}$이 존재하고 '무순서쌍의 존재' 공리로부터 집합 $\{\varnothing, \{\varnothing\}\}$이 존재한다.

내력의 공리axiom of specification 집합 A와 조건명제 $S(x)$에 대하여 다음 집합을 구성할 수 있다.

$$\{x \in A \mid S(x)\}$$

이 공리를 '추출의 공리axiom of selection'라고도 하며, 이 공리로부터 러셀의 역설Russell's paradox을 해소할 수 있다12장.

무한성 공리axiom of infinity 다음 조건을 만족시키는 집합 X가 존재한다.

- $\emptyset \in X$
- $x \in X$이면, $x^+ \in X$이다. 여기서 x^+는 x의 '바로 뒤 원소immediate successor' $x \cup \{x\}$를 나타낸다.

이 공리로부터 자연수 전체의 집합의 존재를 보장할 수 있다.

선택공리axiom of choice 공집합이 아닌 첨자집합set of indices I와 공집합이 아닌 집합들 A_i ($i \in I$)의 집합 S를 고려할 때, 임의의 $i \in I$에 대하여 $f(A_i) \in A_i$를 만족시키는 함수

$$f\colon S \longrightarrow \bigcup_{i \in I} A_i$$

가 존재한다.

이 공리는 모든 집합에 정렬well-order이 존재한다는 것을 보장한다. 즉, 선택공리는 정렬원리well-ordering principle를 함의한다. 사실, 선택공리와 정렬원리는 동치 명제이다8장.

∞ ∞ ∞

'명제^proposition'는 참 또는 거짓을 분명하게 구분할 수 있는 문장^sentence을 말하며 $p, q, r, \cdots$ 등으로 나타낸다. 따라서 참인 동시에 거짓인 문장이나 참과 거짓의 판단이 불가능한 문장은 명제라고 하지 않는다.

한 명제의 참^true, 거짓^false을 그 명제의 '진릿값^truth value'이라고 하고, 이를 각각 T, F로 나타낸다.

집합론에서 한 개 또는 두 개 이상의 명제를 결합하기 위하여 주로 사용하는 결합자^connective는 '아니다(∼)', '그리고(∧)', '또는(∨)', '이면(→)', '이면 그리고 그때에 한해서만(↔)'이다.

가. 부정

명제 p에 대하여 'p가 아니다'를 $\sim p$로 나타내고 이를 p의 '부정^negation'이라고 한다. p가 참이면 $\sim p$는 거짓이고, p가 거짓이면 $\sim p$는 참으로 정한다. 이것을 표로 나타내면 표 2.1과 같고 이러한 표를 '진리표^truth table'라고 한다.

p	$\sim p$
T	F
F	T

⟨표 2.1⟩ $\sim p$의 진리표

여광: p가 참이면 'p가 아니다'를 뜻하는 $\sim p$는 당연히 거짓이 아닌가요? 그걸 꼭 공리로 선언해야 하나요?

여휴: 누가 "p가 참일 때 왜 $\sim p$가 거짓인가요?"라고 따지고 들면 어떡하시겠어요?

여광: 그런 막무가내인 사람 있을까요?

여휴: 대부분의 사람은 그러한 질문 하지 않겠죠? 그러나 그런 질문을 하는 사람이 '막무가내'는 아닐 것입니다. 오히려 매우 논리적인 사람이 아닐까요? 수리논리는 어느 것도 '당연히 참이다'라고 하지 않습니다. 이미 우리에게 익숙한 논리라 하더라도 그 정당성을 부여하는 근거가 있어야 합니다. 공리가 모든 명제의 참 또는 거짓을 판단하게 하는 궁극적 근거입니다.

나. 논리곱

두 명제가 '그리고'로 연결된 합성명제를 '논리곱logical product' 또는 '합접conjunction'이라고 한다.

두 명제 p와 q의 논리곱 'p이고 q이다'는 $p \wedge q$와 같이 나타낸다. 표 2.2와 같이 합성명제 $p \wedge q$의 진릿값은 p, q가 모두 참일 때만 참이고, 그 외의 경우는 모두 거짓으로 정한다.

p	q	$p \wedge q$	p	q	$p \vee q$
T	T	T	T	T	T
T	F	F	T	F	T
F	T	F	F	T	T
F	F	F	F	F	F

⟨표 2.2⟩ $p \wedge q$와 $p \vee q$의 진리표

다. 논리합

두 명제가 '또는'으로 연결된 합성명제를 '논리합logical sum' 또는 '이접disjunction'이라고 한다.

두 명제 p와 q의 논리합 'p 또는 q이다'는 $p \vee q$와 같이 나타낸다. 표 2.2와 같이 합성명제 $p \vee q$의 진릿값은 p, q 중에서 적어도 하나가 참일 때 $p \vee q$는 참이고 p, q가 모두 거짓일 때만 거짓으로 정한다.

라. 조건부

두 명제가 '⋯이면 ⋯이다'와 같이 연결된 합성명제를 '조건문conditional statement'이라고 하고, 명제 p, q의 조건문 'p이면 q이다'를 기호로 $p \to q$와 같이 나타낸다. 이때의 결합자 $\to$를 '조건부conditional'라고 한다. 합성명제 $p \to q$의 진릿값은 표 2.3을 따른다. 먼저 p가 참일 때, q도 참이면 $p \to q$는 참으로 정하고 q가 거짓이면 $p \to q$는 거짓으로 정한다. 한편, p가 거짓이면 q의 참, 거짓에 관계없이 $p \to q$는 항상 참이라고 정한다.

p	q	$p \to q$
T	T	T
T	F	F
F	T	T
F	F	T

⟨표 2.3⟩ $p \to q$의 진리표

여광: 부정, 논리곱, 논리합의 경우는 우리의 상식과 잘 어울리므로 '꼭 이런 걸 공리로 선언해야 하나?'라는 느낌이 드는데 조건부의 경우는 다소 다릅니다.

여휴: 그럴 것입니다. 다음을 알 수 있습니다.

 ─ 가정이 거짓이면 결론의 참, 거짓에 관계없이 조

건문은 참이다.

- 결론이 참이면 가정의 참, 거짓에 관계없이 조건문은 참이다.

조건부를 이용하면 가정과 결론이 모두 거짓이면 거짓 명제 두 개로 이루어진 참 명제를 구성할 수 있습니다. 예를 들어, '1+1 = 3이면 소크라테스는 사람이 아니다'가 그러한 참 명제입니다. 일상적으로, 조건문 $p \to q$을 사용할 때에는 주로 p가 참인 경우입니다.

두 명제 p, q에 대하여 'p이면 그리고 그 때에 한해서만 q이다'를 기호로 $p \leftrightarrow q$로 나타내고, p와 q의 '쌍조건문biconditional statement'이라고 한다. 즉 $p \leftrightarrow q$는

$$(p \to q) \land (q \to p)$$

을 뜻한다. 이때의 결합자 $\leftrightarrow$를 '쌍조건부biconditional'라고 한다. 표 2.4에서 $(p \to q) \land (q \to p)$의 진리표를 확인할 수 있다.

p	q	$p \to q$	$q \to p$	$(p \to q) \land (q \to p)$
T	T	T	T	T
T	F	F	T	F
F	T	T	F	F
F	F	T	T	T

〈표 2.4〉 $(p \to q) \land (q \to p)$의 진리표

결국 쌍조건문 $p \leftrightarrow q$의 진리표는 표 2.5와 같음을 알 수 있다. 즉, 두 명제 p, q의 진릿값이 같은 경우에 쌍조건문 $p \leftrightarrow q$은

참이고, 두 명제의 진릿값이 다른 경우 쌍조건문은 거짓이다.

p	q	$p \leftrightarrow q$
T	T	T
T	F	F
F	T	F
F	F	T

⟨표 2.5⟩ $p \leftrightarrow q$의 진리표

이상의 약속에 근거하여 여러 가지 형태의 명제의 참, 거짓을 정할 수 있다. 몇 가지 예를 들어보자.

$(\sim p) \wedge q$의 진리표는 표2.6와 같다.

p	q	$(\sim$	$p)$	$\wedge$	q
T	T	F	T	F	T
T	F	F	T	F	F
F	T	T	F	T	T
F	F	T	F	F	F

⟨표 2.6⟩ $(\sim p) \wedge q$의 진리표

$\sim (p \wedge q) \vee \sim (p \leftrightarrow q)$의 진리표는 표 2.7와 같다.

p	q	$\sim$	$(p$	$\wedge$	$q)$	$\vee$	$\sim$	$(p$	$\leftrightarrow$	$q)$
T	T	F	T	T	T	F	F	T	T	T
T	F	T	T	F	F	T	T	T	F	F
F	T	T	F	F	T	T	T	F	F	T
F	F	T	F	F	F	T	F	F	T	F

⟨표 2.7⟩ $\sim (p \wedge q) \vee \sim (p \leftrightarrow q)$의 진리표

∞ ∞ ∞

두 개의 명제 p, q의 합성명제 $p \to (p \vee q)$의 진리표인 표 2.8을 살펴보면 p, q의 참, 거짓에 관계없이 그 합성명제 $p \to (p \vee q)$는 항상 참임을 알 수 있다.

p	q	p	$\to$	$(p$	$\vee$	$q)$
T	T	T	T	T	T	T
T	F	T	T	T	T	F
F	T	F	T	F	T	T
F	F	F	T	F	F	F

⟨표 2.8⟩ $p \to (p \vee q)$의 진리표

표 2.8에서 '$\to$'에 해당하는 칸은 명제 p, q의 진릿값의 관계없이 모든 경우에 항상 참임을 확인할 수 있다. 이와 같이 주어진 합성명제를 구성하는 명제 $p, q, r, \cdots$의 참, 거짓에 관계없이 항상 참인 합성명제를 '항진명제tautology'라고 한다. 이것에 반해서 주어진 합성명제를 구성하는 명제 $p, q, r, \cdots$의 참, 거짓에 관계없이 항상 거짓인 합성명제를 '모순명제contradiction'라고 한다.

예를 들어, 명제 $p \vee (\sim p)$는 항진명제이고, 명제 $p \wedge (\sim p)$는 모순명제이다표 2.9.

p	$\sim p$	$p \vee (\sim p)$	p	$\sim p$	$p \wedge (\sim p)$
T	F	T	T	F	F
F	T	T	F	T	F

⟨표 2.9⟩ $p \vee (\sim p)$와 $p \wedge (\sim p)$의 진리표

여광: '$p \to (\sim p)$'는 말이 안되죠? 'p이면 p가 아니다'라고 주장하니 말입니다. 그래서 저는 '$p \to (\sim p)$'는 모순명제라고 생각하였는데 p가 거짓인 경우에는 '$p \to (\sim p)$'는 참이 되네요.

여광: 조건문은 모순명제가 될 수 없겠는데요. 가정이 거짓이면 참이니 조건문은 항상 거짓일 수 없잖아요?

여휴: 그렇지 않을 것 같습니다. 가정이 참이나 결론이 거짓인 조건문은 '항상 거짓'아닐까요? 예를 들어, 합성명제

$$(p \vee (\sim p)) \longrightarrow (p \wedge (\sim p))$$

는 어떨까요?

∞ ∞ ∞

두 명제 p와 q에 대하여 조건문 $p \to q$가 참일 때 명제 p는 q를 '함의한다^{imply}'라고 말하고, $p \Rightarrow q$와 같이 나타낸다. 예를 들어보자. 두 명제 $p \to q$와 $p \leftrightarrow q$의 진리표는 각각 표 2.3과 표 2.5과 같다. $p \leftrightarrow q$가 참일 때에는 $p \to q$도 참이다. 따라서 명제 $p \leftrightarrow q$는 명제 $p \to q$를 함의한다. 이 사실을 다음과 같이 나타낼 수 있다.

$$(p \leftrightarrow q) \implies (p \to q)$$

두 명제 p와 q의 진릿값이 같을 경우, 즉 쌍조건문 $p \leftrightarrow q$가 참일 때 두 명제 p와 q는 '논리적 동치$^{logical\ equivalence}$'라고 하고 $p \Leftrightarrow q$

와 같이 나타낸다. 예를 들어보자. 먼저, 두 합성명제 $(\sim p) \wedge q$와 $\sim (p \vee (\sim q))$의 관계를 알아보기 위하여 그 진리표를 만들어보자.

p	q	$(\sim p) \wedge q$	$\sim (p \vee (\sim q))$
T	T	F	F
T	F	F	F
F	T	T	T
F	F	F	F

⟨표 2.10⟩ $(\sim p) \wedge q$와 $\sim (p \vee (\sim q))$의 진리표

표 2.10에서 $(\sim p) \wedge q$가 참이면 $\sim (p \vee (\sim q))$도 참이고, $(\sim p) \wedge q$가 거짓이면 $\sim (p \vee (\sim q))$도 거짓임을 알 수 있다. 이와 같은 경우 두 명제 $(\sim p) \wedge q$와 $\sim (p \vee (\sim q))$는 '논리적 동치logical equivalence'라고 하고 다음과 같이 나타낸다.

$$(\sim p) \wedge q \iff \sim (p \vee (\sim q))$$

또는

$$(\sim p) \wedge q \equiv \sim (p \vee (\sim q))$$

진리표를 통하여 다음 논리식의 관계를 쉽게 증명할 수 있다.

$$p \wedge q \equiv q \wedge p$$
$$p \vee q \equiv q \vee p$$
$$p \to q \equiv (\sim q) \to (\sim p)$$
$$p \to q \equiv (\sim p) \vee q$$

두 개의 명제 p, q의 합성명제에 대하여 진릿값을 생각하듯이 세 개 이상의 명제에 의한 합성명제의 진릿값을 생각할 수 있다. 다음을

알 수 있다.

$$p \to (q \vee r) \equiv (p \wedge (\sim q)) \to r$$
$$(p \wedge q) \wedge r \equiv p \wedge (q \wedge r)$$
$$(p \vee q) \vee r \equiv p \vee (q \vee r)$$
$$p \vee (q \wedge r) \equiv (p \vee q) \wedge (p \vee r)$$
$$p \wedge (q \vee r) \equiv (p \wedge q) \vee (p \wedge r)$$

여광: 위 동치 명제 모두 자주 사용하는 것들이군요. 각각을 증명하고 적용하는 예를 구체적으로 들면 좋을 것 같아요.

여휴: 좋은 제안입니다. 다음 경우의 구체적인 예를 들어보면 어떨까요?

$$p \to (q \vee r) \equiv (p \wedge (\sim q)) \to r$$

여광: 마침 떠오르는 경우가 있습니다. 다음 어떨까요?

x와 y를 두 개의 실수라고 할 때, $xy = 0$이면 $x = 0$ 또는 $y = 0$이다.

$xy = 0$이고 $x \neq 0$일 때, $y = 0$임을 보이면 되잖아요.

여휴: 좋은 예라고 생각합니다. 그러나 여기서 한 가지 유념할 것이 있습니다. '$xy = 0$이다', '$x = 0$이다', '$y = 0$이다'가 명제인가요? 조금 후에 언급할 것입니다.

드 모르강 정리도 진리표를 이용하여 증명할 수 있다.

$$\sim (p \vee q) \equiv (\sim p) \wedge (\sim q)$$
$$\sim (p \wedge q) \equiv (\sim p) \vee (\sim q)$$

위 두 명제를 따로따로 증명해도 되지만 $\sim (p \vee q) \equiv (\sim p) \wedge (\sim q)$를 이용하여 $\sim (p \wedge q) \equiv (\sim p) \vee (\sim q)$를 증명해도 된다. 앞에서 논리곱, 논리합, 쌍조건부 등을 별도로 소개하였지만 다음 관계에서 알 수 있듯이 부정과 조건부로부터 이들을 얻을 수 있다.

$$p \wedge q \equiv \sim (p \to (\sim q))$$
$$p \vee q \equiv (\sim p) \to q$$
$$p \leftrightarrow q \equiv (p \to q) \wedge (q \to p)$$

여광: 논리곱이나 논리합에 관한 교환법칙과 결합법칙 등 우리가 이미 사용하고 있는 모든 논리들의 정당성을 확보할 수 있군요.

여휴: 모든 학문에서 사용되는 논리체계의 근거가 수학이고, 수학 논리 체계의 정당성 근거는 여기입니다.

여광: 부정, 논리곱, 논리합, 조건부 각각의 진리표를 따로따로 약속하였습니다. 꼭 그렇게 하여야 하나요?

여휴: 그렇지 않습니다. 예를 들어, 부정, 논리곱, 논리합, 조건부 모두의 참과 거짓은 부정과 조건부를 사용하여 약

속할 수 있습니다.

여광: 그런데 $p \to q \equiv (\sim p) \lor q$이고 $\sim (p \land p) \equiv (\sim p) \lor (\sim q)$, 즉 $p \land q \equiv \sim ((\sim p) \lor (\sim p))$이므로 네 개 결합자 모두를 부정과 논리합을 사용하여 정의할 수도 있겠습니다.

여휴: 그렇습니다. 네 개 결합자 모두는 부정과 논리곱을 사용하여 정할 수도 있겠습니다.

여광: 덧셈, 뺄셈, 곱셈, 나눗셈이 섞여 있는 경우에는 연산하는 순서에 관한 규칙이 있잖아요? 여러 개의 결합자가 섞여 있는 경우에도 적용하는 순서를 정해야 하지 않을까요?

여휴: 보통은 괄호 등을 사용하여 혼란의 여지를 제거합니다. 특별한 언급이 없는 경우에는 부정이 최우선 순위이고, 논리곱과 논리합이 다음이며 조건부가 나중입니다.

∞ ∞ ∞

집합 U가 있어서 U의 원소 x에 의한 명제 $p(x)$가 x의 값에 따라 $p(x)$의 참, 거짓이 정해질 때 $p(x)$를 U에서의 '명제함수propositional function' 또는 '조건명제conditional proposition'라고 한다. 예를 들어, $\mathbb{N}$을 자연수 전체의 집합이고 $x \in \mathbb{N}$라고 할 때 $x - 4 = 7$와 $x + 2 > 8$은 모두 $\mathbb{N}$에서의 명제함수이다.

집합 U에서의 한 명제함수 $p(x)$가 있어서, $p(x)$를 참으로 하는

$x \in U$의 집합을 명제함수 $p(x)$의 '진리집합$^{\text{truth set}}$'이라고 하고

$$P = \{x \in U \mid p(x) \text{는 참}\}$$

또는

$$P = \{x \in U \mid p(x)\}$$

로 나타낸다. 예를 들어, 자연수의 집합 $\mathbb{N}$위에서 정의된 명제함수 $x + 2 > 7$에서

$$\{x \in \mathbb{N} \mid x + 2 > 7\} = \{6, 7, 8, \cdots\}$$

이 그 진리집합이다.

명제함수 $p(x), q(x)$에 대하여 부정, 논리합, 논리곱, 조건문 등을 생각할 수 있으며 이들은 다시 명제함수가 된다. 집합 U에서 두 개의 명제함수 $p(x), q(x)$의 진리집합을 $\{x \in U \mid p(x)\}$, $\{x \in U \mid q(x)\}$이라고 하면, $\{x \in U \mid p(x) \land q(x)\}$은 논리곱 $p(x) \land q(x)$의 진리집합을 나타낸다. 또 집합 U상에서의 명제함수 $p(x)$가 주어질 때 $p(x)$의 부정, $\sim p(x)$의 진리집합은 $\{x \in U \mid \sim p(x)\}$으로 나타내거나 또는 $\{x \in U \mid p(x)\text{가 거짓}\}$으로 나타낸다. 조건부로 이어진 명제함수 $p(x) \to q(x)$의 진리집합은 $\{x \in U \mid \sim p(x) \lor q(x)\}$ 로 나타낼 수 있다.

앞에서 정의한 조건문 $p \to q$에서 p와 q는 명제이다. 그러나 p와 q가 명제가 아니고 명제함수인 경우에도 관습적으로 $p \to q$를 명제로 이해한다. 다시 말하면, p와 q 각각의 참 또는 거짓을 분명하게 구분할 수 없더라도 $p \to q$의 참 또는 거짓을 분명하게 구분할

수 있다. 엄밀히 말하면, 집합 U에서의 두 명제함수 $p(x)$와 $q(x)$에 대해 '$p(x) \to q(x)$'를 명제

$$\text{모든 } x \in U \text{에 대하여 } p(x) \to q(x) \text{는 참이다.}$$

로 이해하는 것이다. 이에 관하여 뒤 3장에서 다시 논의할 것이다.

$$\infty \quad \infty \quad \infty$$

집합론에서 사용하는 '한정기호 quantifier'는 다음 두 가지이다.

가. 전칭기호

$p(x)$를 집합 U상에서의 한 명제함수라고 하고 'U에 속하는 모든 x에 대해서 $p(x)$가 참이다'를

$$(\forall x \in U) \; p(x) \quad \text{또는} \quad \forall x \in U, \; p(x)$$

와 같이 나타내고 '$\forall$'를 '전칭기호 universal quantifier'라고 한다.

$p(x)$의 진리집합 $\{x \in U \mid p(x)\}$에 대하여 $\{x \in U \mid p(x)\} = U$이면 '$\forall x \in U, \; p(x)$'는 참이고, $\{x \in U \mid p(x)\} \neq U$이면 '$\forall x \in U, \; p(x)$'는 거짓이다.

나. 존재기호

$p(x)$를 집합 U상에서의 한 명제함수라 하면 'U에 속하는 어떤 x에 대해서 $p(x)$는 참이다', 즉 '$p(x)$가 참인 x가 U안에 존재한다'는 사실을

$$(\exists x \in U) \; p(x) \quad \text{또는} \quad \exists x \in U : \; p(x)$$

와 같이 나타낸다.

기호 '∃'를 '존재기호 existential quantifier'라고 한다.

명제 '∃$x \in U$: $p(x)$'는 '어떤 x에 대해서 $p(x)$가 참'임을 의미하므로 '$p(x)$의 진리집합은 공집합이 아니다'를 뜻한다. 즉 $\{x \in U \mid p(x)\} \neq \varnothing$이다. 역으로, $\{x \in U \mid p(x)\} \neq \varnothing$이면 '∃$x \in U$: $p(x)$'는 참이고, $\{x \in U \mid p(x)\} = \varnothing$이면 '∃$x \in U$: $p(x)$'는 거짓이다.

집합 U에서의 한 전칭명제 '∀$x \in U$, $p(x)$'는 'U의 모든 x에 대해서, $p(x)$는 참'을 뜻하므로 그 부정은 'U의 어떤 x에 대하여 $p(x)$는 거짓'이다. 다시 말하면 U에 속하는 어떤 x에 대해서 $\sim p(x)$가 참이고, 이것을 기호로 나타내면 '∃$x \in U$: $\sim p(x)$'가 된다. 따라서

$$\sim [\forall x \in U,\ p(x)] \equiv \exists x \in U:\ \sim p(x)$$

이다. 마찬가지로 집합 U에서의 한 존재명제 '∃$x \in U$: $p(x)$'의 부정은

$$\sim [\exists x \in U:\ p(x)] \equiv \forall x \in U,\ \sim p(x)$$

이다.

∞ ∞ ∞

수학에서는 항상 유한의 경우만을 생각하지 않고 무한의 경우를 생각할 때가 자주 있다. 예를 들어, 무한개의 명제에 대한 논리합 또는 논리곱을 고려해야 할 때가 있다. 앞에서는 두 명제에 관한 논

리합과 논리곱을 생각하였는데 세 개 이상 또는 무한개의 명제들의 논리합과 논리곱을 생각하여 보자.

먼저, 첨자집합 I에 관하여 명제들의 집합 $\{p_i\}_{i \in I}$를 생각하자. 이 명제들의 논리곱은 다음과 같이 정의한다.

> 모든 $i \in I$에 대하여 p_i가 참일 때, 그리고 그 때에만 $\bigwedge_{i \in I} p_i$가 참이다.

즉, p_i가 거짓인 $i \in I$가 하나라도 있으면 $\bigwedge_{i \in I} p_i$는 거짓인 것이다.

여광: 위 정의는 명제가 두 개인 경우에는 원래의 논리곱 정의와 일치합니다.

여휴: 그래야 좋은 정의라고 할 수 있지 않을까요?

여광: 첨자집합이 공집합인 경우에도 위 정의는 유효할까요?

여휴: 보통의 상황에서는 첨자집합이 공집합이 아닌 경우지만 첨자집합이 공집합인 경우에라도 정의가 유효하면 좋겠지요? 다음과 같이 생각합시다. '모든 $i \in I$에 대하여 p_i가 참'이라는 말은 '$i \in I$이면 p_i가 참'이라는 뜻입니다. $I = \emptyset$인 경우는 '$i \in \emptyset$이면 p_i가 참'이라는 말은 참입니다. 조건부에서 가정이 거짓이기 때문입니다. 따라서 첨자집합이 공집합인 경우에는 $\bigwedge_{i \in I} p_i$는 참입니다.

이제 첨자집합 I에 관하여 명제들의 집합 $\{p_i\}_{i \in I}$에서 논리합을 생각하자. 정의는 다음과 같다.

> 적당한 $i \in I$에 대하여 p_i가 참일 때, 그리고 그 때에만 $\bigvee_{i \in I} p_i$가 참이다.

즉, 모든 $i \in I$에 대하여 p_i가 거짓일 때에만 $\bigvee_{i \in I} p_i$가 거짓이다.

여광: 위 정의도 명제가 두 개인 경우에는 원래의 논리합 정의와 일치합니다. 첨자집합이 공집합인 경우에 위 정의는 무엇을 말할까요?

여휴: '적당한 $i \in I$에 대하여 p_i가 참'이라는 말은 'p_i가 참인 $i \in I$가 존재한다'는 뜻입니다. 그러나 $I = \varnothing$이면 '$i \in I$가 존재한다'는 거짓입니다. 따라서 첨자집합이 공집합인 경우에는 $\bigvee_{i \in I} p_i$는 거짓입니다.

논리합과 논리곱 사이의 다음 분배법칙이 성립함을 알 수 있다.

> 첨자집합 I, J에 의하여 첨자가 붙은 명제들의 집합 $\{p_i\}_{i \in I}$와 $\{q_j\}_{j \in J}$에 관하여 다음이 성립한다.
> $$\left(\bigvee_{i \in I} p_i\right) \wedge \left(\bigvee_{j \in J} q_j\right) = \bigvee_{i \in I, j \in J} (p_i \wedge q_j)$$
> $$\left(\bigwedge_{i \in I} p_i\right) \vee \left(\bigwedge_{j \in J} q_j\right) = \bigwedge_{i \in I, j \in J} (p_i \vee q_j)$$

∞ ∞ ∞

수리 논리는 학교수학에 깊이 스며있다. 앞에서 이미 언급하였듯이 다음 주장은 '$p(x,y) \to (q(x,y) \lor r(x,y))$' 꼴의 명제이다.

두 실수 x, y에 대해 $xy = 0$이면 $x = 0$ 또는 $y = 0$이다.

'$xy = 0$'이 p이고 '$x = 0$'이 q이며 '$y = 0$'이 r이다. 여기서 p, q, r 모두는 명제함수임을 유념하자.

$$p \to (q \lor r) \equiv (p \land \sim q) \to r$$

임을 보일 수 있으므로 다음 두 명제는 동치이다.

두 실수 x, y에 대해 $xy = 0$이면 $x = 0$ 또는 $y = 0$이다.

두 실수 x, y에 대해 $xy = 0$이고 $x \neq 0$이면 $y = 0$이다.

후자를 다음과 같이 증명할 수 있다.

$x \neq 0$이므로 x의 곱셈에 관한 역원 $\frac{1}{x}$가 존재한다. 등식 $xy = 0$의 양변에 $\frac{1}{x}$을 곱하면 다음과 같다.

$$\frac{1}{x}(xy) = \frac{1}{x} \times 0$$

좌변에 곱셈에 관한 결합법칙을 적용하면 다음을 얻는다.

$$\left(\frac{1}{x} \times x\right) y = \frac{1}{x} \times 0$$

따라서 $y = 0$이다.

여광: p, q, r 모두가 명제라면

$$p \to (q \lor r) \equiv (p \land \sim q) \to r$$

인 것은 동의했지만 p, q, r 모두가 명제함수라면

$$p \to (q \vee r) \equiv (p \wedge \sim q) \to r$$

인 것은 아직 동의하기 어렵습니다.

여휴: 좋은 지적입니다. p, q, r 모두가 명제함수라고 하더라도 명제함수 $p \to (q \vee r)$와 명제함수 $(p \wedge \sim q) \to r$은 동치입니다. 다음 장에서 설명할 것입니다.

다음 동치명제도 학교수학에 자주 활용한다. '$p \to q$'는 '대우^{對偶,} $_{\text{contrapositive}}$ 명제'와 동치라는 것이다.

$$p \to q \equiv \sim q \to \sim p$$

$p \to q$을 증명하는 것과 $p \to q$의 대우명제인 $\sim q \to \sim p$을 증명하는 것은 같다는 것을 알 수 있다.

'삼단논법$^{三段論法,\ \text{syllogism}}$'은 수학에서 가장 자주 사용하는 논증기법이라고 할 수 있다. 이의 타당성은 다음으로부터 알 수 있다.

$$[(p \to q) \wedge (q \to r)] \implies [p \to r]$$

다시 말하면 $p \to q$가 참이고 $q \to r$가 참이면 $p \to r$는 항상 참이다.

여광: 수학에서 사용하는 다양한 논리의 정당성을 이 장에서 확보하였습니다. 이 장에서 논하지 않았어도 다른 형식의 논리 정당성도 마찬가지로 보일 수 있겠죠?

여휴: 그렇습니다. 예를 들어, 두 명제 p, q에 대해 $p \vee q \equiv q \vee p$라는 사실 등 제반 논리 규칙의 정당성을 제시할 수 있습니다.

∞ ∞ ∞

소크라테스, 플라톤, 아리스토텔레스 등으로 이어지는 아테네 전통은 '정의definition — 공리postulates, axioms — 정리proposition'의 틀을 가지는 수학의 형식이 되었다. 유클리드 『원론Elements』은 이러한 틀을 형식화한 것이다.

철학자들은 그들의 대화에 사용되는 주요 개념의 뜻정의과 그 개념에 관한 기본적인 몇 가지 전제공준, 공리를 설정하고 논리적인 대화를 이어 갔다. 수학의 형식을 따른 것이다.

다음은 플라톤의 『향연Symposium』에서 소크라테스가 여사제 디오티마Diotima와의 대화 내용을 소개하는 장면이다Plato, 1952.

> 처음에 나는 그아가톤, Agathon가 내게 사용한 것과 거의 같은 언어로 사랑에로스은 능력 있는 신이며 공정하다고 그녀에게 말했고, 그녀는, 내가 그아가톤에게 증명하였듯이, 사랑은 공정하지 않고 선하지도 않다고 내게 증명하였습니다. '디오티마여, 무슨 뜻인가요? 사랑이 악하고 추하다는 말인가요?'라고 물었어요. 그녀는 '쉿, 공정하지 않은 것은 추하여야 합니까?'라고 외쳤습니다. 나는 '그렇습니다.'라고 답했습니다. '현명하지 않은 것은 무지한 것입니까? 지혜와 무지 사이가 있다는 것을 모릅니까?' '그게 무엇이죠?' 내가 말했죠. 그녀는 답했습니다. '당신께서 아시듯이 근거를 제시할 수 없는 옳은 의견은 지식이 아닙니다. (어떻게 지식에 근거가 없을 수 있나요? 그렇지만 진리를 아는 것은 무지일 수 없습니다.) 무지와 지혜 사이에는 분명히 무엇인가가 있습니다.' '옳습니다.' 나는 답했습니다.

First I said to her in nearly the same words which he used to me, that Love was a mighty god, and likewise fair and she proved to me as I proved to him that, by my own showing, Love was neither fair nor good. 'What do you mean, Diotima,' I said, 'is love then evil and foul?' 'Hush,' she cried; 'must that be foul which is not fair?' 'Certainly,' I said, 'And is that which is not wise, ignorant? do you not see that there is a mean between wisdom and ignorance?' 'And what may that be?' I said. 'Right opinion,' she replied; 'which, as you know, being incapable of giving a reason, is not knowledge (for how can knowledge be devoid of reason? nore again, ignorance, for neither can ignorance attain the truth), but is clearly something which is a mean between ignorance and wisdom.' 'Quite true,' I replied.

지혜의 여사제는 소크라테스의 이분법적 수학적 논리 체계에 동의하지 않는다. 그녀와의 짧은 대화 후 소크라테스도 그녀의 논리에 동의한다. 철학이 수학의 형식을 취하지만 그 논리 체계는 수학과 정확히 동일하지는 않다.

데카르트와 스피노자는 각각 『논증Arguments』과 『윤리학Ethics』에서 신God의 존재를 증명한다. 그들은 유클리드 『원론Elements』의 형식인 '정의 — 공리 — 정리'의 틀을 사용한다Descartes, 1952; Spinoza, 1952. 그들은 신God, 육체body, 마음mind 등을 정하고 정의하고 이러한 개념들에 관한 기본적인 몇 가지를 전제 공리화, 소理화한 후 그들이 주장하고자 하는 바를 논증한다.

신, 육체, 마음 등이 철학적으로 유의미한 개념이라면 그들에 관한 정의와 기본 전제는 필수적이다. 그러나 이러한 개념에 관한 정의를 수학에서는 시도하지 않는다. 철학이 수학의 형식을 취할 수는 있어도 수학과 같지는 않다.

『프린키피아Principia』는 뉴턴의 대표적인 저술로서 『자연철학의 수학적 원리Mathematical Principles of Natural Philosophy』이다. 무지개의 빛을 비롯하여 빛의 원리를 논한 『광학Optics』도 그의 저술이다. 뉴턴은 『프린키피아Principia』와 『광학Optics』에서 수학의 전개 형식인 '정의 — 공리 — 정리'의 틀을 사용한다. 뉴턴은 '공리'라는 용어 대신에 '법칙law'이라는 용어를 주로 사용한다.

뉴턴의 논리 체계에서 주목할 것은 '법칙'이다. 과학에서의 법칙공리은 관찰과 실험에 의한 것으로서 추후 그 내용이 변할 수 있다. 뉴턴 역학이 훗날 아인슈타인 이론으로 대체될 수 있는 것은 이러한 이유 때문이다. 과학이 수학의 형식을 취할 수는 있어도 수학과 같지는 않다.

3장

집합을 연산하다

무한을 만나기 위해 차근차근 나아가는 중이다. 유한만을 이야기할 것이라면 용어나 논리에 관해 이렇게 섬세하게 접근하지 않아도 될 것이다. '집합'이라는 민감한 용어를 꼭 도입해야 할 필요도 없을 터이다. 실험이나 관찰 또는 경험을 통해 직관적인 접근이 가능할 것이기 때문이다.

앞[2장]에서 집합에 관해 편하게 이야기 할 수 있는 준비를 하였다. 필요한 논리 체계의 기초를 다짐으로 앞으로 하는 모든 이야기의 정당성이나 타당성의 근거가 마련된 것이다.

여기에서는 집합에 관해 이야기한다. 먼저, 합집합과 교집합 등 집합 연산을 생각한다. 초등학교에서 수[자연수]를 세고 나타내며 이어서 덧셈이나 곱셈을 하고, 분수를 소개한 후 분수의 덧셈이나 곱셈을 하는 것과 마찬가지이다.

집합의 연산 정의에 이어 연산의 성질을 살핀다. 덧셈이나 곱셈의 여러 성질을 알면 덧셈과 곱셈을 물론이거니와 뺄셈이나 나눗셈 등 여러 계산을 효과적으로 할 수 있다. 마찬가지로, 합집합과 교집합 등 집합의 기본적인 연산의 성질을 알면 합집합과 교집합은 물론이거니와 차집합이나 여집합 등 여러 계산을 효율적으로 할 수 있다.

이 장에서는 합집합과 교집합의 성질은 각각 논리합과 논리곱의 뜻과 성질에 의하고, 명제의 참 또는 거짓을 집합을 이용하여 설명할 수도 있다는 것에 주목하며 다음에 관해 이야기한다.

- 집합의 연산으로서 무엇을 생각할 수 있나?
- 연산의 성질은 무엇인가?
- 명제의 참 또는 거짓을 집합으로 설명할 수 있는 방법은 무엇인가?

$$\infty \quad \infty \quad \infty$$

두 집합 A, B에 대하여 A의 모든 원소가 B의 원소일 때 'A는 B의 부분집합^{subset}이다'라고 하고 '$A \subset B$'와 같이 나타낸다.

A가 B의 부분집합임을 보이기 위해서는 다음이 성립함을 보이면 된다.

$$x \in A \implies x \in B$$

또는

$$\forall x \in A, \ x \in B$$

여광: 중학교나 고등학교 수학에서 부분집합을 나타낼 때 벤다이어그램Venn diagram을 자주 사용합니다. 이 책에서는 그런 시각적 표현보다 논리에 근거하나 봅니다.

여휴: 집합 사이의 관계를 살필 때 벤다이어그램은 유용합니다. 그러나 엄밀한 논증을 요하는 경우에는 그러한 시각적 표현이 오해를 불러일으킬 수 있습니다. 이 책에서의 모든 증명은 벤다이어그램을 사용하지 않고 오직 공리나 정의에 근거할 것입니다.

여광: 부분집합과 조건문 사이에 관계를 설명할 수 있겠습니다. 명제 $p \to q$가 참임을 알 때, p, q 각각의 진리집합 P, Q 사이에는 $P \subset Q$의 관계가 있습니다.

여휴: 공집합 $\emptyset$는 모든 집합의 부분집합임을 설명하는 것도 조건문을 이용하면 편리합니다. A를 임의의 집합이라고 할 때 '$\emptyset \subset A$'를 증명하기 위해서는 '$x \in \emptyset$이면 $x \in A$'임을 보여야 하는데 '$x \in \emptyset$'는 거짓이므로 '$x \in \emptyset$이면 $x \in A$'는 참입니다.

∞ ∞ ∞

집합 X의 부분집합 모두의 집합을 'X의 멱집합幕集合, power set'이라고 하고 $\wp(X)$로 나타낸다. 집합 X가 원소의 개수가 n인 유한집합이면 멱집합 ℘(X)의 원소의 개수는 2^n이다. 그 이유는 간단하다. 원소의 개수가 n인 집합의 부분집합의 개수는 항이 n개인 수열에서 각 항을 취할 수 있는 경우의 수이다. 각 항에 대해 취하든지 그렇지 않든지 두 가지 경우가 있고 n개의 항 각각은 독립적인 사건이므로 전체 경우의 수는 2^n이다.

> 여광: '원소의 개수가 n인 유한집합 X의 멱집합 ℘(X)의 원소의 개수는 2^n'이라고 할 때 공집합도 당당하게 '부분집합'으로서 대접을 받는군요.
>
> 여휴: 집합론에서 공집합은 충분한 대접을 받습니다. 그러나 대수적 구조를 살피는 대수학이나 거리 등을 살피는 해석학 등 본격적인 수학에서는 대부분 공집합인 경우는 논의하지 않습니다. 무한집합의 멱집합은 칸토어에게 특별한 사연이 있습니다.
>
> 여광: 무슨 말씀이신지요? 무한집합의 멱집합은 당연히 무한집합이죠? 거기에 무슨 사연이 있나보죠?
>
> 여휴: 무한집합의 멱집합은 칸토어로 하여금 정신을 잃게 하는 데에 한 몫을 하였습니다. '연속체 가설continuum hypothesis'이라는 것인데 칸토어, 괴델, 코언 등 후대에까지 걸치는 긴 이야기입니다. 칸토어가 무한의 이론을 정립하는 과정에서 만난 가장 큰 어려움은 이 문제였을 것입니다. 후세의 수학자들은 무한에 관한 수학을 '수학자의 낙원'이라고도 말하지만 그 수학의 한 가운데에

있었던 칸토어에게는 결코 '낙원'만은 아니었을 것입니다. 연속체 가설에 관하여 뒤10장에서 논의할 것입니다.

∞ ∞ ∞

수의 집합에서 덧셈과 곱셈의 연산을 생각하듯이 집합에서도 연산을 생각할 수 있다.

두 집합 A, B의 교집합^{intersection} $A \cap B$을 다음과 같이 정의한다.

$$A \cap B = \{x \mid x \in A \wedge x \in B\}$$

두 집합의 교집합은 논리곱을 사용하여 정의된다.

두 집합 A, B의 합집합^{union} $A \cup B$은 다음과 같이 정의된다.

$$A \cup B = \{x \mid x \in A \vee x \in B\}$$

두 집합의 합집합은 논리합을 사용하여 정의된다.

두 집합 A, B에 대하여 A에 대한 B의 차집합^{difference} $A - B$은 다음과 같이 정의된다.

$$A - B = \{x \mid x \in A \wedge x \notin B\}$$

∞ ∞ ∞

위에서 정의한 집합의 연산은 여러 가지 유용한 성질을 가진다.

멱등법칙idempotent law

임의의 집합 A에 대하여 다음이 성립한다.

$$A \cup A = A, \quad A \cap A = A$$

결합법칙associative law

임의의 집합 A, B, C에 대하여 다음이 성립한다.

$$(A \cup B) \cup C = A \cup (B \cup C),$$
$$(A \cap B) \cap C = A \cap (B \cap C)$$

교환법칙commutative law

임의의 집합 A, B에 대하여 다음이 성립한다.

$$A \cap B = B \cap A, \quad A \cup B = B \cup A$$

위 주장을 쉽게 증명할 수 있다. 예를 들어, $A \cap B = B \cap A$을 다음과 같이 증명할 수 있다.

먼저, $A \cap B \subset B \cap A$임을 증명하자.

$$x \in A \cap B \implies x \in A \land x \in B$$
$$\implies x \in B \land x \in A$$
$$\implies x \in B \cap A$$

이제 $B \cap A \subset A \cap B$임을 증명하자.

$$x \in B \cap A \implies x \in B \wedge x \in A$$
$$\implies x \in A \wedge x \in B$$
$$\implies x \in B \cap A$$

따라서 $A \cap B = B \cap A$이다.

여광: 교집합의 정의와 논리곱의 성질을 이용하는 군요.

여휴: 집합 연산에 관한 모든 성질은 연산의 정의와 그 연산에 관계되는 논리로 증명됩니다.

여광: 다음도 같은 방법으로 증명할 수 있겠습니다.

> **분배법칙** distributive law
>
> 임의의 집합 A, B, C에 대하여 다음이 성립한다.
>
> $$A \cup (B \cap C) = (A \cup B) \cap (A \cup C)$$
> $$A \cap (B \cup C) = (A \cap B) \cup (A \cap C)$$

여휴: U를 전체집합이라고 할 때 다음이 성립합니다.

$$A \cup U = U, \quad A \cap \varnothing = \varnothing$$

> **항등법칙** identity law
>
> 임의의 집합 A에 대하여 다음이 성립한다.

$$A \cup \varnothing = A, \quad A \cap U = A$$

여기서 U는 전체집합이다. 한편, 차집합 연산에 관하여 교환법칙이나 교환법칙이 성립하지 않음을 다음과 같이 보일 수 있습니다.

$$A = \{1, 2\}, \quad B = \{2, 3\}$$

$$A - B = \{1\} \neq \{3\} = B - A$$

∞ ∞ ∞

전체 집합 U와 U의 한 부분집합 A에 대하여 $U - A$를 'A의 여집합$_{\text{complement}}$'이라고 하고 A^c와 같이 나타낸다. 여집합을 언급할 때에는 반드시 전체집합이 무엇인지 분명히 하여야 한다.

여광: 'A의 여집합'은 '전체집합 U에 대한 A의 차집합'이라고 할 수 있군요. 이러한 관계를 유념하면 여집합에 관한 다음 성질들을 증명할 수 있겠습니다.

$$\begin{aligned} U^c &= \varnothing, \quad \varnothing^c = U \\ A \cup A^c &= U, \quad A \cap A^c = \varnothing \\ (A^c)^c &= A \\ A^c &= \{x \mid x \in U \wedge x \notin A\} \end{aligned}$$

여휴: 차집합과 여집합의 관계를 주목하며 두 집합 A, B에

대하여 $A - B = A \cap B^c$임을 다음과 같이 증명할 수 있습니다.

$$\begin{aligned} x \in A - B &\iff x \in A \wedge x \notin B \\ &\iff (x \in A \wedge x \in U) \wedge x \notin B \\ &\iff x \in A \, (x \in U \wedge x \notin B) \\ &\iff x \in A \wedge x \in B^c \\ &\iff x \in A \cap B^c \end{aligned}$$

이 증명에서 논리곱에 관한 결합법칙이 이용된다는 것을 알 수 있습니다.

다음 드 모르강^{A. De Morgan, 1806-1871}의 법칙은 자주 사용된다.

$$(A \cap B)^c = A^c \cup B^c, \quad (A \cup B)^c = A^c \cap B^c$$

이 중에서 $(A \cap B)^c = A^c \cup B^c$를 증명하여 보자. 먼저 $(A \cap B)^c \subset A^c \cup B^c$임을 보인다.

$$\begin{aligned} x \in (A \cap B)^c &\implies x \notin A \cap B \\ &\implies \sim (x \in A \cap B) \\ &\implies \sim (x \in A \wedge x \in B) \\ &\implies x \notin A \vee x \notin B \\ &\implies x \in A^c \vee x \in B^c \\ &\implies x \in A^c \cup B^c \end{aligned}$$

3장 집합을 연산하다

이제 $A^c \cup B^c \subset (A \cap B)^c$임을 보인다.

$$\begin{aligned}
x \in A^c \cup B^c &\implies x \in A^c \vee x \in B^c \\
&\implies x \notin A \vee x \notin B \\
&\implies \sim (x \in A) \vee \sim (x \in B) \\
&\implies \sim (x \in A \wedge x \in B) \\
&\implies \sim (x \in A \cap B) \\
&\implies x \notin A \cap B \\
&\implies x \in (A \cap B)^c
\end{aligned}$$

따라서 $A^c \cup B^c = (A \cap B)^c$이다.

마찬가지 방법으로, $(A \cup B)^c = A^c \cap B^c$임을 보일 수 있다. 논리식

$$\sim (p \vee q) \equiv \sim p \wedge \sim q$$

와 두 집합의 상등 정의를 이용하여 위 정리의 증명을 다음과 같이 한꺼번에 완성할 수 있다.

$$\begin{aligned}
x \in (A \cup B)^c &\iff x \notin A \cup B \\
&\iff \sim (x \in A \cup B) \\
&\iff \sim (x \in A \vee x \in B) \\
&\iff x \notin A \wedge x \notin B \\
&\iff x \in A^c \wedge x \in B^c \\
&\iff x \in A^c \cap B^c
\end{aligned}$$

한편, $(A \cap B)^c = A^c \cup B^c$를 이용하여 $(A \cup B)^c = A^c \cap B^c$임을 증명할 수도 있다.

> 여광: 벤다이어그램을 증명으로는 사용하지 않더라도 적절히 사용하면 도움이 될 것 같습니다.

> 여휴: 그렇습니다. 집합론적 명제를 증명하고자 할 때에는 먼저 벤다이어그램을 이용하여 직관적으로 상황을 살펴보고 난 후 엄밀한 증명을 하면 좋습니다. 그렇더라도 벤다이어그램이 증명을 대체할 수는 없습니다.

어떤 집합의 명제에서 ∩과 ∪을 서로 바꾸고 또 전체집합 U와 공집합 $\emptyset$을 서로 바꿀 때 얻어지는 새로운 명제를 처음 명제의 쌍대^{dual}라고 한다. 드 모르강 정리에 의하여 원래의 명제가 참이면 쌍대명제도 참이다. 예를 들어,

$$(U \cup B) \cap (A \cup \emptyset) = A$$

임을 증명할 수 있으므로

$$(\emptyset \cap B) \cup (A \cap U) = A$$

도 증명한 것이다.

∞ ∞ ∞

집합

$$A_1 = \{1, 10\}, \quad A_2 = \{2, 4, 6, 8\}, \quad A_3 = \{3, 6, 9\},$$
$$A_4 = \{4, 8\}, \quad A_5 = \{5, 6, 10\}$$

과 집합 $I = \{1, 2, 3, 4, 5\}$를 생각하여 보자. I의 각 원소 $i \in I$에 집합 A_i가 대응하고 있다. 이 경우 I를 첨자 집합^{index set}이라고 하고, 집합 A_1, A_2, A_3, A_4, A_5를 첨자 붙은 집합^{indexed set}이라고 하며, A_i의 i, 즉 $i \in I$를 첨자^{index}라고 한다.

이러한 첨자 붙은 집합 족^{family of sets}을 $\{A_i\}_{i \in I}$와 같이 나타낸다. 예를 들어,
$$B_n = \left\{ x \,\middle|\, 0 \leq x \leq \frac{1}{n} \right\} \quad (n \in \mathbb{N})$$
이라고 하면,
$$B_1 = [0, 1], \quad B_2 = \left[0, \frac{1}{2}\right], \quad B_3 = \left[0, \frac{1}{3}\right], \cdots$$
이고,
$$D_n = \{x \mid x \text{는 } n \text{의 배수}\} \quad (n \in \mathbb{N})$$
이라고 하면

$$\begin{aligned} D_1 &= \{1, 2, 3, \cdots\}, \\ D_2 &= \{2, 4, 6, \cdots\}, \\ D_3 &= \{3, 6, 9, \cdots\}, \\ &\vdots \end{aligned}$$

이다.

합집합과 교집합이 연산의 두 집합에 대하여 정의된 것이었다. 이제 두 개 이상 여러 개의 집합으로 이루어진 집합족의 합집합과 교집합에 대하여 알아보자. 먼저 그들의 표현 방법을 살핀다.

집합 $A_1, A_2, \cdots, A_n$에 대한 합집합과 교집합은 각각

$$A_1 \cup A_2 \cup \cdots \cup A_n = \bigcup_{i=1}^{n} A_i$$
$$A_1 \cap A_2 \cap \cdots \cap A_n = \bigcap_{i=1}^{n} A_i$$

와 같이 나타낼 수 있다. 그러나 무한 또는 유한의 첨자집합 I에 대하여 집합족의 합집합과 교집합을 각각 다음과 같이 나타내면 편리하다.

$$\bigcup_{i \in I} A_i \text{ 또는 } \bigcup \{A_i \mid i \in I\}, \quad \bigcap_{i \in I} A_i \text{ 또는 } \bigcap \{A_i \mid i \in I\}$$

이제 첨자가 붙은 집합 족 $\{A_i\}_{i \in I}$에 대해 다음과 같이 정의한다.

- $\bigcup_{i \in I} A_i$는 적어도 한 개의 A_i $(i \in I)$에 속하는 원소들로 구성되어 있다. 즉,

$$\bigcup_{i \in I} A_i = \{x \mid \exists i \in I;\ x \in A_i\}$$

이다.

- $\bigcap_{i \in I} A_i$는 모든 A_i $(i \in I)$에 속하는 원소들로 구성되어 있다.

즉,
$$\bigcap_{i \in I} A_i = \{x \mid \forall i \in I,\ x \in A_i\}$$
이다.

$\bigcup_{i \in I} A_i$의 정의는 논리합 $\bigvee_{i \in I} \{p_i\}$에 기반을 두고 $\bigcap_{i \in I} A_i$의 정의는 논리곱 $\bigwedge_{i \in I} \{p_i\}$에 기반을 두고 있다는 것을 알 수 있다. 따라서 첨자가 붙은 집합족 $\{A_i\}_{i \in I}$의 합집합_{혹은 교집합}의 정의를 두 개의 집합의 경우에 적용하면 두 집합의 합집합_{혹은 교집합}의 원래의 정의와 일치한다.

몇 개의 예를 들어보자.

- $A_1 = \{1, 10\}$, $A_2 = \{2, 4, 6\}$, $A_3 = \{3, 6, 9\}$, $A_4 = \{4, 8\}$, $A_5 = \{5, 6, 10\}$이라고 하고 $I = \{2, 3, 5\}$라고 하면, $\bigcap_{i \in I} A_i = \{6\}$이고 $\bigcup_{i \in I} A_i = \{2, 3, 4, 5, 6, 9, 10\}$이다.

- $B_n = \left[0, \frac{1}{n}\right]$ $(n \in \mathbb{N})$이라고 하면 $\bigcap_{n \in \mathbb{N}} B_n = \{0\}$이다.

- $C_n = (-n, n)$ $(n \in \mathbb{N})$이라고 하면 $\bigcup_{n \in \mathbb{N}} C_n = \mathbb{R}$이다.

- $D_n = \left(-\frac{1}{n}, \frac{1}{n}\right)$ $(n \in \mathbb{N})$이라고 하면 $\bigcap_{n \in \mathbb{N}} D_n = \{0\}$이다.

- $E_n = \{x \in \mathbb{N} \mid x$는 n의 배수$\}$이라고 하면 $\bigcap_{i \in \mathbb{N}} E_i = \varnothing$이다.

여휴: $\bigcup_{i \in I} A_i$와 $\bigcap_{i \in I} A_i$ 각각에서 $I = \varnothing$이면 어떻게 될까요?

여광: 'x가 $\bigcup_{i \in I} A_i$에 속한다'는 말은 '$x \in A_i$인 $i \in I$가 존재한다'는 뜻이므로 $\bigcup_{i \in I} A_i = \varnothing$입니다.

여휴: 동의합니다. 마찬가지로, 'x가 $\bigcap_{i \in I} A_i$에 속한다'는 말은 '모든 $i \in I$에 대하여 $x \in A_i$이다'를 뜻합니다. 이는 '$i \in I$이면 $x \in A_i$이다'와 같은 의미입니다. 그러나 이는 항상 참입니다. 가정이 거짓이기 때문입니다. 따라서 $\bigcap_{i \in I} A_i$는 전체집합니다.

여광: 동의합니다.

두 명제의 논리합이나 논리곱에 관하여 교환결합법칙이 성립한다. 또 두 명제의 논리합곱에 대한 논리곱합의 분배법칙도 성립한다. 이러한 성질은 세 개 이상인 임의의 유한개의 명제의 경우에도 쉽게 일반화할 수 있다. 더 나아가 논리합과 논리곱의 정의를 이용하면 무한개의 명제의 경우로 일반화할 수 있다. 실제로, 첨자집합 I, J에 의하여 첨자 붙은 집합 족 $\{A_i\}_{i \in I}$와 $\{B_j\}_{j \in J}$에 관하여 다음이 성립한다.

$$\left(\bigcup_{i \in I} A_i\right) \cap \left(\bigcup_{j \in J} B_j\right) = \bigcup_{i \in I, j \in J} (A_i \cap B_j)$$

$$\left(\bigcap_{i \in I} A_i\right) \cup \left(\bigcap_{j \in J} B_j\right) = \bigcap_{i \in I, j \in J} (A_i \cup B_j)$$

∞ ∞ ∞

모든 명제는 명제함수라고 할 수 있다. 예를 들어, '2는 짝수이다'라는 명제는 'x가 2이면, x가 짝수이다'라는 명제함수로 이해할 수 있다. 이 명제함수의 진리집합은 전체집합이다. 마찬가지로, '3은 짝수이다'라는 명제는 'x가 3이면, x가 짝수이다'라는 명제함수로 이해할 수 있으며, 이 명제함수는 $x = 3$일 때에는 참이 아니므로 명제함수 'x가 3이면, x가 짝수이다'의 진리집합은 전체집합이 아니다.

명제를 명제함수로 볼 때, 참인 명제의 진리집합은 전체집합이고, 거짓인 명제의 진리집합은 전체집합이 아니다. 진리집합이 공집합이거나 전체집합인 명제함수는 명제이다. 그러나 '진리집합이 전체집합이 아닌 명제함수가 거짓 명제'라고는 할 수 없다.

여광: 진리집합이 공집합인 명제함수의 예는 무엇인가요?

여휴: 다음 어떻습니까?

x가 자연수일 때, $x = x$이면 $x = x + 1$이다.

여광: 어떠한 자연수 x에 대해서도 '$x = x$이면 $x = x + 1$이다'는 거짓입니다. 따라서 이 명제함수의 진리집합은 공집합입니다.

여휴: 진리집합이 공집합인 명제함수는 거짓 명제입니다. 따라서 '$x = x$이면 $x = x + 1$이다'는 거짓 명제입니다.

여광: 진리집합이 전체집합이 아닌 명제함수가 거짓 명제라고는 할 수 없다고 했는데, 진리집합이 전체집합이 아닌 명제함수로서 거짓 명제가 아닌 예는 무엇인가요?

여휴: 진리집합이 공집합이 아니어야 하겠죠? 다음 어떻습니까?

$$x + 1 = 2$$

여광: 명제가 아닌 것은 분명합니다. 이 명제함수의 진리집합은 공집합이 아니고 전체집합도 아닙니다.

여휴: 기대보다 쉬운 예인가요?

∞ ∞ ∞

앞에서 두 명제함수 p와 q에 대해 $p \to q$가 명제라는 것을 언급했다. 이를 다음과 같이 설명할 수 있다. 전체집합 U에서의 두 명제함수 p와 q의 진리집합을 각각 P와 Q로 나타내자. 명제함수 p, q가 주어지면 P, Q를 구할 수 있고, $P \subset Q$이든가 $P \not\subset Q$이다. $P \subset Q$인 경우에는 $p \to q$가 참이고, $P \not\subset Q$인 경우에는 $p \to q$가 거짓이다. 따라서 $p \to q$의 참, 거짓을 항상 판별할 수 있다.

이제 학교수학 수준에서 논의하는 명제의 참 또는 거짓에 대해 몇 가지 예를 통해 살핀다.

- 두 명제함수 p, q에 의한 명제 $p \to q$의 참 또는 거짓에 대해 알아보자. 'x가 2이면, x가 짝수이다.'와 같은 꼴의 명제의 참, 거짓을 판별할 때, 가정에서 x가 2가 아닌 경우는 생각할 필요가 없다. 즉, x가 2가 아닌 경우에는 x가 짝수이든 아니든 'x

3장 집합을 연산하다

가 2이면, x가 짝수이다'가 참이라고 할 수 있기 때문이다. 따라서 명제 $p \to q$에서 가정 p가 거짓인 경우에는 결론 q의 참, 거짓에 무관하게 명제 $p \to q$는 참이다. 이상으로부터 다음을 알 수 있다.

> 두 명제함수 p와 q에 대하여 'p이면 q이다'와 같은 꼴의 명제를 생각할 수 있다. 이 때, p가 참이고 q도 참인 경우에는 'p이면 q이다'는 참이다. 그러나 p가 참인데 q가 거짓인 경우에는 'p이면 q이다'는 거짓이다. p가 거짓인 경우에는 q의 참, 거짓에 무관하게 'p이면 q이다'는 참이다.

- 전체집합 U에서의 두 명제함수 p와 q의 진리집합을 각각 P와 Q로 나타낼 때, $p \leftrightarrow q$가 참이기 위한 필요충분조건은 $P = Q$이다. 그 이유를 다음과 같이 설명할 수 있다.

$$\begin{aligned} & p \leftrightarrow q \text{가 참이다} \\ \equiv\ & p \to q \text{가 참이고 } q \to p \text{가 참이다} \\ \equiv\ & P \subset Q \text{가 참이고 } Q \subset P \text{가 참이다} \\ \equiv\ & P = Q \end{aligned}$$

여휴: 두 개의 명제함수 p, q에 대하여 명제 '$p \to q$'를 명제함수로 보고 진리집합을 계산하여 봅시다.

여광: p, q 각각의 진리집합을 P, Q라고 합시다. $p \to q$의 진리표에 의해 $p \to q$의 진리집합은 $P^c \cup Q$입니다.

여휴: 그렇군요. 저는 다소 장황하게 설명하여 보겠습니다. $p \to q$가 참인 경우는 다음과 같습니다.

- p가 참이고 q가 참이다.
- p가 거짓이고 q가 참이다.
- p가 거짓이고 q가 거짓이다.

각각의 진리집합은 다음과 같습니다.

$$P \cap Q, \quad P^c \cap Q, \quad P^c \cap Q^c$$

따라서 $p \to q$의 진리집합은 위 세 집합의 합집합인 $P^c \cup Q$입니다.

여광: 계산을 해 보겠습니다.

$$(P \cap Q) \cup (P^c \cap Q) \cup (P^c \cap Q^c)$$
$$= ((P \cup P^c) \cap Q) \cup (P^c \cap Q^c)$$
$$= Q \cup (P^c \cap Q^c)$$
$$= Q \cup P^c$$

동의합니다.

$(p \vee q) \rightarrow (p \wedge q)$의 진리집합은 $(P \cup Q)^c \cup (P \cap Q)$이다. 따라서 $(p \vee q) \rightarrow (p \wedge q)$가 참이기 위한 필요충분조건은

$$(P \cup Q)^c \cup (P \cap Q) = U$$

이고, 이는 $P = Q$와 동치이다. 이유는 다음과 같다.

$$(P \cup Q)^c \cup (P \cap Q) = U$$
$$\equiv P \cup Q = P \cup Q$$
$$\equiv P = Q$$

- 명제함수 '$x < 0$이고 $y < 0$이면 $xy > 0$이다.'를 생각하자. 가정인 '$x < 0$이고 $y < 0$'의 진리집합은 좌표평면에서 제3사분면이고, 결론인 '$xy > 0$'의 진리집합은 좌표평면에서 제1사분면과 제3분면의 합집합이다. 조건문 '$x < 0$이고 $y < 0$이면 $xy > 0$이다'에서 조건의 진리집합은 결론의 진리집합의 부분집합이므로 주어진 명제는 참이다.

  마찬가지로, 명제함수 '$x \neq 0$이고 $y \neq 0$이면 $xy \neq 0$이다'를 생각하자. 가정인 '$x \neq 0$이고 $y \neq 0$'의 진리집합은 좌표평면에서 x축과 y축을 제거한 집합이고, 결론인 '$xy \neq 0$'의 진리집

합은 좌표평면에서 원점을 제거한 집합이다. 조건의 진리집합은 결론의 진리집합의 부분집합이므로 주어진 명제는 참이다.

명제 'x와 y가 짝수이면 xy는 짝수이다'를 두 정수 x, y에 의한 순서쌍 (x, y) 모두의 전체집합에서 생각한다. 가정인 'x와 y가 짝수이다'의 진리집합은 좌표평면에서

$$\{(2k, 2\ell) \mid k, \ell \in \mathbb{Z}\}$$

이고, 결론인 'xy는 짝수이다'의 진리집합은 좌표평면에서

$$\{(2k, y) \mid k, y \in \mathbb{Z}\} \cup \{(x, 2\ell) \mid x, \ell \in \mathbb{Z}\}$$

이다. 조건의 진리집합은 결론의 진리집합의 부분집합이므로 주어진 명제는 참이다.

두 실수 x, y에 의한 순서쌍 (x, y) 모두의 집합을 U라고 하자. 이제, 명제 '$x > 0$이고 $y > 0$이면 $xy > 0$이다'에서 '$x > 0$이다'를 명제함수 p, '$y > 0$이다'를 명제함수 q, 그리고 '$xy > 0$이다'를 명제함수 r라고 하면, p, q, r 각각의 진리집합 P, Q, R는 다음과 같다.

$$\begin{aligned} P &= \{(x, y) \mid x > 0\} \\ Q &= \{(x, y) \mid y > 0\} \\ R &= \{(x, y) \mid xy > 0\} \end{aligned}$$

사실, P는 제1사분면과 제4사분면의 합집합이고, Q는 제1사

분면과 제2사분면의 합집합이고, R는 제1사분면과 제3사분면의 합집합이다. 이제, 명제 'p이고 q이면 r이다'에서 가정 'p이고 q'의 진리집합은 $P \cap Q$이므로 R의 부분집합이다. 따라서 명제 '$x > 0$이고 $y > 0$이면 $xy > 0$이다'는 참이다.

여광: 전칭명제의 부정에는 존재명제가 등장하고 존재명제의 부정에는 전칭명제가 등장합니다. 전칭명제와 존재명제 사이의 이러한 관계를 집합으로 설명할 수 없을까요?

여휴: 좋은 제안입니다. U를 전체집합이라고 하고 전칭명제 '$\forall x \in U, \ p(x)$'을 집합으로 나타내면

$$\{x \in U \mid p(x)\text{는 참}\} \ = \ U$$

입니다. 따라서 '$\forall x \in U, \ p(x)$'의 부정은

$$\{x \in U \mid p(x)\text{는 참}\} \ \neq \ U$$

입니다. 이는 '$\{x \in U \mid p(x)\text{는 참}\}$가 U의 진부분집합'이라는 뜻입니다. 이는 다시 '$p(x)$가 참이 아닌 $x \in U$가 존재한다'는 뜻입니다. 따라서

$$\sim [\forall x \in U, \ p(x)] \ \equiv \ \exists x \in U; \ \sim p(x)$$

입니다.

여광: 존재명제의 부정에 대해서도 집합을 사용하여

$$\sim [\exists x \in U;\ p(x)] \equiv \forall x \in U,\ \sim p(x)$$

임을 설명할 수 있겠습니다. 존재명제 '$\exists x \in U : p(x)$'을 집합을 사용하여 나타내면 '$P \neq \varnothing$'입니다. 여기서 P는 $p(x)$의 진리집합을 나타냅니다. 이제 '$P \neq \varnothing$'의 부정은 '$P = \varnothing$'입니다. 이는 '모든 $x \in U$에 대해 $p(x)$가 거짓'이라는 뜻이죠. 즉, '$\forall x \in U,\ \sim p(x)$'입니다.

여휴: 여러 개의 명제들을 합성하여 얻은 명제의 참 또는 거짓은 진리표로 설명합니다. 즉, 명제들의 부정, 논리합, 논리곱, 조건문의 참 또는 거짓을 진리표로 설명하는 것입니다. 대학교에서 개설되는 집합론 강좌의 수리논리에서는 대부분 명제함수가 아닌 명제들을 생각합니다. 즉, 주어진 명제 p, q에 대하여 부정, 논리합, 논리곱, 조건문의 참 또는 거짓을 진리표로 약속하고, 그로부터 모든 합성명제의 참 또는 거짓도 진리표로 판단하는 거죠.

여광: 앞에서 살폈듯이 p, q가 명제가 아니어도 $p \to q$는 명제가 되지만 대부분의 학교수학 교과서에서 두 개의 명제함수 p, q에 대해 '명제 $p \to q$'라고 기술하지만 왜 $p \to q$가 명제인지는 설명하지 않습니다. '두 개의 명제함수 p와 q 각각의 진리집합을 P와 Q로 나타내면 $P \subset Q$ 또

는 $P \not\subset Q$이므로 $p \to q$의 참 또는 거짓을 항상 판단할 수 있다'고 간단히 언급하면 어떨까요?

여휴: 그게 바람직하다고 생각합니다. 다음과 같이 설명해도 될 것 같습니다.

> U가 전체집합을 나타낸다고 하면 $P \subset Q$는 $P^c \cup Q = U$와 같고 $P \not\subset Q$는 $P^c \cup Q \neq U$와 같다. $P^c \cup Q = U$ 아니면 $P^c \cup Q \neq U$이므로 조건문 $p \to q$는 명제이다.

여광: 모든 참 명제는 진리집합이 전체집합인 명제함수로 볼 수 있고, 거짓 명제는 진리집합이 전체집합이 아닌 명제함수로 볼 수 있습니다. 한편, $p(x) \to q(x)$은 $\sim p(x) \vee q(x)$와 동치인 명제함수이므로 $p(x) \to q(x)$의 진리집합은 $P^c \cup Q$입니다. 따라서 '$p(x) \to q(x)$가 참이다'와 '$P^c \cup Q = U$'는 같은 말이라는 것을 다시 확인할 수 있습니다. 전칭명제와 존재명제를 진리집합과의 관계에서 다시 살펴보면 어떨까요?

여휴: 좋은 생각입니다. 다음을 알 수 있습니다. 여기서 P는 $p(x)$의 진리집합입니다.

$$\begin{aligned} \forall x \in U,\ p(x) &\equiv (x \in U \Rightarrow p(x)) \\ &\equiv (P = U) \end{aligned}$$

또 다음을 알 수 있습니다.

$$\sim [\forall x \in U,\ p(x)] \equiv (P \neq U)$$
$$\equiv (\exists x \in U;\ x \notin P)$$
$$\equiv (\exists x \in U;\ x \in P^c)$$

여광: p, q, r 모두가 명제함수일 때, 명제함수 $p \to (p \vee r)$ 와 $(p \wedge \sim q) \to r$가 동치라는 것을 보일 수 있겠습니다. p, q, r 각각의 진리집합을 P, Q, R로 나타냅시다. $p \to (q \vee r)$의 진리집합은 $P^c \cup (Q \cup R)$이고 $(p \wedge \sim q) \to r$의 진리집합은 $(P \cap Q^c)^c \cup R$ 입니다. 조건문에서 가정이 거짓이거나 결론이 참인 경우에 참이기 때문입니다. $(P \cap Q^c)^c \cup R$은 $(P^c \cup Q) \cup R$이므로 $P^c \cup (Q \cup R)$와 같습니다.

여휴: 동의합니다.

∞ ∞ ∞

집합 연산은 2장에서 논한 논리의 언어와 문법으로 정의된다. 이는 다시 2장의 언어와 문법은 집합과 집합의 연산으로 표현될 수 있게 한다.

앞으로 이 책의 모든 개념은 집합으로 귀착될 수 있을 것이다. 동치[4장], 함수[5장], 순서[6장] 등 제반 관계relation는 특수한 성질을 만족시키는 집합으로 정의될 것이고, 자연수[7장]도 집합으로 구성할 수 있을 것이다.

2부에 전개되는 이야기에서 집합이 주도적인 역할을 한다. 수학이 무한을 상상하고 이야기함에 집합이라는 개념을 사용하는 것이다.

4장

집합을 분할하다

사람 사는 사회에서나 자연에서 관계^{關係}가 관건이다. 수학도 '관계'를 중시한다. 무한의 이론인 집합론이 관심을 기울이는 주요 관계는 동치관계^{同値關係}, 함수관계^{函數關係}, 그리고 순서관계^{順序關係}이다.

사람을 남성과 여성으로 분류할 수 있다. 또한 우리나라 사람을 성^姓에 따라 '김^金 씨', '이^李 씨', '박^朴 씨' 등으로 분류할 수도 있다. 수학에서 수학적 대상을 분류할 때 편리하게 사용할 수 있는 방법은 무엇일까?

동치관계이다. 사람을 남성과 여성으로 분류하는 것과 우리나라 사람을 김 씨, 이 씨, 박 씨 등으로 분류하는 것 역시 동치관계로 설명할 수 있다. 그러나 동치관계의 가치는 수학적 대상에 대한 분류에 있다. 동치관계는 주어진 대상을 분류하여 수학적으로 의미있는 새로운 집합을 구성할 수 있게 한다.

이 장에서는 다음을 이야기한다.

- '관계'는 무엇인가?

- '동치관계'는 무엇인가?

- 동치관계의 성질은 무엇이며 어떠한 일을 가능하게 하는가?

∞ ∞ ∞

차례가 정해진 두 개의 성분으로 구성된 짝을 순서쌍^{ordered pair}이라고 한다. a를 첫 번째 성분, b를 두 번째 성분이라고 할 때 이들의 순서쌍을 (a,b)라고 표시한다. 두 개의 순서쌍 (a,b)와 (c,d)는 $a = c$이고 $b = d$이면 그리고 그때에만 같다고 정의한다. 즉 성분 a, b, c, d에 대하여

$$(a,b) = (c,d) \iff (a = c \wedge b = d)$$

이다.

순서쌍은 집합과는 다른 개념이다. 이름에서도 알 수 있듯이 순서쌍에서는 성분의 순서가 중요하다. 예를 들어 두 개의 집합 $\{3,5\}$과 $\{5,3\}$은 같은 집합인 반면, 두 개의 순서쌍 $(3,5)$와 $(5,3)$은 모두 성분 $3, 5$로 구성되었지만 이들은 같지 않다.

두 개의 집합 A, B에 대하여 첫 번째 성분이 집합 A의 원소이고 두 번째 성분이 집합 B의 원소인 모든 순서쌍으로 구성된 집합을 A, B의 데카르트 곱^{Cartesian product}이라고 하고 $A \times B$로 표시한다. 즉,

A, B의 데카르트 곱을 다음과 같이 나타낼 수 있다.

$$A \times B = \{(a,b) \mid a \in A,\ b \in B\}$$

A와 B가 유한집합인 경우 이들의 데카르트 곱 $A \times B$ 역시 유한집합이다. 더욱이 유한집합 X의 원소의 개수를 $|X|$라고 나타내면 유한집합 A와 B에 대하여 다음이 성립한다.

$$|A \times B| = |A| \times |B|$$

이러한 관점에서 데카르트 곱을 '곱'이라 부르고 곱셈기호인 '×'를 이용하여 나타내는 것은 자연스럽다.

세 집합 이상의 데카르트 곱도 생각할 수 있다. 이를 위해 먼저 두 개의 성분만을 가지는 순서쌍 개념을 확장해야 한다. 임의의 자연수 n에 대하여 차례가 정해진 n개의 성분으로 구성된 짝을 '순서 n쌍 ordered n-tuple' 혹은 간단히 n쌍이라고 한다. 순서 n쌍의

첫 번째 성분이 a_1,
두 번째 성분이 a_2,
$\vdots$
n 번째 성분이 a_n

일 때, 이 순서 n쌍을 $(a_1, a_2, \cdots, a_n)$와 같이 나타낸다. '같은' 순서쌍을 정의했던 방식과 마찬가지로 같은 순서 n쌍을 정의한다. 즉, 성분 a_i, b_i ($i \in \{1, 2, \cdots, n\}$)에 대하여

$$(a_1, a_2, \cdots, a_n) = (b_1, b_2, \cdots, b_n) \iff \bigwedge_{i=1}^{n}(a_i = b_i)$$

이다.

n개의 집합 $A_1, A_2, \cdots, A_n$의 데카르트곱은 $a_1 \in A_1, a_2 \in A_2, \cdots, a_n \in A_n$인 순서 n쌍 $(a_1, a_2, \cdots, a_n)$ 모두로 이루어지고

$$A_1 \times A_2 \times \cdots \times A_n \quad \text{또는} \quad \prod_{i=1}^{n} A_i$$

와 같이 나타낸다. 즉,

$$A_1 \times A_2 \times \cdots \times A_n = \{(a_1, a_2, \cdots, a_n) \mid a_1 \in A_1, a_2 \in A_2, \cdots, a_n \in A_n\}$$

이다.

∞ ∞ ∞

순서쌍과 순서 n쌍(n은 자연수) 개념은 자연스럽게 차례가 정해진 무한개의 성분으로 구성된 수열^{sequence}로 확장될 수 있다. 따라서 무한개의 집합 $A_1, A_2, \cdots, A_n, \cdots$에 대해서 이들 모두의 데카르트 곱

$$A_1 \times A_2 \times \cdots \times A_n \times \cdots = \{(a_1, a_2, \cdots, a_n, \cdots) \mid a_1 \in A_1, a_2 \in A_2, \cdots, a_n \in A_n, \cdots\}$$

을 생각할 수 있다.

처음 n개의 집합 $A_1, A_2, \cdots, A_n$ 모두가 공집합이 아니라면 이들의 데카르트 곱 $\prod_{i=1}^{n} A_i$의 원소는 n개의 각각의 집합에서 원소를

하나씩 뽑아서 제시할 수 있으므로 $\prod_{i=1}^{n} A_i$이 공집합이 아닌 것은 자명하다.

그러나 집합 $A_1, A_2, A_3, \cdots$ 모두가 공집합이 아닐 때 무한개 집합의 데카르트 곱

$$A_1 \times A_2 \times \cdots \times A_n \times \cdots$$

의 원소를 단 하나라도 구체적으로 제시할 수 있을까? 어찌 생각하면 간단한 질문인 것 같다. $A_1, A_2, A_3, \cdots$ 모두가 공집합이 아니기 때문에 당연히 각각의 집합에서 원소를 뽑아서 데카르트 곱의 원소를 구성할 수 있을 것 같기 때문이다. 아니, 오히려 각각의 집합에서 원소 뽑아서 데카르트 곱의 원소를 구성하는 방법이 무수히 많을 것 같다.

그러나 이 문제는 간단한 문제가 아니다. 무한이 개입되기 때문이다. 유한의 경우에 성립하는 논리나 절차를 무한의 경우에 그대로 성립한다고 인정하고 적용하는 것은 허락되지 않는다. 공집합이 아닌 무한개의 집합 $A_1, A_2, A_3, \cdots$의 데카르트곱이 공집합이 아닌 것을 보장하기 위해서는 별도의 근거가 필요하다. 8장이 이에 관해 논의한다.

$$\infty \quad \infty \quad \infty$$

수학에서 '관계'는 집합 개념을 토대로 정의한다. 두 개의 집합 A, B의 데카르트 곱 $A \times B$의 부분집합 R를 A에서 B로의 관계^{relation}라고 한다. 특히, 관계 R가 A에서 A로의 관계일 때 관계 R는 'A 위에서의 관계'라고 한다.

여광: 공집합이 아닌 두 개의 집합 A, B가 주어졌을 때 A에서 B로의 관계는 매우 많이 있겠습니다.

여휴: 그렇습니다. 두 개의 유한집합 A, B의 원소의 개수가 각각 m, n일 때, $A \times B$의 원소의 개수는 mn이므로 $A \times B$의 부분집합, 즉 A에서 B로의 관계는 모두 2^{mn}개 있습니다.

A에서 B로의 관계 R에 대하여 '$(x, y) \in R$'인 경우를

'x는 y와 R-관계가 있다.'

'x is R-related with y.'

고 하고 이를 간단히 'xRy'와 같이 나타내기도 한다. 문맥상 관계가 무엇을 의미하는지가 명확한 경우에는 'R-관계가 있다' 대신 간단히 '관계가 있다'고 한다. 일반적으로 관계는 $R, S, T, \cdots$와 같이 알파벳으로 나타낼 뿐 아니라 $\sim, \equiv, \preccurlyeq, |, \cdots$ 등과 같은 기호로도 나타낸다.

여광: A에서 B로의 관계 R에 대하여 x가 y와 관계가 있으면 이를 'y가 x와 관계가 있다'고 해도 괜찮을까요? x와 y가 관계가 있으니까요.

여휴: 좋은 지적입니다. 선생님 질문의 답은 '아니오'입니다. 일상생활에서 쓰는 용어와 수학자들이 수학에서 쓰는 용어를 구분해야 합니다. 이 경우 'x는 y와 관계가 있다'는 $(x, y) \in R$을, 'y는 x와 관계가 있다'는 $(y, x) \in R$을 의미합니다. 순서쌍에서는 순서가 중요하니 두 진술

은 같지 않습니다.

∞ ∞ ∞

모든 관계가 수학에서 똑같이 이용되는 것은 아니다. 다른 관계보다 많이 이용되는 특별한 관계가 여러 개 있다. 수학자들이 자주 고려하는 관계는 반사성反射性, 대칭성對稱性, 반대칭성反對稱性, 추이성推移性 등과 같이 좋은 성질을 가지고 있는 특별한 관계이다. 관계의 성질과 관련된 몇 가지 용어를 살펴보자. 여기에서는 관계 R가 집합 A위에서의 관계라고 하자.

모든 $a \in A$에 대하여 $(a,a) \in R$이면 R를 반사적reflexive이라고 한다. 다시 말해서 A의 모든 원소가 그 자신과 관계가 있을 때 R는 반사적 관계라고 한다. 예를 들어,

$$A = \{1,2,3,4\}\text{이고},$$
$$R_1 = \{(1,1),(2,4),(3,3),(4,1),(4,4)\} \subset A \times A$$

라고 할 때 $(2,2) \notin R_1$이므로 관계 R_1은 반사적 관계가 아니다.

두 개의 원소 $a, b \in A$에 대하여 $(a,b) \in R$이면 $(b,a) \in R$일 때 R를 대칭적symmetric이라고 한다. 즉, a가 b와 관계가 있으면 b도 a와 관계가 있을 때 R는 대칭적 관계라고 한다. R가 대칭적 관계라면 'a가 b와 관계가 있다'와 'b가 a와 관계가 있다'를 구분할 필요가 없다. 또한 이 경우를 'a와 b가 관계가 있다'고 표현할 수도 있다. 예를

들어,

$$A = \{1, 2, 3, 4\},$$
$$R_2 = \{(1,3), (2,4), (3,1), (4,2), (4,4)\} \subset A \times A,$$
$$R_3 = \{(1,3), (2,3), (2,4), (3,1), (4,2)\} \subset A \times A$$

라고 할 때 A 위에서의 관계 R_2는 대칭적 관계이나 관계 R_3는 대칭적이지 않다. $(2,3) \in R_3$이지만 $(3,2) \notin R_3$이기 때문이다.

두 개의 원소 $a, b \in A$에 대하여 $(a, b) \in R$이고 $(b, a) \in R$이면 $a = b$일 때 R를 반대칭적anti-symmetric이라고 한다. 다시 말해 a가 b와 관계가 있고 b도 a와 있으면 두 원소 a와 b가 같을 때 관계 R를 반대칭적이라고 한다. 이는 서로 다른 두 원소 a, b는 동시에 $(a, b) \in R$이면서 $(b, a) \in R$일 수 없다는 뜻이다. 예를 들어,

$$A = \{1, 2, 3, 4\} \text{이고},$$
$$R_4 = \{(1,3), (2,4), (4,2), (4,4)\} \subset A \times A$$

라고 할 때 $(2,4) \in R_4$이고 $(4,2) \in R_4$이지만 $2 \neq 4$이므로 관계 R_4는 반대칭적이지 않다.

마지막으로 추이적 관계에 대해 알아보자. 세 개의 원소 $a, b, c \in A$에 대하여 $(a, b) \in R$이고 $(b, c) \in R$이면 $(a, c) \in R$일 때 R를 추이적transitive이라고 한다. 즉 a가 b와 관계가 있고 b가 c와 관계가

있으면 a도 c와 관계가 있을 때, 관계 R는 추이적이다. 예를 들어,

$$A = \{1, 2, 3, 4\} \text{이고,}$$
$$R_5 = \{(1,2), (1,3), (2,1), (3,2)\} \subset A \times A$$

에서 $(3, 2) \in R_5$이고 $(2, 1) \in R_5$이나 $(3, 1) \notin R_5$이므로 관계 R는 추이적 관계가 아니다.

∞   ∞   ∞

'동치^{同値}'의 한자 뜻을 그대로 풀면 '같은 값'이 된다. 수학에서 '동치'를 나타내는 영어단어인 'equivalence' 역시 '(가치, 양 등이) 같음'을 뜻하는 단어이다. 간단히 말해서 동치관계에 대하여 두 원소 'x가 y와 관계가 있다는 것'은 'x를 y와 같은 대상으로 볼 수 있다'는 것이다. 즉 동치관계는 '같은 대상으로 볼 수 있는 관계'의 추상적인 개념이다. 그렇다면 동치관계는 어떠한 성질을 가지고 있는 관계이어야 할까?

당연히 모든 원소는 자기 자신과 같은 것으로 볼 수 있어야 한다. 즉, 모든 원소는 자기 자신과 관계가 있어야 하므로 동치관계는 반사적이어야 한다.

또한 두 원소 x, y에 대하여 x를 y와 같은 대상으로 볼 수 있다면 y 역시 x와 같은 대상으로 볼 수 있어야 한다. '같다'의 개념은 대칭적이기 때문이다. 따라서 동치관계는 대칭적이어야 한다.

마지막으로 세 원소 x, y, z에 대하여 x를 y와 같은 대상으로 볼 수 있고, y를 z와 같은 대상으로 볼 수 있으면 x를 z와 같은 대상으로 볼 수 있어야 한다. 즉, 동치관계는 추이적이어야 한다.

집합 A 위에서의 관계 R가 반사적, 대칭적, 추이적일 때 관계 R를 동치관계$_{\text{equivalence relation}}$라고 한다. 즉, 집합 A 위에서의 관계 R가 다음을 만족시키면 R를 동치관계라고 한다.

$$\forall a \in A, \quad aRa$$

$$\forall a, b \in A, \quad aRb \implies bRa$$

$$\forall a, b, c \in A, \quad (aRb \wedge bRc) \implies aRc$$

예를 들자. $\mathfrak{T}$를 평면 위에서의 삼각형 전체의 집합이라고 하고, $\mathfrak{T}$위의 관계 $\equiv$를 다음과 같은 집합으로 정의하자.

$$\{(T_1, T_2) \in \mathfrak{T} \times \mathfrak{T} \mid \text{삼각형 } T_1 \text{는 삼각형 } T_2 \text{와 합동이다}\}$$

삼각형 T_1과 삼각형 T_2가 합동일 때, 즉, $\mathfrak{T}$위에서의 관계 $\equiv$에 대하여 T_1이 T_2와 관계가 있을 때 $T_1 \equiv T_2$로 나타낼 수 있다. 이미 알고 있는 합동인 두 삼각형을 표현하는 방식과 일치한다. 이 관계 $\equiv$는 분명히 반사적, 대칭적, 추이적이다. 따라서 $\equiv$는 $\mathfrak{T}$위의 동치관계이다.

여휴: 동치관계 R는 관계이므로 두 집합 A, B에 대해 $R \subset A \times B$입니다. 그러나 $A = B$임을 유념해야 합니다.

여광: A, B가 같지 않으면 '반사적', '대칭적', '추이적' 중 어느 것도 이야기 할 수 없으므로 동치관계가 정의될 수 없겠습니다.

여휴: 다음과 같이 주장하면 어떨까요?

> 동치관계의 정의에서 관계의 반사성은 대칭성과 추이성으로부터 다음과 같이 유도할 수 있다. 집합 A 위에서의 대칭적, 추이적 관계 R에 대하여 R의 대칭성에 의해 $(a,b) \in R$이면 $(b,a) \in R$이다. 따라서 $(a,b) \in R$이고 $(b,a) \in R$이므로 추이성에 의하여 $(a,a) \in R$이다.

여광: 이 주장은 옳지 않습니다. A에 속하는 각각의 원소 a에 대하여 $(a,b) \in R$인 b가 B에 존재한다는 것을 보장하지 못하기 때문입니다.

$$\infty \quad \infty \quad \infty$$

동치관계의 중요한 의의는 주어진 집합을 분할한다는 것이다. 이에 대해 알아보자.

먼저 예를 들어 보자. 집합

$$A = \{1,2,3,4,5,6,7,8,9,10\}$$

와 A의 부분집합

$$B_1 = \{1,3\},$$
$$B_2 = \{7,8,10\},$$
$$B_3 = \{2,5,6\},$$
$$B_4 = \{4,9\}$$

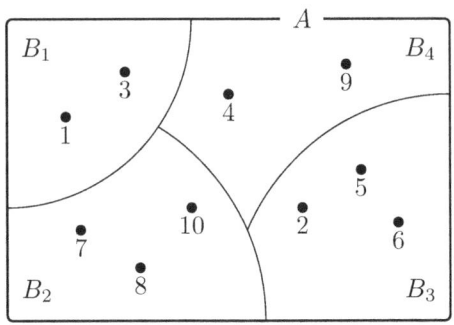

⟨그림 4⟩ 집합 $A = \{1, 2, \cdots, 10\}$의 분할 $\{B_1, B_2, B_3, B_4\}$

를 생각하여 보자.

집합 족집합의 모임(집합) $\{B_1, B_2, B_3, B_4\}$는 다음의 두 성질을 가진다.

- $A = B_1 \cup B_2 \cup B_3 \cup B_4$

- 임의의 B_i, B_j에 대하여 $B_i \neq B_j$이면 $B_i \cap B_j = \varnothing$이다.

이 두 성질로부터 집합 A가 네 개의 부분집합 B_1, B_2, B_3, B_4로 서로 겹치거나 남는부분 없이 '분할'됨을 알 수 있다그림 4.

이제 첨자집합 I에 대하여 $\{B_i\}_{i \in I}$를 A의 공집합이 아닌 부분집합 족이라고 하자. 이 부분집합 족이 다음을 만족시킬 때 $\{B_i\}_{i \in I}$를 A의 분할partition이라고 한다.

- $\bigcup_{i \in I} B_i = A$

- 임의의 $i, j \in I$에 대하여, $B_i \neq B_j$이면 $B_i \cap B_j = \varnothing$이다.

조금 전에 살핀 집합족 $\{B_1, B_2, B_3, B_4\}$는 $A = \{1, 2, 3, \cdot, 10\}$의 분할이다. 분할과 관련하여 몇 개의 예를 더 들어보자. 다시, 집합

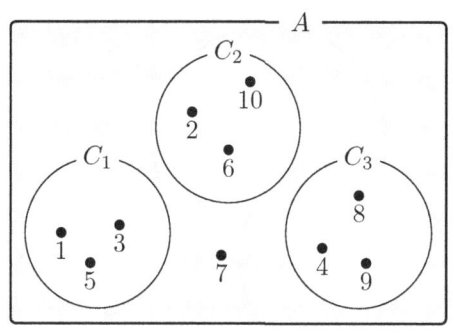

⟨그림 5⟩ $A \neq C_1 \cup C_2 \cup C_3$인 경우

$A = \{1, 2, 3, \cdots, 10\}$를 생각하고 A의 부분집합

$$C_1 = \{1, 3, 5\},$$
$$C_2 = \{2, 6, 10\},$$
$$C_3 = \{4, 8, 9\}$$

라고 하면 $A \neq C_1 \cup C_2 \cup C_3$이므로 $\{C_1, C_2, C_3\}$는 A의 분할이 아니다_그림 5_. 집합 A의 원소인 7이 C_1, C_2, C_3 어디에도 속하지 않기 때문이다. 또한

$$D_1 = \{1, 3, 5, 7, 9\},$$
$$D_2 = \{2, 4, 10\},$$
$$D_3 = \{3, 5, 6, 8\}$$

이라고 하면 $D_1 \cap D_3 = \{3, 5\} \neq \varnothing$이나 분명히 $D_1 \neq D_3$이므로 $\{D_1, D_2, D_3\}$도 A의 분할이라고 할 수 없다_그림 6_.

4장 집합을 분할하다 119

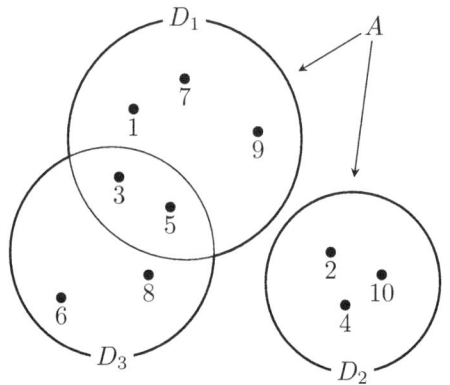

〈그림 6〉 $D_1 \neq D_3$이지만 $D_1 \cap D_3 \neq \emptyset$인 경우

여광: 같은 성性, gender의 두 사람을 '관계있다'고 하면 이 관계도 동치관계이겠습니다.

여휴: 그렇습니다. 그 동치관계에 의해 '남성男性 동치류'와 '여성女性 동치류'로 분할됩니다. 같은 성姓, family name을 가진 두 사람을 '관계있다'고 하면 이 관계도 동치관계입니다. 이 동치관계에 의해서는 '김씨 동치류', '이씨 동치류', '박씨 동치류' 등으로 분할됩니다.

∞ ∞ ∞

동치관계가 수학에서 중요한 이유는 동치관계가 분할을 유도하기 때문이다. 동치관계와 분할 사이의 관계를 좀 더 살펴보자.

집합 A 위에서 동치관계 R와 임의의 $x \in A$에 대하여 집합

$$\bar{x} = \{y \in A \mid (x, y) \in R\}$$

를 $x \in A$의 동치류$^{\text{equivalence class}}$라고 한다. 집합 A위에 동치관계가 정의될 때 임의의 $x \in A$에 대하여 $x \in \bar{x}$이다. 동치관계의 반사율 때문이다. 편의를 위하여, 두 원소 $x, y \in A$가 관계있을 때 '$(x, y) \in R$' 대신 '$x \sim y$'와 같이 나타내기로 한다.

다음을 증명할 수 있다.

> 집합 X에 동치관계 $\sim$가 정의되면 임의의 $x, y \in X$에 대하여 다음이 성립한다.
> 가. $x \sim y \iff \bar{x} = \bar{y}$
> 나. $x \not\sim y \iff \bar{x} \cap \bar{y} = \emptyset$

'가'를 증명하자.

$$z \in \bar{x} \implies z \sim x \implies z \sim x \sim y \implies z \in \bar{y}$$
$$z \in \bar{y} \implies z \sim y \implies z \sim y \sim x \implies z \in \bar{x}$$

따라서 $\bar{x} = \bar{y}$이다. 한편, $x \in \bar{x} = \bar{y}$이므로 $x \in \bar{y}$ 곧 $x \sim y$이다.

'나'를 증명하자. $\bar{x} \cap \bar{y} \neq \emptyset$이면 $x \in \bar{x} \cap \bar{y}$인 z가 있다. $(z \sim x) \wedge (z \sim y)$이므로 $x \sim y$이다. 한편, $x \sim y$이면 $\bar{x} \cap \bar{y} \neq \emptyset$이다. 따라서 $\bar{x} \cap \bar{y} = \emptyset$이기위한 필요충분조건은 $x \not\sim y$이다.

여광: 두 집합 'A, B가 다르다'는 것은 '$A \cap B = \emptyset$'인 것과 다르죠?

여휴: 당연히 다르죠?

여광: 집합 A위에 정의된 동치관계에 관하여 $x, y \in A$의 두 동치류 $\bar{x}, \bar{y}$가 다르다는 것은 $\bar{x} \cap \bar{y} = \emptyset$인 것입니다.

여휴: 그렇군요.

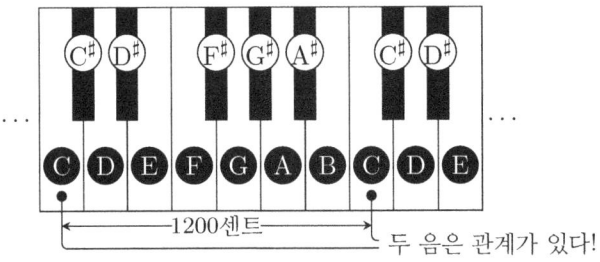

〈그림 7〉 음정에 따른 동치관계

동치류 전체의 집합 $\{\overline{x} \mid x \in A\}$는 A의 분할이라는 사실을 설명하여 보자. 먼저, 임의의 $x, y \in A$에 대하여 $\overline{x} = \overline{y}$ 또는 $\overline{x} \cap \overline{y} = \varnothing$이다. 한편, $\bigcup_{x \in A} \overline{x} \subset A$임은 분명하고 임의의 $x \in A$에 대하여 $x \in \overline{x}$이므로 $A \subset \bigcup_{x \in A} \overline{x}$이다.

동치류 전체의 집합 $\{\overline{x} \mid x \in A\}$에는 서로 다른 동치류가 A의 원소 개수만큼 있는 것은 아니다. A에 있는 서로 다른 두 원소 x와 y에 대하여 $\overline{x} = \overline{y}$일 수 있기 때문이다.

여휴: 음악에서 한 옥타브 음정^{두 음의 높이의 차이, interval}을 1200센트^{cent}로 정합니다. 한 옥타브는 12개의 반음^{semitone}으로 이루어지므로 반음 각각의 음정은 100센트인 것입니다. 두 음 x, y에 대하여 두 음의 음정이 1200센트의 배수^{倍數}이면 그리고 그때에만 'x가 y와 관계있다'고 정의하면 이 관계는 동치관계입니다.

여광: 동의합니다. 그림 7과 같이 한 옥타브 높거나 낮은 음을 같은 음이름으로 부르는 것을 그런 식으로 이야기 할 수 있군요.

집합 A에 동치관계 $\sim$가 주어지면 동치류들로 A를 분할할 수 있다. 이때의 분할 즉, 동치류 전체의 집합을 $A/\sim$와 같이 나타낸다.

수학에서 중요하게 여겨지는 분할의 예를 하나 들어보자. 정수 전체의 집합 $\mathbb{Z}$위에서 임의의 두 정수 $x, y \in \mathbb{Z}$의 차이가 3의 배수일 때 $(x, y) \in \mathbb{R}$으로 관계 R를 정의하면 R는 $\mathbb{Z}$위에서 동치관계임을 쉽게 알 수 있다.

모든 정수 x는 $x = 3q + r$ $(q, r \in \mathbb{Z}, 0 \leq r < 3)$의 꼴로 유일하게 표현되므로 x는 동치류

$$\begin{aligned} \overline{0} &= \{\cdots, -3, 0, 3, 6, \cdots\} \\ \overline{1} &= \{\cdots, -2, 1, 4, 7, \cdots\} \\ \overline{2} &= \{\cdots, -1, 2, 5, 8, \cdots\} \end{aligned}$$

중 어느 하나의 원소이다. 따라서 $\mathbb{Z}$는 $\{\overline{0}, \overline{1}, \overline{2}\}$와 같이 분할된다. 이 집합을 $\mathbb{Z}_3$으로 나타낸다. 편의를 위해 보통은 $\mathbb{Z}_3 = \{0, 1, 2\}$과 같이 나타낸다. 마찬가지 방법으로, 모든 자연수 n에 대하여

$$\mathbb{Z}_n = \{0, 1, 2, \cdots, n-1\}$$

을 생각할 수 있다.

∞ ∞ ∞

뫼비우스 띠와 원환면, 그리고 클라인 병 등을 동치관계와 분할로 구성할 수 있다.

그림 8에 있는 직사각형을 모양의 면 P를 생각하자.

$$P = \{(x,y) \mid 0 \leq x, y \leq 1\}$$

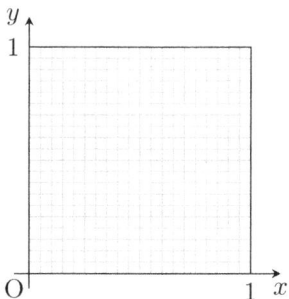

⟨그림 8⟩ 사각형 모양의 면 $P = \{(x,y) \mid 0 \leq x, y \leq 1\}$

이제 면 P 위에서의 관계 $R_1 \subset P \times P$을 다음과 같이 정의한다.

$$\begin{aligned} R_1 =& \{((x,y),(x,y)) \mid (x,y) \in P\} \\ & \cup \{((x,y),(x,1-y)) \mid 0 \leq x \leq 1, y \in \{0,1\}\} \end{aligned}$$

간단히 말해서, x축 위에 놓인 점 $(x,0)$과 직선 $y=1$ 위에 놓인 대응되는 점 $(x,1)$은 관계가 있고, 그 외의 점, 즉 x축 또는 직선 $y=1$ 위에 놓이지 않은 점은 모두 오로지 자기자신과만 관계가 있다.

이 관계는 동치관계이다. 이 동치관계에 의한 면 P의 분할 P/R_1은 그림 9와 같이 화살표를 따라 붙이는 과정으로 얻어진 도형으로 이해할 수 있다. 즉, 면 P위에서의 관계 R_1에 의하여 원기둥circular cylinder의 옆면을 얻는다.

동치류 전체의 집합 P/R_1을 다른 방식으로 이해할 수도 있다. 수학적 상상에는 제한이 없다. 고무판을 늘리거나 구부리듯이 면

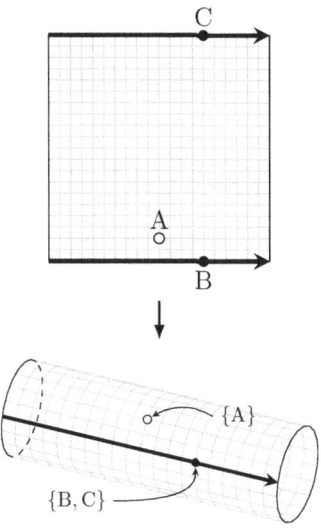

〈그림 9〉 원기둥의 옆면 P/R_1

P를 늘리거나 구부려서 새로운 면 P'을 얻었다면 면 P위에 있는 각각의 점은 자연스럽게 면 P'의 점 각각에 대응된다. 따라서 면 P를 그림 10과 같이 면 P를 늘리고 휘도록 하면서 두 변을 화살표를 따라 붙이는 과정으로 P/R_1을 얻을 수 있다. 이는 가운데 구멍이 있는 원판annulus이다.

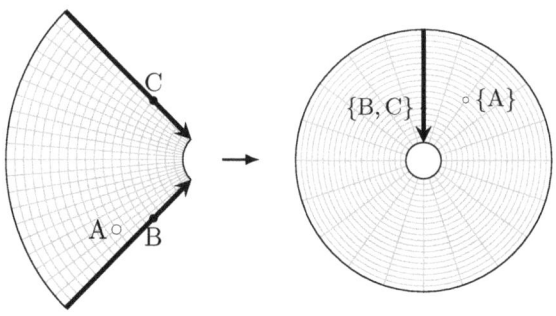

〈그림 10〉 원판 P/R_1

면 P에서의 관계를 달리하여 다른 도형을 얻어보자. 면 P 위에서의 관계 $R_2 \subset P \times P$를 다음과 같이 정의한다.

$$R_2 = \{((x,y),(x,y)) \mid (x,y) \in P\}$$
$$\cup \{((x,y),(1-x,1-y)) \mid 0 \leq x \leq 1, y \in \{0,1\}\}$$

앞서 살펴본 동치관계 R_1과 유사하나 이번에는 x축 위에 놓인 점 $(x,0)$이 직선 $y=1$ 위에 놓인 점 $(1-x,1)$와 관계가 있다. 이 관계도 동치관계이지만 이 관계에 의해 면을 분할하는 것은 그림 11과 같이 화살표를 따라 두 변을 붙이는 과정이 되어 P의 분할 P/R_2로서 뫼비우스 띠(Möbius strip)를 얻는다.

이제 다음과 같이 정의된 면 P위에서의 관계 R_3을 생각하자.

$$R_3 = \{((x,y),(x,y)) \mid (x,y) \in P\}$$
$$\cup \{((x,y),(x,1-y)) \mid 0 \leq x \leq 1, y \in \{0,1\}\}$$
$$\cup \{((x,y),(1-x,y)) \mid x \in \{0,1\}, 0 \leq y \leq 1\}$$

관계 R_3는 앞서 본 동치관계 R_1를 포함한다. 따라서 R_1과 마찬가지로 관계 R_3에 대해서 x축위의 점 $(x,0)$은 직선 $y=1$위의 대응되는 점 $(x,1)$과 관계가 있다. 추가적으로 관계 R_3에 대해서는 y축위의 점 $(0,y)$이 직선 $x=1$위의 대응되는 점 $(1,y)$와 관계가 있다.

관계 R_3 역시 동치관계이다. 이 관계에 의해 면을 분할하는 것은 그림 12에서 화살표를 따라 붙이는 과정으로 이해할 수 있으며 그 결과 면 P의 분할 P/R_3으로서 원환면(torus)을 얻는다.

이제 관계를 달리하여 면 P에서의 관계 R_4를 다음과 같이 정의

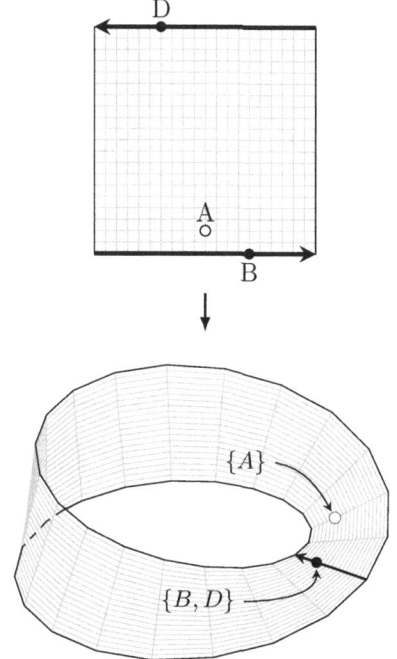

〈그림 11〉 뫼비우스 띠로서의 P/R_2

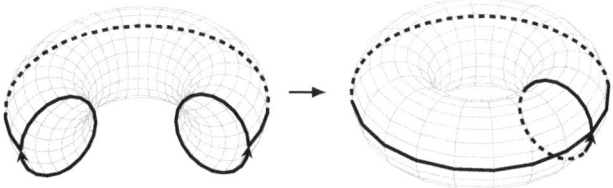

〈그림 12〉 원환면으로서의 P/R_3

4장 집합을 분할하다

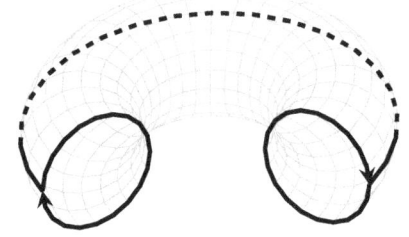

〈그림 13〉 클라인 병으로서의 P/R_4를 얻는 방법

하자.

$$R_4 = \{((x,y),(x,y)) \mid (x,y) \in P\}$$
$$\cup \{((x,y),(x,1-y)) \mid 0 \leq x \leq 1, y \in \{0,1\}\}$$
$$\cup \{((x,y),(1-x,1-y)) \mid x \in \{0,1\}, 0 \leq y \leq 1\}$$

그러면 관계 R_4에 대해서 y축위의 점 $(0,y)$는 직선 $x=1$위의 점 $(1,1-y)$와 관계가 있다. 이 관계 역시 동치관계이고 이 관계에 의해 면을 분할하는 것은 그림 13에서 화살표를 따라 붙이는 과정이 되어 클라인 병^{Klein bottle}을 얻는다. 클라인 병은 삼차원 공간에서는 만들거나 그릴 수 없다.

여휴: 집합에 동치관계가 주어지면 그 집합이 분할됩니다. 이 반대 과정도 가능합니다.

여광: 어떤 집합이 분할되어 있으면 그 집합에서 동치관계를 생각할 수 있다는 이야기이죠?

여휴: 그렇습니다. 집합 족 $\{B_i\}_{i \in I}$를 A의 분할이라고 합시

다. A의 두 원소 x, y에 대하여 'x, y가 같은 B_i에 속할 때 그리고 그때에만 $x \sim y$'이라고 정의하면, 관계 $\sim$는 A위에서 동치관계입니다.

여광: 그럴 것 같습니다. 예를 들어, A의 임의의 원소 x에 대해 x는 x와 같은 B_i에 속하므로 $x \sim x$입니다. 관계 $\sim$은 반사적이라는 것이죠. 대칭적이고 추이적인 것도 분명합니다.

여휴: 뿐만아니라 이 동치관계 $\sim$에 의한 A의 분할은 처음에 생각했던 분할 $\{B_i\}_{i \in I}$와 같습니다.

여광: 각각의 원소의 동치류가 결국 B_i 중 하나와 같기 때문이군요. 집합 A위에서의 동치관계와 집합 A의 분할은 아주 밀접한 관련이 있다고 할 수 있겠습니다.

$\infty \quad \infty \quad \infty$

집합에 동치관계가 주어지면 그 집합은 동치류로 분할된다. 이러한 과정은 수학의 여러 분야에서 활용될 수 있다. 간단한 예를 들어보자.

앞에서 정수 전체의 집합 $\mathbb{Z}$에서 동치관계를 정의하고 집합 $\mathbb{Z}$의 분할 $\mathbb{Z}_n = \{0, 1, 2, \cdots, n-1\}$을 얻었다. 논의의 편의를 위해 $n = 5$라고 하고 $\mathbb{Z}_5 = \{0, 1, 2, 3, 4\}$를 생각한다. 이 분할에서 '0'으로 나타내는 동치류는 '5의 배수' 전체의 집합이다. 동치류 '0'의 모든 원소는 '5의 배수'라는 동일한 성질을 가지고 있는 것이다.

집합론에서는 여기까지를 이야기하지만 대수학에서는 더 많은 이야기를 할 수 있다. 집합 $\mathbb{Z}$에서는 덧셈과 곱셈을 할 수 있다. 집합 $\mathbb{Z}$에서의 덧셈과 곱셈은 자연스럽게 $\mathbb{Z}_5$에서의 덧셈과 곱셈을 정의할 수 있게 함으로 대수적 구조^{algebraic structure} $\mathbb{Z}$에서 새로운 대수적 구조 $\mathbb{Z}_5$를 얻게 한다.

대수적 구조에 관한 이러한 과정은 다항방정식의 가해성^{solvability}에서 중요한 역할을 한다. 일반적인 이차방정식 $ax^2 + bx + c = 0$ ($a \neq 0$)의 풀이는 $X^2 = A$꼴의 풀이로 귀착된다. 이차방정식의 근의 공식에서 $\sqrt{b^2 - 4ac}$가 등장하는 이유이다. 일반적인 삼차방정식의 풀이는 $X^2 = A$꼴과 $X^3 = B$꼴의 방정식의 풀이로 귀착된다. 일반적인 삼차다항식의 풀이를 특수한 형태의 이차방정식 $X^2 = A$와 특수한 형태의 삼차방정식 $X^3 = B$의 풀이로 귀착시키는 과정은 일반적인 삼차방정식이 가지는 대수적 구조를 동치관계와 분할의 과정을 거쳐 방정식 $X^2 = A$와 $X^3 = B$ 각각이 가지는 대수적 구조로 귀착되기 때문에 가능하다. 동치관계와 분할에 의한 이러한 절차는 오차이상의 방정식은 일반적으로 근의 공식이 존재하지 않는다는 것을 증명하게 한다.

한편, 앞에서 든 뫼비우스 띠와 클라인 병의 예는 동치관계와 분할을 통해 기존의 위상적 구조^{topological structure}에서 새로운 위상적 구조를 얻는 과정으로 볼 수 있다.

5장

집합을 비교하다

앞[4장]에서는 동치관계에 관해 알아보았다. 동치관계는 집합을 분할함으로 새로운 집합과 구조를 얻게 한다.

또 하나의 관계로서 '함수function'가 있다. 함수는 집합을 비교함에 유용하다. 이 장에서는 주로 다음을 살핀다.

- '함수'는 어떠한 조건을 만족시키는 관계인가?
- '함수가 같다'는 뜻은 무엇인가?
- 특수한 형태의 함수로서 어떠한 것이 있는가?

∞   ∞   ∞

두 집합을 $A = \{a, b, c\}$, $B = \{d, e\}$라고 할 때 A에서 B로의

관계 R_i $(i=1,2,3,4)$가 다음과 같이 정의되었다고 하자.

$$\begin{aligned} R_1 &= \{(a,d),(b,e)\} \\ R_2 &= \{(a,d),(a,e),(b,d),(c,e)\} \\ R_3 &= \{(a,d),(b,e),(c,e)\} \\ R_4 &= A \times B \end{aligned}$$

R_1에서는 원소 $c \in A$에 대하여 $(c,y) \in R_1$인 $y \in B$가 존재하지 않는다. R_2에서는 원소 $a \in A$에 대하여 $(a,d) \in R_2$, $(a,e) \in R_2$이므로 $(a,y) \in R_2$인 $y \in B$가 두 개 있고, R_2에서도 $(a,y) \in R_4$인 원소 y가 두 개 이상 있다.

한편 R_3에서는 A에 속하는 모든 원소 x에 대하여 $(x,y) \in R_3$인 y가 B안에 반드시 존재하고 오직 하나밖에 없다.

R_3과 같은 성질을 가진 관계를 A에서 B로의 함수^{function}라고 한다. 즉, '함수'를 다음과 같이 정의한다.

A, B가 집합이다. A에서 B로의 관계 f가 다음 성질을 만족시키면 f를 'A에서 B로의 함수'라고 한다.

가. A에 속하는 임의의 원소 x에 대하여 $(x,y) \in f$가 되는 y가 B 안에 존재한다.

나. A에 속하는 임의의 원소 x에 대하여 $(x,y_1) \in f$이고 $(x,y_2) \in f$ 이면 $y_1 = y_2$이다.

'A에서 B로의 함수'를 다음과 같이 간단히 설명할 수 있다.

A의 모든 원소에 B의 원소가 꼭 대응하되 하나만 대응한다.

관계를 나타내는 기호로 보통 R를 사용하나 관계가 함수일 때에는 R 대신에 $f, g, h, \cdots$ 등의 기호를 사용한다. 또 $(x, y) \in f$ 대신에 $y = f(x)$라고 표시하기로 한다. 이때, y를 x의 상^{image}이라고 한다. 그리고 'y는 f에 의하여 x에 대응한다'라고 한다. f가 A에서 B로의 함수일 때 $f \colon A \to B$라고 나타낸다.

함수와 관련하여 몇 가지 구체적인 예를 살피자.

- $A = \{-4, 0, 1, 2\}$, $B = \{-2, 0, 1, 2\}$일 때 $f \colon A \to B$, $f(x) = x$라고 하면 f는 A에서 B로의 함수가 아니다. 왜냐하면 $-4 \in A$에 대하여 $(-4, y) \in f$인 y 즉, $y = f(-4)$인 y가 B에 존재하지 않기 때문이다.

- $P = \{0, 1, 2, 3, 4\}$, $Q = \{0, 1\}$라고 하고, $f \colon P \to Q$를 다음과 같이 정의하면 f는 함수이다.

$$f(0) = 0, \quad f(1) = 1, \quad f(2) = 0, \quad f(3) = 1, \quad f(4) = 0$$

f가 A에서 B로의 함수일 때 A와 B 각각을 f의 정의역^{domain}과 공변역^{codomain}이라고 한다.

A에서 B로의 함수 f를 A에서 B로의 사상^{mapping}이라고도 한다. 특히, 함수 f의 정의역과 공변역이 동일한 집합일 때 즉, $f \colon A \to A$일 때 f를 A에서의 변환^{transformation}이라고도 한다.

여광: 동치관계 $R \subset A \times B$에서는 A와 B가 같아야 하지만 함수 $f \colon A \to B$ 즉, 함수 $f \subset A \times B$에서는 그럴 필요가 없군요.

5장 집합을 비교하다   133

여휴: 중요한 지적이라고 생각합니다.

여광: $A = \{a,b,c\}$, $B = \{0,1\}$일 때 A에서 B로의 관계와 함수는 각각 모두 몇 개 있을까요?

여휴: 재미있는 질문입니다. $A \times B$의 원소의 개수가 6이므로 A에서 B로의 관계는 $A \times B$의 부분집합 전체의 개수만큼 있습니다. 편의상 공집합인 관계도 셉시다. 이 경우, A에서 B로의 관계는 $A \times B$의 멱집합$^{\text{power set}}$ $\wp(A \times B)$의 위수인 2^6개 있습니다. 그 중에서 함수의 조건을 만족시키는 관계를 세어야 하는군요.

여광: A에서 B로의 함수의 가짓수는 B의 원소의 개수를 A의 원소의 개수만큼 거듭제곱한 수와 같습니다. 즉, 집합 A의 원소의 개수를 $|A|$로 표현하면 A에서 B로의 함수는 $|B|^{|A|}$개 있습니다. 따라서 이 경우에는 $2^3 = 8$개 있군요. $A = \{a,b,c\}$ 위에서의 동치관계는 몇 개 있을까요?

여휴: 역시 재미있는 질문입니다. $A \times A$의 원소의 개수가 9이므로 A에서 A로의 관계는 2^9개 있습니다. 동치관계 R의 반사율에 의해 (a,a), (b,b), 그리고 (c,c)는 모두 R에 속해야 하므로 동치관계일 경우의 수는 2^6개 이하로 줄어듭니다.

여광: 대칭률과 추이율을 염두에 두면 어렵지 않게 셀 수 있을 것 같습니다.

여휴: 좋은 접근이라고 생각합니다. 사실, 다섯 개가 있습니다. 원소가 한 개인 집합위에서의 동치관계는 한 개, 원소가 두 개인 집합위에서의 동치관계는 두 개 있습니다. 원소가 n 개인 집합에서의 동치관계는 몇 개일지 궁금하죠? 이 책의 마지막 장에서 이야기 할 것입니다.

∞ ∞ ∞

f를 A에서 B로의 함수, 즉 $f: A \to B$라고 할 때 B의 각 원소는 반드시 A의 한 원소의 상은 아니다. B의 원소 중에서 A의 한 원소의 상인 그러한 원소들 전체의 집합을 'f의 상^{image}'이라고 하고 $f(A)$로 표시한다. $f(A)$는 공변역 B의 부분집합이다.

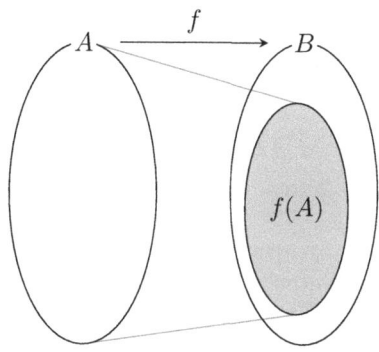

⟨그림 14⟩ 함수 $f: A \to B$와 공변역 $f(A)$

여광: '상^{image}'이라는 용어가 다소 혼란스럽습니다. 함수 $f: A \to B$와 $a \in A$에 대해 $f(a)$도 상이고 $f(A)$도 상입니다.

여휴: 동의합니다. 함수 $f\colon A \to B$의 상 $f(A)$는 A의 모든 원소 각각의 상 전체의 집합입니다. 그러나 앞 뒤 문맥을 알면 혼란스럽지 않을 것입니다. 함수 $f\colon A \to B$의 상 $f(A)$를 '치역^{range}'이라고도 합니다.

함수 $f\colon X \to Y$는 X에서 Y로의 관계 중에서 특수한 성질을 만족시키는 $X \times Y$의 부분집합으로 정의하였다. 따라서 '두 함수가 같다'라는 말은 각각의 함수를 나타내는 두 집합이 같다는 말이다. 두 함수 f, g가 같다는 것을 보일 때 다음은 유용한다.

> 두 함수 $f\colon X \to Y$와 $g\colon X \to Y$에 대하여 다음이 성립한다.
>
> $$f = g \iff \forall x \in X,\ f(x) = g(x)$$

먼저, ($\Rightarrow$) 방향을 증명한다. $x \in X$라고 하자. f가 함수이므로 $(x, y) \in f$인 $y \in Y$가 있다. 그런데 $f = g$이므로 $(x, y) \in g$이다. 따라서 $f(x) = y = g(x)$이다.

($\Leftarrow$) 방향을 증명한다. $\forall x \in X,\ f(x) = g(x)$라고 하자. 다음을 알 수 있다.

$$\begin{aligned}(x, y) \in f &\iff y = f(x) \\ &\iff y = g(x) \\ &\iff (x, y) \in g\end{aligned}$$

따라서 $f = g$이다.

여광: '함수가 같다'라고 할 때에는 관계식 외에 정의역도 살펴야 하겠습니다.

여휴: 그렇습니다. 예를 들어, $f(x) = x^2$와 같이 정의되는 함수 f를 생각합시다. 정의역이 실수 전체의 집합인지 아니면 복소수 전체의 집합인지를 알아야 합니다. 정의역이 다른 경우에는 함수가 같다고 할 수 없습니다.

여광: 공변역도 살펴야 하나요?

여휴: 그렇습니다. '함수가 같다'라고 할 때에는 비교하고자 하는 함수들의 정의역과 공변역이 같다는 것을 전제합니다.

∞ ∞ ∞

여기에서 특별한 함수 몇 가지를 소개한다.

함수 $f: A \to B$에서 A의 서로 다른 두 원소의 상이 같지 않을 때 f를 단사함수injective function 또는 일대일함수one-to-one function라고 한다. 다시 말하면, $a \in A, a' \in A$에 대해 $f(a) = f(a')$이면 $a = a'$인 경우에 $f: A \to B$는 단사함수이다. 그림 15가 나타내는 함수는 단사함수이다.

함수 $f: \mathbb{R} \to \mathbb{R}$가 식 $f(x) = x^2$으로 정의되어 있다면 $f(2) = f(-2) = 4$이므로, 서로 다른 두 실수 2와 -2의 상이 같게 되어 f

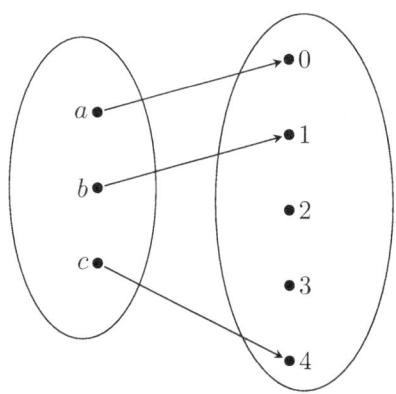

⟨그림 15⟩ 단사함수의 예

는 단사함수가 아니다. 한편, 관계식 $g(x) = x^3$로 정의되는 함수 $g: \mathbb{R} \to \mathbb{R}$는 단사함수이다.

임의의 함수 $f: A \to B$에 대하여 f의 상image $f(A)$는 부분집합이다. 즉 $f(A) \subset B$이다. 그런데 B의 모든 원소가 상일 때, 즉 $f(A) = B$일 때 f를 전사함수surjective function 또는 위로의 함수onto function라고 한다. 그림 16이 나타내는 함수는 전사함수이다.

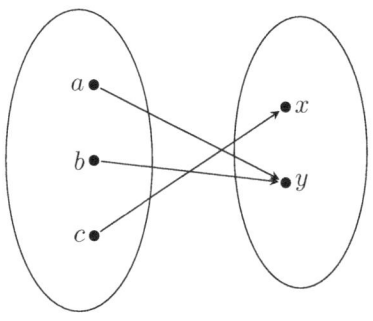

⟨그림 16⟩ 전사함수의 예

관계식 $f(x) = x^2$으로 정의된 함수 $f: \mathbb{R} \to \mathbb{R}$는 전사함수가 아니다. 왜냐하면, f의 치역에는 음수가 포함되지 않기 때문에 공변역과 치역은 같지 않다.

단사인 동시에 전사인 함수를 전단사bijective함수 또는 일대일대응one-to-one correspondence이라고 한다. '일대일대응'과 단사함수인 '일대일 함수'를 혼동하지 않아야 한다.

'단사'와 '전사' 각각은 '전단사'와 같은 개념일 수 있다. 예를 들어, 다음이 성립한다.

가. 유한집합 X에 대하여 함수 $f\colon X \to X$가 단사이면 f는 전단사이다.

나. 유한집합 X에 대하여 함수 $f\colon X \to X$가 전사이면 f는 전단사이다.

∞ ∞ ∞

A가 집합일 때, 함수 $f\colon A \to A$가 식 $f(x) = x$로 정의되었다고 하자. 즉 f가 A의 각 원소에 그 자신을 대응시킨다고 할 때 f를 A에서의 항등함수identity function라고 하고 I_A로 나타낸다. A에서의 항등함수에서 집합 A가 분명하거나 구체적으로 언급할 필요가 없을 때에는 항등함수를 간단히 I로 나타내기도 한다. 항등함수는 전단사함수이고 정의역과 공변역이 같다.

함수 $f\colon A \to B$에서 B에 속하는 한 원소 b가 A의 모든 원소의 상일 때 함수 f를 상수함수constant function라고 한다. 즉, $f\colon A \to B$는 f의 치역이 오직 한 원소만으로 이루어지는 집합일 때 상수함수이다.

함수 $f\colon A \to \{0,1\}$와 A의 부분집합 C에 대하여 아래와 같이 정의되는 함수 $\chi_C \colon A \to \{0,1\}$를 C에서의 특성함수characteristic function

라고 한다.

$$\chi_C(x) = \begin{cases} 0 & (x \notin C) \\ 1 & (x \in C) \end{cases}$$

여기서 그리스 글자 'χ'는 '카이chi'라고 읽는다.

∞ ∞ ∞

함수 $f: A \to B$와 함수 $g: B \to C$가 있다고 하자. 임의의 $a \in A$에 대하여 $f(a)$는 g의 정의역인 B에 속한다. 따라서 함수 g에 의한 $f(a)$의 상 $g(f(a))$를 구할 수 있다. 이와 같이 하면 A의 모든 원소에 C의 한 원소를 대응시킬 수 있다. 이렇게 얻은 함수를 f와 g의 합성함수composite function라고 하고 $g \circ f$로 나타낸다. $g \circ f$는 A에서 C로의 함수이다.

여광: f와 g의 합성을 다음과 같이 요약할 수 있겠습니다.

두 함수 $f: A \to B$와 $g: B \to C$에 대하여 합성함수 $g \circ f : A \to C$는 다음과 같이 정의된다.

$$\forall a \in A, \ (g \circ f)(a) = g(f(a))$$

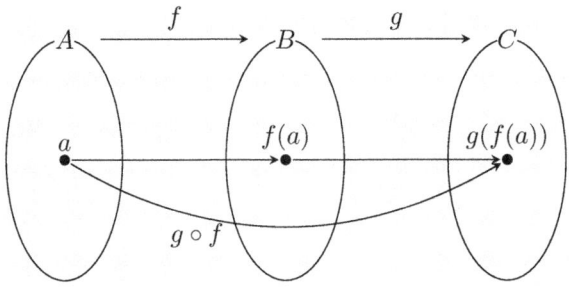

여휴: 그림으로 설명하니까 개념이 더욱 분명해지는 것 같습니다. 함수를 합성할 때 순서가 중요합니다.

여광: 무슨 말씀이신지요?

여휴: 실수 전체의 집합 $\mathbb{R}$에서의 함수 f와 g가 다음과 같이 정의되었다고 합시다.

$$f(x) = 2x - 1, \quad g(x) = x + 1$$

이 때, $(g \circ f)(1)$와 $(f \circ g)(1)$을 구하면 $g \circ f \neq f \circ g$ 임을 확인 할 수 있습니다.

여광: 일반적으로 $g \circ f$와 $f \circ g$가 같지 않다는 뜻이군요.

여휴: 두 수 x, y의 덧셈과 곱셈 각각에 관해서 $x + y = y + x$ 이고 $xy = yx$이며, 두 집합 A, B의 합집합과 교집합 각각에 관해서도 $A \cup B = B \cup A$이고 $A \cap B = B \cap A$ 이지만 함수의 합성은 그렇지 않습니다.

세 함수 $f: A \to B$, $g: B \to C$, $h: C \to D$에 대해, 합성함수 $g \circ f: A \to C$에서 또 다른 합성함수 $h \circ (g \circ f): A \to D$를 구할 수 있다. 마찬가지로, 함수 $(h \circ g) \circ A: A \to D$도 구할 수 있다.

두 함수 $h \circ (g \circ f)$와 $(h \circ g) \circ f$는 모두 A에서 D로의 함수인데, 이 두 함수는 같다. 즉, 함수의 합성에 대하여 결합법칙이 성립한다.

세 개 함수의 합성에 관한 결합법칙을 다음과 같이 표현할 수 있다.

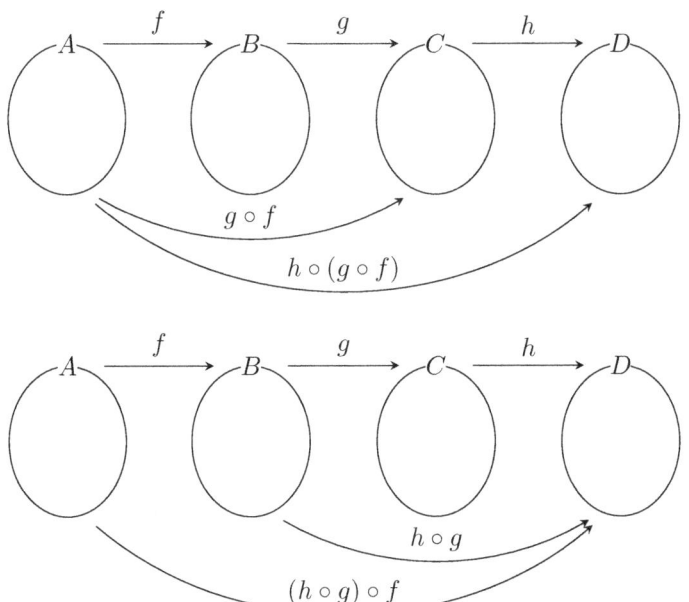

〈그림 17〉 $h \circ (g \circ f)$와 $(h \circ g) \circ f$

$f\colon A \to B,\ g\colon B \to C,\ h\colon C \to D$에 대해

$$(h \circ g) \circ f \;=\; h \circ (g \circ h)$$

이다.

증명하자. 정의에 의하여, 모든 $x \in A$에 대하여

$$((h \circ g) \circ f)(x) \;=\; (h \circ g)(f(x)) \;=\; h(g(f(x)))$$
$$(h \circ (g \circ f))(x) \;=\; h((g \circ f)(x)) \;=\; h(g(f(x)))$$

이다. 따라서 $(h \circ g) \circ f = h \circ (g \circ f)$이다.

세 함수 $f\colon A \to B,\ g\colon B \to C,\ h\colon C \to D$의 합성은 괄호 없이 $h \circ g \circ f\colon A \to D$와 같이 표시할 수 있다.

여광: 함수는 관계이므로 함수의 합성도 관계로 나타내어야 하는 것 아닌가요?

여휴: 좋은 지적입니다. 앞에서 소개한 정의는 편하게 한 것입니다. 실제로 함수의 합성은 다음과 같이 정의될 수 있습니다.

$f: A \to B, g: B \to C$의 합성함수 $g \circ f: A \to C$는 다음과 같다.

$\{(a,c) \in A \times C \mid \exists b \in B;\ (a,b) \in f \land (b,c) \in g\}$

여광: 합성함수에 관한 결합법칙도 이 정의에 따라 증명하여야 하겠군요.

여휴: 그렇습니다. 해볼 만한 증명일 것입니다.

∞ ∞ ∞

f를 A에서 B로의 함수라고 하고 $b \in B$라고 하자. b로 대응되는 A의 원소들여러 개 있을 수 있다 즉, b를 상으로 갖는 A의 원소들 전체의 집합을 b의 원상pre-image 또는 역상inverse image이라고 하고 $f^{-1}(b)$로 표시한다. 다시 말하면, $f: A \to B$와 $b \in B$에 대하여

$$f^{-1}(b) = \{x \in A \mid f(x) = b\}$$

이다. $f: A \to B$와 $b \in B$에 대하여 $f^{-1}(b)$는 A의 부분집합이다.

간단한 예를 들어보자. 함수 $f: A \to B$가 그림 18과 같이 정의되었다고 하자.

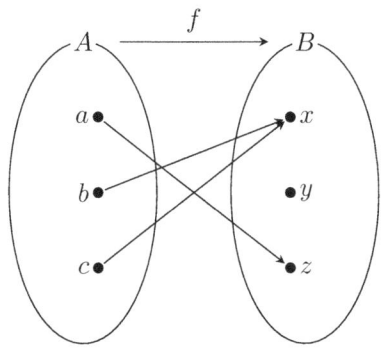

〈그림 18〉 함수 $f: A \to B$

b와 c는 모두 x를 상으로 갖기 때문에 $f^{-1}(x) = \{b, c\}$이다. 또 z에 대응되는 것은 a뿐이므로 $f^{-1}(z) = \{a\}$이며 y의 원상 $f^{-1}(y)$는 $\varnothing$이다.

함수 $f: A \to B$와 $b \in B$에 대한 원상뿐만이 아니라 B의 부분집합에 대해서도 원상을 생각할 수 있다.

$f: A \to B$이고 $D \subset B$라고 하면 함수 f에 의한 D의 원상을

$$f^{-1}(D) = \{x \in A \mid f(x) \in D\}$$

로 정의한다. 여기서 $f^{-1}(D)$도 함수 f의 정의역 A의 부분집합이다.

여광: '상image'이라는 용어가 혼란스럽듯이 '역상inverse image'이라는 용어도 그렇습니다. 함수 $f: A \to B$와 $b \in B$에 대해 $f^{-1}(b)$도 역상이고 $D \subset B$에 대해 $f^{-1}(D)$도 역상입니다.

여휴: 동의합니다. 그러나 이 경우에도 앞 뒤 문맥을 알면 혼

란스럽지 않을 것입니다.

$f: A \to B$를 임의의 함수라 할 때, A의 모든 원소의 상이 B 안에 있으므로 $f^{-1}(B) = A$이며 $f^{-1}(f(A)) = A$이다. 한편, 임의의 $b \in B$에 대하여 $f^{-1}(b) = f^{-1}(\{b\})$로 볼 수 있다.

f를 A에서 B로의 함수라 하면 일반적으로 $b \in B$에 대하여 $f^{-1}(b)$는 한 원소 이상이거나 또는 공집합인 경우가 있다. 그러나 함수 $f: A \to B$가 전단사함수 즉, 일대일대응이라고 하면 임의의 $b \in B$에 대하여 $f^{-1}(b)$는 A의 유일한 원소로 결정된다. 따라서 $g(b) = f^{-1}(b)$와 같이 정의되는 함수 $g: B \to A$를 얻을 수 있다. 다음을 알 수 있다.

> 전단사함수 $f: A \to B$와 위에서 얻은 함수 $g: B \to A$에 대하여 $g \circ f = I_A$이고 $f \circ g = I_B$이다. 즉, $g \circ f: A \to A$는 A에서 A로의 항등함수이고 $f \circ g: B \to B$는 B에서 B로의 항등함수이다.

증명하자. 임의의 원소 $x \in A$에 대하여 $f(x) = y$라고 하자. 그러면 $g(y) = x$이다. 따라서 $(g \circ f)(x) = g(f(x)) = g(y) = x$이다. $f \circ g: B \to B$에 대해서도 같은 방법으로 증명할 수 있다.

함수 $f: A \to B$에 대하여 다음 조건을 만족시키는 함수 $g: B \to A$가 존재할 때 $g: B \to A$를 $f: A \to B$의 역함수$^{\text{inverse function}}$라고

한다.
$$g \circ f = I_A, \quad f \circ g = I_B$$

함수 $f\colon A \to B$가 역함수를 가지면 그 역함수는 유일하다. 이를 증명하기 위해, 두 함수 $g_1\colon B \to A$와 $g_2\colon B \to A$가 $f\colon A \to B$의 역함수라고 하자. $g_2 \circ f = I_A$이고 $f \circ g_1 = I_B$이며 함수의 합성에 대하여 결합법칙이 성립하므로, 임의의 $b \in B$에 대하여

$$\begin{aligned} g_1(b) &= (g_2 \circ f)(g_1(b)) \\ &= (g_2 \circ (f \circ g_1))(b) \\ &= g_2(b) \end{aligned}$$

이다. 따라서 $g_1 = g_2$이다.

함수 $f\colon A \to B$가 역함수를 가질 때 그 역함수를 일반적으로 $f^{-1}\colon B \to A$와 같이 나타낸다.

다음은 함수 $f\colon A \to B$가 역함수를 가지기위한 필요충분조건을 제시한다.

> 함수 $f\colon A \to B$가 역함수를 가지면 그리고 이때에만 f가 전단사함수이다.

증명하자. 함수 $f\colon A \to B$가 전단사함수이면 역함수를 가짐을 이미 증명하였다. 이제 함수 $f\colon A \to B$가 역함수 $f^{-1}\colon B \to A$를 가진다고 하자. $a, a' \in A$에 대하여 $f(a) = f(a')$이면 $f^{-1}(f(a)) = f^{-1}(f(a'))$이므로 $a = a'$이다. 따라서 f는 단사함수이다. 한편, 임의의 $b \in B$에 대하여 $f(f^{-1}(b)) = b$이므로 f는 전사함수이다.

여광: 함수 $f\colon A \to B$가 역함수 $f^{-1}\colon B \to A$를 가지면 f^{-1}도 전단사함수인가요?

여휴: 그렇지 않을까요?

여광: 맞군요. f^{-1}가 역함수를 가지잖아요.

여휴: 쉽게 설명이 되는군요. 기호 f^{-1}에 대해 하나 짚고 갑시다.

여광: 무엇일까요?

여휴: A에서 B로의 함수 f와 $b \in B$의 원상 $f^{-1}(b)$에서의 f^{-1}는 f의 역함수 f^{-1}와는 무관한 기호입니다. 즉, 함수 f가 역함수를 가지지 아니하여도 사용하는 기호입니다.

주어진 함수가 단사 또는 전사이기 위한 필요충분조건을 알아보자. 먼저, 다음 예를 살펴보자.

$A = \{x, y\}$, $B = \{a, b, c\}$라고 하자. 함수 $f\colon A \to B$와 $g\colon B \to A$를 그림 19와 같이 정의하자.

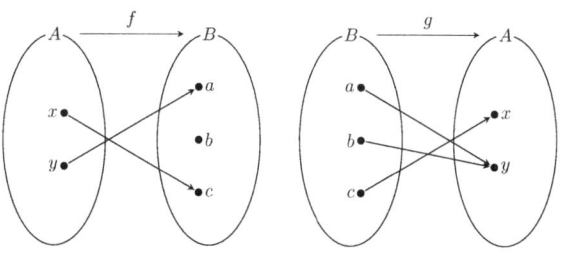

⟨그림 19⟩ 함수 $f\colon A \to B$와 $g\colon B \to A$

이 때, 함수 $f\colon A \to B$는 단사이다. 한편, $(g \circ f)(x) = g(f(x)) = g(c) = x$이고 $(g \circ f)(y) = g(f(y)) = g(a) = y$이므로 $g \circ f = I_A$이다. 그러나 g는 f의 역함수가 아니고 $f \circ g \neq I_B$이다. 이 경우에는 함수 f가 단사함수이지만 전사함수는 아니다.

여광: 다음 조건을 만족시키는 두 함수 $f\colon A \to B$와 $g\colon B \to A$를 제시하는 것은 의미 있을 것 같습니다.

> 가. 함수 $f\colon A \to B$는 전사이다.
>
> 나. $f \circ g = I_B$
>
> 다. $g \circ f \neq I_A$

여휴: 그렇겠군요. 다음이 어떨까요?

> $A = \{x, y\}$, $B = \{a\}$라고 할 때, $f(x) = a$, $f(y) = a$이고 $g(a) = x$이면 $f \circ g = I_B$이지만 f는 전단사가 아니다. 이 경우에는 함수 f가 전사함수이지만 단사함수는 아니다.

일반적으로 다음이 성립한다.

> 함수 $f\colon X \to Y$에 대하여 다음이 성립한다.
>
> 가. f가 단사이기 위한 필요충분조건은 $g \circ f = I_X$를 만족시키는 함수 $g\colon Y \to X$가 존재하는 것이다.
>
> 나. f가 전사이기 위한 필요충분조건은 $f \circ g = I_Y$를 만족시키는 함수 $g\colon Y \to X$가 존재하는 것이다.

'가'를 증명하자. ($\Rightarrow$) 방향이다. 함수 $g\colon Y \to X$를 다음과 같이

정의하자. $y \in Y$를 임의로 택하자. 만일 $y \in \text{Im}(f)$이면 $f(x) = y$인 $x \in X$가 유일하게 있다. 이제 $g(y) = x$라고 정하자. 한편, $y \in Y - \text{Im}(f)$이면 $g(y)$를 X의 임의의 한 원소 x_0으로 정한다. 분명히 $g: Y \to X$는 함수이다. 임의의 $x \in X$에 대하여, $(g \circ f)(x) = g(f(x)) = x$이다. 따라서 $g \circ f = I_X$이다. ($\Leftarrow$) 방향이다. 다음을 알 수 있다.

$$\begin{aligned} f(x_1) = f(x_2) &\implies g(f(x_1)) = g(f(x_2)) \\ &\implies (g \circ f)(x_1) = (g \circ f)(x_2) \\ &\implies I_X(x_1) = I_X(x_2) \\ &\implies x_1 = x_2 \end{aligned}$$

따라서 f는 단사이다.

'나'를 증명한다. ($\Rightarrow$) 방향이다. 함수 $g: Y \to X$를 다음과 같이 정의하자. 임의의 $y \in Y$에 대하여 $y \in \text{Im}(f)$이므로 $f^{-1}(y) \neq \emptyset$이다. $f(x) = y$인 $x \in X$를 하나 택할 수 있다. 이제 $g(y) = x$라고 정하자. 분명히 $g: Y \to X$는 함수이다. 이제 임의의 $y \in Y$에 대하여, $(f \circ g)(y) = f(g(y)) = f(x) = y$이므로 $f \circ g = I_Y$이다. ($\Leftarrow$) 방향이다. $y \in Y$를 임의로 잡자. 그러면 $g(y) \in X$이다. $f(g(y)) = (f \circ g)(y) = I_Y(y) = y$이므로 f는 전사이다.

여휴: 앞의 '나'의 증명에서 $f^{-1}(y) \neq \emptyset$이므로 $f(x) = y$인 $x \in X$를 하나 택할 수 있다고 하였습니다. 이 과정에서 어떤 어려움이 없으신가요?

여광: 특별히 심각한 문제는 없어 보입니다.

여휴: 그러나 그렇지 않답니다. 칸토어 본인도 대수롭지 않게 여긴 부분입니다.

여광: 뭐가 문제인가요?

여휴: 소위 '선택공리$^{\text{axiom of choice}}$'에 관한 것입니다. '선택공리'에 관해서는 뒤^{8장}에서 논의할 것입니다.

∞ ∞ ∞

함수의 다음 성질들은 수학의 여러 분야에서 유용하게 이용된다.

가. 함수 $f: X \to Y$와 X의 부분 집합 족 $\{A_\gamma\}_{\gamma \in \Gamma}$에 대하여 다음이 성립한다.

(1) $f\left(\bigcup_{\gamma \in \Gamma} A_\gamma\right) = \bigcup_{\gamma \in \Gamma} f(A_\gamma)$

(2) $f\left(\bigcap_{\gamma \in \Gamma} A_\gamma\right) \subset \bigcap_{\gamma \in \Gamma} f(A_\gamma)$

(3) 함수 $f: X \to Y$가 단사이면 $f\left(\bigcap_{\gamma \in \Gamma} A_\gamma\right) = \bigcap_{\gamma \in \Gamma} f(A_\gamma)$ 이다.

나. 함수 $f: X \to Y$와 Y의 부분 집합 족 $\{B_\gamma\}_{\gamma \in \Gamma}$에 대하여 다음이 성립한다.

(1) $f^{-1}\left(\bigcup_{\gamma \in \Gamma} B_\gamma\right) = \bigcup_{\gamma \in \Gamma} f^{-1}(B_\gamma)$

(2) $f^{-1}\left(\bigcap_{\gamma \in \Gamma} B_\gamma\right) = \bigcap_{\gamma \in \Gamma} f^{-1}(B_\gamma)$

다. 함수 $f\colon X \to Y$와 X의 부분 집합 A에 대하여 다음이 성립한다.

(1) $A \subset f^{-1}(f(A))$

(2) 함수 $f\colon X \to Y$가 단사이면 $A = f^{-1}(f(A))$이다.

라. 함수 $f\colon X \to Y$와 Y의 부분 집합 B에 대하여 다음이 성립한다.

(1) $f(f^{-1}(B)) \subset B$

(2) $f\colon X \to Y$가 전사이면 $f(f^{-1}(B)) = B$이다.

마. 함수 $f\colon X \to Y$가 일대일대응이면 $f^{-1}\colon Y \to X$도 일대일대응이다.

증명하자.

가. (1) 다음이 성립함을 알 수 있다.

$$y \in f\left(\bigcup_{\gamma \in \Gamma} A_\gamma\right)$$
$\Leftrightarrow \ y = f(x)$인 적당한 $x \in \bigcup_{\gamma \in \Gamma} A_\gamma$가 존재한다.
$\Leftrightarrow$ 적당한 $\gamma \in \Gamma$에 대하여 $y = f(x)$인 $x \in A_\gamma$가 존재한다.
$\Leftrightarrow$ 적당한 $\gamma \in \Gamma$에 대하여 $y \in f(A_\gamma)$이다.
$\Leftrightarrow \ y \in \bigcup_{\gamma \in \Gamma} f(A_\gamma)$

그러므로 다음이 성립한다.

$$y \in f\left(\bigcup_{\gamma \in \Gamma} A_\gamma\right) \iff y \in \bigcup_{\gamma \in \Gamma} f(A_\gamma)$$

따라서 $f\left(\bigcup_{\gamma \in \Gamma} A_\gamma\right) = \bigcup_{\gamma \in \Gamma} f(A_\gamma)$이다.

(2) 각각의 $\gamma \in \Gamma$에 대하여 $\bigcap_{\gamma \in \Gamma} A_\gamma \subset A_\gamma$이므로

$$f\left(\bigcap_{\gamma \in \Gamma} A_\gamma\right) \subset f(A_\gamma)$$

이다. 일반적으로 $A \subset B \subset X$에 대하여 $f(A) \subset f(B)$이기 때문이다. 따라서 모든 $\gamma \in \Gamma$에 대하여

$$f\left(\bigcap_{\gamma \in \Gamma} A_\gamma\right) \subset f(A_\gamma)$$

이고, 결국 $f\left(\bigcap_{\gamma \in \Gamma} A_\gamma\right) \subset \bigcap_{\gamma \in \Gamma} f(A_\gamma)$ 이다.

(3) 다음을 주목한다.

$y \in \bigcap_{\gamma \in \Gamma} f(A_\gamma)$
 $\iff$ 모든 $\gamma \in \Gamma$에 대하여 $y \in f(A_\gamma)$이다.
 $\iff$ 모든 $\gamma \in \Gamma$에 대하여 $y = f(x_\gamma)$인 $x_\gamma \in A_\gamma$가 존재한다.

그런데 $f\colon X \to Y$는 단사이므로 이들 $x_\gamma \in A_\gamma$는 모두 같다. 그것을 x_0이라고 놓으면 다음이 성립한다.

$$y \in \bigcap_{\gamma \in \Gamma} f(A_\gamma)$$
$\iff$ 모든 $\gamma \in \Gamma$에 대하여 $y = f(x_0)$인 $x_0 \in A_\gamma$이 존재한다.

$\iff$ $y = f(x_0)$인 $x_0 \in \bigcap_{\gamma \in \Gamma} f(A_\gamma)$이 존재한다.

$\iff$ $y \in f\left(\bigcap_{\gamma \in \Gamma} A_\gamma\right)$

나. (1) 다음이 성립한다.

$$x \in f^{-1}\left(\bigcup_{\gamma \in \Gamma} B_\gamma\right)$$
$\iff$ $f(x) \in \bigcup_{\gamma \in \Gamma} B_\gamma$

$\iff$ 적당한 $\gamma \in \Gamma$에 대하여 $y = f(x)$인 $y \in B_\gamma$가 존재한다.

$\iff$ 적당한 $\gamma \in \Gamma$에 대하여 $x \in f^{-1}(B_\gamma)$이다.

$\iff$ $x \in \bigcup_{\gamma \in \Gamma} f^{-1}(B_\gamma)$

(2) 다음이 성립한다.

$$x \in f^{-1}\left(\bigcap_{\gamma \in \Gamma} B_\gamma\right)$$
$$\iff f(x) \in \bigcap_{\gamma \in \Gamma} B_\gamma$$
$$\iff \text{모든 } \gamma \in \Gamma \text{에 대하여 } f(x) \in B_\gamma \text{이다.}$$
$$\iff \text{모든 } \gamma \in \Gamma \text{에 대하여 } x \in f^{-1}(B_\gamma) \text{이다.}$$
$$\iff x \in \bigcap_{\gamma \in \Gamma} f^{-1}(B_\gamma)$$

다. (1) 임의의 $a \in A$에 대하여 $f(a) \in f(A)$ 즉, $a \in f^{-1}(f(A))$이다. 따라서 $A \subset f^{-1}(f(A))$이다.

(2) f가 단사이면 임의의 $a \in A$에 대하여 $f(a)$의 역상은 a밖에 없다. 따라서 $f^{-1}(f(A)) \subset A$이고 위 (1)에 의하여 $A = f^{-1}(f(A))$이다.

라. (1) 임의의 $b \in B$에 대하여 $f^{-1}(b)$가 존재한다면 $f^{-1}(b)$의 f에 의한 상은 B에 포함되어야 하므로 $f(f^{-1}(B)) \subset B$이다.

(2) f가 전사이면 임의의 $b \in B$에 대하여 $f^{-1}(b)$가 항상 존재하고 $b = f(f^{-1}(b))$이다. 따라서 $f(f^{-1}(B)) = B$이다.

마. $y_1, y_2 \in Y$에 대하여 $f^{-1}(y_1) = f^{-1}(y_2) = x$라고 하면 $y_1 = f(x) = y_2$이다. 그러므로 f^{-1}는 단사이다. 한편 f^{-1}의 상은 f의 정의역인 X와 같으므로 f^{-1}은 전사이다.

여휴: 지금 막 증명한 함수의 여러 성질을 참고하여 다음과 같이 주장할 수 있을까요?

가. 함수 $f\colon X \to Y$가 단사이기위한 필요충분조건은 X의 임의의 두 부분집합 A_1, A_2에 대하여 $f(A_1 \cap A_2) = f(A_1) \cap f(A_2)$ 인 것이다.

나. 함수 $f\colon X \to Y$가 단사이기위한 필요충분조건은 X의 임의의 부분집합 A에 대하여 $A = f^{-1}(f(A))$ 인 것이다.

다. 함수 $f\colon X \to Y$가 전사이기위한 필요충분조건은 Y의 임의의 부분집합 B에 대하여 $f(f^{-1}(B)) = B$인 것이다.

여광: 재미있는 질문입니다. 먼저 처음 질문을 살펴봅시다. 함수 $f\colon X \to Y$가 단사이면 X의 임의의 두 부분집합 A_1, A_2에 대하여 $f(A_1 \cap A_2) = f(A_1) \cap f(A_2)$이지만 $f\colon X \to Y$가 단사가 아니면 그렇지 않습니다. 다음과 같은 예를 들 수 있습니다. $f\colon \mathbb{R} \to \mathbb{R}$를 $f(x) = x^2$라고 하고 $A_1 = [-2, -1], A_2 = [1, 2]$라고 하면

$$f(A_1 \cap A_2) = \varnothing$$

이지만 $f(A_1) \cap f(A_2) = [1, 4]$이므로

$$f(A_1 \cap A_2) \neq f(A_1) \cap f(A_2)$$

입니다. 따라서 첫 번째 주장은 옳습니다. 두 번째와 세 번째 주장도 옳다는 것을 비슷한 방식으로 확인할 수 있습니다.

∞　∞　∞

필요에 따라 주어진 함수로부터 새로운 함수를 만들 수 있다. 예를 들어, 주어진 함수의 정의역을 축소하거나 확장할 필요가 있다. 이때 원래의 함수는 그대로 유지되도록 한다.

가. 함수의 축소

A에서 B로의 함수 f가 있을 때, A의 부분집합 C에 대하여 다음을 만족시키는 함수 $f_C\colon C \to B$를 f의 C로의 '축소restriction'라고 한다.

$$\forall x \in C,\ f_C(x)\ =\ f(x)$$

함수 $f\colon A \to B$의 정의역을 A에서 C로 축소하되 C에서 함숫값은 원래 함수와 같게 한다.

나. 함수의 확장

A에서 B로의 함수 f와 A를 품는 집합 C에 대하여 다음 조건을 만족시키는 함수 $f^C\colon C \to B$를 f의 C로의 '확장extension'이라고 한다.

$$\forall x \in A, \ f^C(x) = f(x)$$

함수 $f\colon A \to C$로 확장하되 A에서 함숫값은 원래 함수와 같게 한다.

함수 $f\colon A \to B$의 확장 $f^C\colon C \to B$를 C의 부분집합 A로 축소하면 다시 $f\colon A \to B$가 된다.

다. 함수 $f \cup g$

함수 $f\colon X \to Y$와 함수 $g\colon U \to W$에 대하여 $X \cap U = \varnothing$일 때, 함수 $f \cup g\colon X \cup U \to Y \cup W$를 다음과 같이 정의할 수 있다.

$$(f \cup g)(x) = \begin{cases} f(x), & x \in X \\ g(x), & x \in U \end{cases}$$

두 개 함수 각각의 정의역이 완전히 다르므로 교집합이 없는 경우에는, 두 개 정의역의 합집합을 정의역으로 하는 새로운 함수를 정의할 수 있는 것이다.

함수 $f\colon X \to Y$와 함수 $g\colon U \to W$에 대하여 $X \cap U \neq \varnothing$이지만 $X \cap U$에서 f와 g의 함숫값이 같은 경우에도 $f \cup g\colon X \cup U \to Y \cup W$를 정의할 수 있다는 것을 알 수 있다.

여휴: 함수 개념은 초등학교 수학 이곳저곳에 스며있습니다. 예를 들어, 자연수의 개념을 함수 개념과 연계하여 설명할 수 있습니다.

여광: 네 개의 사과, 네 그루의 나무, 네 마리의 새 등의 경우에 '4'를 대응시킬 수 있습니다. 왜냐하면 세 개의 집합은 모두 일대일대응의 관계에 있기 때문입니다. 집합 사이의 일대일대응 관계는 동치관계임에 주목하면 세 집합 모두는 같은 동치류에 속합니다. 그 동치류에 '4'를 대응시키는 거죠.

여휴: 두 개의 집합을 비교하는 방법으로서 '포함관계'를 생각할 수 있지만 이 방법은 적용할 수 있는 경우가 극히 제한적입니다.

여광: 동의합니다. 예를 들어, 네 개의 사과로 이루어진 집합과 네 그루의 나무로 이루어진 집합은 무관하게 됩니다.

여휴: 이 책의 주제는 무한입니다. 이 책은 수학으로 무한을 어떻게 상상할 수 있는지를 이야기 합니다.

여광: 왜 갑자기 무한을 이야기하나요?

여휴: 무한을 상상함에 있어서 여러 가지 수학적 개념이나 방법이 동원될 것입니다. 그 중에서 함수의 역할이 큽니다. 한 가지 예를 들어 보겠습니다. 무한집합을 만났다고 가정합시다. 그 무한집합을 실수 전체의 집합 $\mathbb{R}$

라고 할까요? $\mathbb{R}$에 대해 여러 가지가 궁금합니다. $\mathbb{R}$를 우리에게 꽤 친숙한 무한집합인 자연수 전체의 집합 $\mathbb{N}$과 견주고 싶습니다. $\mathbb{R}$는 $\mathbb{N}$을 품고 있지만 두 무한집합의 차이는 또 무엇이 있는지 궁금합니다.

여광: 궁금한 게 한두 가지가 아닐 것 같은데요?

여휴: 무한에 대해 잘 정립된 논리가 없이는 대답하기 어려운 질문들일 것입니다. 무한집합을 만날 때 유용한 두 개의 준비물이 있습니다. 하나는 자연수 전체의 집합 $\mathbb{N}$이고 다른 하나는 함수입니다.

여광: 무슨 뜻인지요?

여휴: 무한집합 X를 만날 때 가장 처음 시도하는 탐험이 'X와 $\mathbb{N}$ 사이에 일대일대응이 존재하는가?'입니다. 주어진 무한집합의 '크기'를 재기위해 사용하는 자^{ruler}는 $\mathbb{N}$이고 재는 방법은 일대일대응 즉 함수입니다.

여광: 이 책 2편부터 무한을 논의하는데 거기에서 함수가 중요한 역할을 할 것이라는 이야기이군요.

여휴: 그렇습니다. 무한집합을 비교하고 분류하기 위해 몇 가지 새로운 언어를 소개할 터인데 그때마다 함수가 중요한 역할을 할 것입니다.

여광: 학교수학에서 일차함수, 이차함수, 삼각함수 등 여러 함수가 등장합니다. 고등학교에서는 연속함수$^{\text{continuous function}}$도 중요하게 논의됩니다.

여휴: 연산을 중시하는 분야와 거리^{metric}를 중시하는 분야 등 수학에는 다양한 분야가 있습니다. 분야마다 함수에게 요구하는 성질이 다릅니다.

여광: 요구되는 성질을 가지는 함수를 뜻하기 위해 다양한 수식어가 등장하겠군요.

6장

차례를 정하다

'관계'에 대해 살펴보는 중이다. 4장과 5장 각각에서 동치관계와 함수관계에 관해 알아보았다. 이제 순서관계에 관해 알아본다. 동치, 함수, 순서관계는 이 장 다음에 이어지는 II부에서 무한을 상상함에 유용한 도구가 될 것이다.

수직선^{number line}에는 일반 직선과는 달리 오른쪽 끝에 화살표가 그려져 있다. 오른쪽이 양^{陽, positive}의 방향이라는 뜻이다. 다시 말해서, 수직선 위의 두 개의 점^{또는 두 점 각각에 대응되는 두 개의 실수}에 대하여 오른쪽 점이 왼쪽 점의 '뒤'에 위치한다는 뜻이다. 수직선은 직선에서 순서를 고려한 것이다.

이 장에서는 수직선에서의 순서 개념을 일반화하여 다음을 살핀다.

- '순서'란 무엇인가?
- '순서'의 종류로서 무엇이 있는가?

- 수직선위에서의 순서는 어떠한 성질을 가지는가?

∞ ∞ ∞

집합 A위에서의 관계 $\preccurlyeq$가 반사적, 반대칭적, 추이적일 때 $\preccurlyeq$를 반순서partial order라고 한다. 즉, 임의의 $a, b, c \in A$에 대하여 다음을 만족시키는 A에서의 관계 $\preccurlyeq$를 A에서의 반순서라고 한다.

- $a \preccurlyeq a$이다.

- $a \preccurlyeq b$이고 $b \preccurlyeq a$이면 $a = b$이다.

- $a \preccurlyeq b$이고 $b \preccurlyeq c$이면 $a \preccurlyeq c$이다.

집합 A위에서의 반순서 $\preccurlyeq$가 정의되어 있을 때 순서쌍 $(A, \preccurlyeq)$를 반순서집합partially ordered set 또는 poset이라고 한다.

∞ ∞ ∞

다음을 알 수 있다.

- 함수 f를 A에서 B로의 관계, 즉 $f \subset A \times B$로 볼 때, A와 B는 같지 않을 수 있지만, 순서 R를 A에서 B로의 관계, 즉 $R \subset A \times B$로 볼 때, A와 B는 같아야 한다. 동치관계 $R \subset A \times B$의 경우에도 A와 B는 같아야 한다.

- 집합 $A = \{1, 2, 3\}$위에서의 관계 $R = \{(1,1), (2,2), (2,3)\}$는 반사적이 아니기 때문에 반순서가 아니다.

- 수직선^{number line} 위에서의 순서에 관하여 $(\mathbb{Z}, \leq)$는 반순서집합이다. 여기서 $\mathbb{Z}$는 정수 전체의 집합이다.

- X가 집합일 때, 집합의 포함 관계 $\subset$에 관하여 $(\wp(X), \subset)$는 반순서 집합이다. 여기서 $\wp(X)$는 X의 멱집합으로서 X의 부분집합 전체의 집합이다.

- 자연수 전체의 집합 $\mathbb{N}$에서 관계 '$x \mid y$'를 'x는 y의 약수'라고 정의하면 $(\mathbb{N}, \mid)$는 반순서집합이다. 예를 들어, $6 \mid 12$, $3 \mid 15$, $17 \mid 17$이다.

- 자연수 전체의 집합 $\mathbb{N}$의 부분집합 $V = \{1, 2, 3, 4, 5, 6\}$ 위에서의 관계 '$\mid$'가 다음과 같이 정의되었다고 하자.

$$x \mid y \iff x \text{는 } y\text{의 약수이다.} \ (x, y \in V)$$

이 관계는 V에서의 반순서이다. 이 순서관계를 다음 그림 20과 같이 나타낼 수 있다.

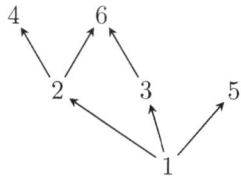

⟨그림 20⟩ 반순서집합 $(\{1, 2, 3, 4, 5, 6\}, \mid)$

화살표 →가 뜻하는 바는 분명하다. '$x \to y$'는 $x \mid y$이고, $x \mid z$, $z \mid y$, $z \neq x, y$인 z가 존재하지 않는다는 것을 뜻한다.

여광: 앞에서 $A = \{1, 2, 3\}$위에서 동치관계는 몇 개 있는지 생각한 적이 있습니다. A위에서 반순서는 몇 개 있을까요?

여휴: 이 경우에도 반순서 관계 R의 반사율에 의해 $(1,1)$, $(2,2)$, 그리고 $(3,3)$는 모두 R에 속해야 하므로 경우의 수는 2^6개 이하로 줄어들지만 대칭률이 성립하지 않기 때문에 동치관계보다는 많습니다. 참고로, 원소가 한 개와 두 개인 집합위에서의 반순서의 개수는 각각 1과 3입니다.

반순서집합 $(A, \preccurlyeq)$와 $a, b \in A$에 대하여 $a \preccurlyeq b$이면 'a는 b의 앞이다'$^{a\ precedes\ b}$ 또는 'a는 b보다 작거나 같다'$^{a\ is\ less\ than\ or\ equal\ to\ b}$ 라고 하고, 'b는 a의 뒤이다'$^{b\ succeeds\ a}$ 또는 'b는 a보다 크거나 같다$^{b\ is\ greater\ than\ or\ equal\ to\ a}$' 한다. 또, $a \prec b$는 $a \preccurlyeq b$이지만 $a \neq b$를 의미한다. 물론 $\prec$는 반순서가 아니다.

$$\infty \quad \infty \quad \infty$$

일반적으로 반순서집합에서 임의의 두 원소가 반드시 순서관계에 있는 것은 아니다. 예를 들어, 앞에서 살펴본 집합

$$V = \{1, 2, 3, 4, 5, 6\}$$

에서의 '나누어 떨어진다'의 반순서관계 |에서 2와 3 사이에는 아무런 관계가 없다.

반순서집합 $(A, \preccurlyeq)$에서 임의의 두 원소 $a, b \in A$가 $a \preccurlyeq b$ 또는 $b \preccurlyeq a$일 때 $\preccurlyeq$를 A에서의 전순서total order라고 하고, $(A, \preccurlyeq)$를 전순서집합totally ordered set이라고 한다. 전순서를 선형순서linear order라고도 한다.

여휴: 반순서와 전순서 관련하여 몇 가지 예를 들어봅시다. 먼저, 집합 $V = \{1, 2, 3, 4, 5, 6\}$ 위에 관계 |을 'y를 x로 나누어 떨어진다'로 정의하면 3과 5사이에는 아무런 관계가 없으므로 |는 전순서가 아닙니다.

여광: $(A, \preccurlyeq)$와 $(B, \preccurlyeq')$를 모두 반순서집합이라고 하고, 데카르트곱 $A \times B$에 다음과 같이 $\preccurlyeq''$를 정의하면 반순서가 됩니다.

$$(a, b) \preccurlyeq'' (a', b') \Leftrightarrow (a \preccurlyeq a') \vee (a = a' \wedge b \preccurlyeq' b')$$

여휴: 이 순서는 단어가 사전에 나열된 방법과 비슷하므로 $A \times B$에서의 사전식 순서lexicographic order라고 합니다. 여기서 $(A, \preccurlyeq)$와 $(B, \preccurlyeq')$가 전순서집합인 경우에는 $(A \times B, \preccurlyeq'')$도 전순서집합이 됩니다.

여광: 정수 전체의 집합 $\mathbb{Z}$, 유리수 전체의 집합 $\mathbb{Q}$, 그리고 실수 전체의 집합 $\mathbb{R}$에서 보통 생각하는 수직선 위에서의 순서 $\leq$를 생각하면 모두 전순서집합이 됩니다.

집합 X위에 반순서 $\preccurlyeq$가 정의되어 있을 때 공집합이 아닌 X의 부분집합 A에 대하여 $(A, \preccurlyeq)$도 반순서집합이다. 사실, 반순서집합

X의 부분집합 A에 다음과 같이 자연스러운 방법으로 순서를 줄 수 있다.

$a, b \in A$에 대하여 X에서 $a \preccurlyeq b$이면 그리고 이때에만 A에서도 $a \preccurlyeq b$이다.

마찬가지로, 전순서집합 X의 공집합이 아닌 부분집합 A에도 위와 같은 방법으로 전순서를 줄 수 있다. X 자신이 전순서집합이면 X의 모든 부분집합은 동일한 관계에 대하여 전순서집합이다. 한편, 반순서집합 X의 어떤 부분집합은 동일한 관계에 대하여 전순서집합이 될 수 있다.

몇 가지 예를 들어보자. $W = \{1, 2, 3, 4, 5\}$에 그림21과 같이 순서가 주어졌다고 하자

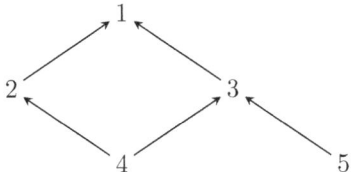

〈그림 21〉 W위에서 정의된 순서

이 경우, W의 부분집합 $V = \{1, 3, 4\}$위에서 그림 22과 같은 순서를 고려하면 V는 W의 부분순서집합으로서 전순서집합이다.

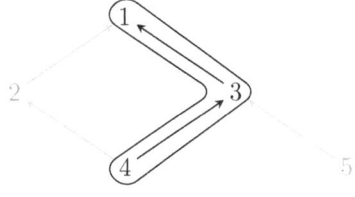

〈그림 22〉 W의 부분순서집합 V

그러나 V에서의 순서를 그림 23와 같이 고려하면 V는 순서집합 W의 부분순서집합이 아니다.

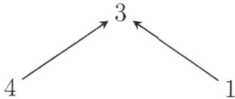

⟨그림 23⟩ V위에서의 정의된 순서

자연수의 집합 $\mathbb{N}$위에 'x는 y의 약수'라는 관계로 순서가 주어졌다고 하자. 그러면 4와 7은 비교 불가능하므로, $\mathbb{N}$은 전순서집합이 아니다. 그러나 집합 $M = \{2, 4, 8, \cdots, 2^n, \cdots\}$은 $\mathbb{N}$의 전순서부분집합이다.

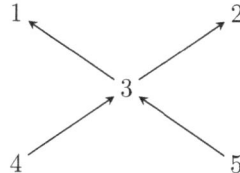

⟨그림 24⟩ W위에서의 정의된 순서 (2)

그림 24과 같이 반순서가 정의된 $W = \{1, 2, 3, 4, 5\}$를 생각하면, 각 집합 $\{1, 3, 4\}, \{2, 4\}, \{2, 3, 4\}, \{1, 3\}$는 전순서부분집합이다. 그러나 집합 $\{1, 2, 3\}, \{4, 5\}$은 전순서부분집합이 아니다.

∞ ∞ ∞

$(X, \preccurlyeq)$를 반순서집합이라고 하자. 원소 $a_0 \in X$가 모든 원소 $x \in X$에 대해서 $a_0 \preccurlyeq x$일 때, a_0를 X의 '첫 원소^{the first element}' 또는 '최소원소^{the least element}'라고 한다. 즉 a_0는 X의 모든 원소 앞에 있다. 마찬가지로, 한 원소 $b_0 \in X$가 모든 $x \in X$에 대하여 $x \preccurlyeq b_0$

일 때 b_0를 X의 '마지막 원소 the last element' 또는 '최대원소 the greatest element'라고 한다.

일반적으로, 반순서집합에 첫 원소나 마지막 원소가 꼭 존재하는 것은 아니다. 예를 들어, 수직선 위에서의 순서에 의하여 자연수 전체의 집합 $\mathbb{N}$은 1을 첫 원소로 가지지만 마지막 원소를 갖지 않고, 정수 전체의 집합 $\mathbb{Z}$는 마지막 원소뿐만이 아니라 첫 원소도 갖지 않는다.

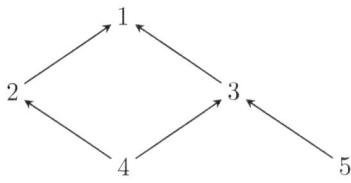

⟨그림 25⟩ W 위에서 정의된 순서

$W = \{1, 2, 3, 4, 5\}$ 위에 그림 25와 같이 순서가 주어졌다고 하자. 그러면 1는 모든 원소의 뒤이므로 1는 W의 마지막 원소이다. 원소 4는 5와 아무런 관계 없으므로 첫 원소가 아니다. 마찬가지로, 5도 첫 원소가 아니다.

임의의 집합 A의 멱집합 $\wp(A)$ 위에서 정의된 포함관계 $\subset$에 의해서 순서를 정의하면 $\emptyset$는 첫 원소이고 A는 마지막 원소이다. 그림 26는 $A = \{1, 2, 3\}$인 경우 반순서집합 $(\wp(A), \subset)$를 나타낸다.

다음을 알 수 있다.

> 반순서집합에 첫 원소가 존재한다면 유일하다.

왜 그럴까? a와 b가 모두 첫 원소라고 하자. 정의에 의해 $a \preccurlyeq b$이고

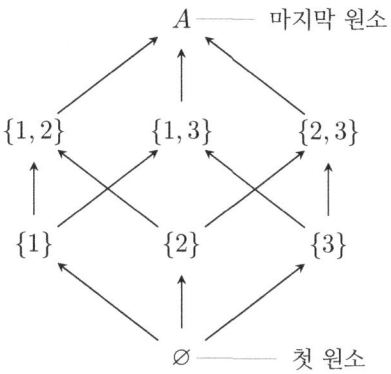

〈그림 26〉 $A = \{1, 2, 3\}$일 때 멱집합 $\wp(A)$위에서의 관계 $\subset$

$b \preccurlyeq a$이다. 반순서집합의 반대칭률에 의해 $a = b$이다. 마지막 원소가 존재하면 유일하다는 것도 같은 방법으로 보일 수 있다.

$(X, \preccurlyeq)$를 반순서집합이라고 하자. 한 원소 $a_0 \in X$에 대하여 $a_0 \preccurlyeq x$ $(x \in X)$이면 $x = a_0$일 때 a_0를 '극대원소maximal element'라고 한다. 즉, a_0의 뒤인 X의 원소가 a_0 뿐일 때 a_0가 극대원소이다. 마찬가지로, 한 원소 $b_0 \in X$에 대하여 $x \preccurlyeq b_0$ $(x \in X)$이면 $b_0 = x$일 때 b_0를 '극소원소minimal element'라고 한다. 즉, b_0 앞에는 X의 원소가 b_0 밖에 없을 때이다.

> 여휴: 극대원소와 극소원소에 관하여 몇 개의 예를 생각하여 봅시다.
>
> - 첫 원소가 있으면 그것은 유일한 극소원소이고, 마지막 원소가 있으면 그것은 유일한 극대원소이다.

- 수직선위에서 생각하는 보통의 순서 ≤에 대하여 $(\mathbb{R}, \leq)$은 전순서집합이지만 $\mathbb{R}$는 극대원소도, 극소원소도 갖지 않는다.

- 수직선에서 $V = \{x \in \mathbb{R} \mid 0 < x < 1\}$는 극대원소도 극소원소도 갖고 있지 않다.

여광: 다음과 같은 예도 들 수 있습니다.

- A가 전순서집합이고 극소원소를 가지면 그것은 첫 원소이다. 마찬가지로, 극대원소를 가지면 그것은 마지막 원소이다.

- 임의의 유한 반순서집합은 적어도 하나의 극대원소와 극소원소를 갖는다. 그러나 무한 반순서집합에서는 비록 전순서집합일지라도 극대원소나 극소원소를 갖지 않을 수 있다.

여휴: 극대원소나 극소원소가 존재한다고 해도 각각이 유일하지 않을 수 있음을 예를 통하여 쉽게 설명할 수 있겠죠?

여광: 그럴 것 같습니다. 앞에서 생각한 순서와는 다르게 $W = \{1, 2, 3, 4, 5\}$ 위에 다음 그림과 같이 순서가 주어졌다고 합시다.

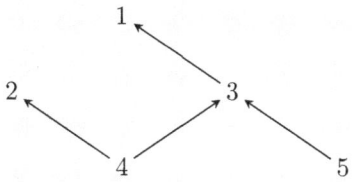

여기서 4와 5는 모두 극소원소입니다. 1와 2는 모두 극대원소입니다.

$A = \{a_1, a_2, \cdots, a_n\}$가 유한 전순서집합이라 하면 A는 유일한 극소원소와 유일한 극대원소를 가진다. 이때 그들을 각각 다음과 같이 나타낸다.

$$\min\{a_1, a_2, \cdots, a_n\}, \quad \max\{a_1, a_2, \cdots, a_n\}$$

이들 각각은 A의 첫 원소와 마지막 원소이기도 하다.

∞ ∞ ∞

A를 반순서집합 X의 부분집합이라고 하자. 한 원소 $\ell \in X$과 모든 $x \in A$에 대하여 $\ell \preccurlyeq x$일 때 ℓ을 A의 '하계$^{\text{lower bound}}$'라고 한다. 즉, ℓ은 A의 모든 원소 앞에 있다.

A의 한 하계가 다른 A의 모든 하계의 뒤이면 이것을 '최대하계$^{\text{the greatest lower bound}}$' 또는 A의 '하한^{infimum}'이라고 하고 'Inf(A)'로 나타낸다. 일반적으로, A는 하나 또는 여러 개의 하계를 가질 수도 있고, 하나도 갖지 않을 수도 있다. 그러나 Inf(A)는 많아야 하나 있을 수 있다.

마찬가지로, 한 원소 $u \in X$와 모든 원소 $x \in A$에 대하여 $x \preccurlyeq u$ 이면 u를 A의 '상계upper bound'라고 한다. 즉, 모든 $x \in A$에 대하여 $x \preccurlyeq u$이다. A의 한 상계가 다른 A의 모든 상계의 앞에 있을 때 이 것을 '최소상계the least upper bound' 또는 A의 '상한supremum'이라 하고, $\text{Sup}(A)$로 나타낸다. A는 하나 또는 여러 개의 상계를 가질 수도 있고, 하나도 갖지 않을 수도 있다. 그러나 $\text{Sup}(A)$는 많아야 하나 있을 수 있다.

반순서집합 X의 부분집합 A의 첫 원소최소원소, 마지막 원소최대원소, 극소원소, 극대원소는 모두 A의 원소이지만 A의 상계, 하계, 최소 상계, 최대상계는 A의 원소가 아닐 수 있다.

A가 상계를 가지면 '위로 유계bounded above'라 하고 하계를 가지 면 '아래로 유계bounded below'라고 한다. A가 상계도 가지고, 하계도 가지면 '유계bounded'라고 한다.

> 여휴: 상계, 하계, 상한, 하한 등에 관한 예를 몇 가지 생각하여 봅시다. 먼저, 최소공배수와 최대공약수의 개념을 상한 과 하한의 개념으로 설명할 수 있습니다. 주어진 두 수 의 최소공배수와 최대공약수 각각을 상한과 하한이라 고 생각하면 되겠습니다. A를 실수의 유계 집합이라고 하면 수직선위에서의 순서에 대하여 $\text{Inf}(A)$와 $\text{Sup}(A)$ 가 항상 존재합니다. 예를 들어, 실수 전체의 집합 $\mathbb{R}$와 집합 $B = \{x \in \mathbb{R} \mid x > 0, 2 < x^2 < 3\}$를 생각합시다. B는 수직선위에서 $\sqrt{2}$와 $\sqrt{3}$ 사이에 있는 모든 실수로 이루어진 집합인 거죠. 그러면 B는 $\mathbb{R}$에서 무한 개의 상

계와 하계를 가지고 $\text{Inf}(B) = \sqrt{2}$이고 $\text{Sup}(B) = \sqrt{3}$ 입니다.

여광: 유리수 전체의 집합 $\mathbb{Q}$에서는 상황이 달라집니다. 집합 $C = \{x \in \mathbb{Q} \mid x > 0, 2 < x^2 < 3\}$를 생각하여 봅시다. 즉, C는 수직선위에서 $\sqrt{2}$와 $\sqrt{3}$와 사이에 있는 모든 유리수로 이루어진 집합입니다. 그러면 C는 $\mathbb{Q}$에서 무한 개의 상계와 하계를 가지고 있지만, $\mathbb{Q}$에는 $\text{Inf}(C)$와 $\text{Sup}(C)$는 존재하지 않습니다.

여휴: $X = \{1, 2, 3, 4, 5, 6, 7\}$위에 다음 그림과 같이 순서가 주어지고 $D = \{3, 4, 5\}$라고 하면 1, 2와 3은 D의 상계이고, 6은 유일한 하계입니다. 7이 4의 앞이 아니고, 7과 4는 비교 불가능하므로, 7은 D의 하계가 아닙니다. 더욱이 $3 = \text{Sup}(D)$는 D에 속하지만 $6 = \text{Inf}(D)$는 D에 속하지 않습니다.

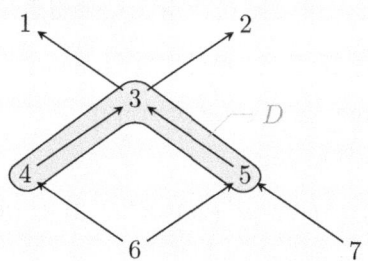

여광: 공집합이 아닌 X에 대하여 반순서 집합 $(\wp(X), \subset)$과 $\wp(X)$의 부분집합 S에 대해서 S의 최소상계는 $\bigcap_{S \subset A} A$이고 S의 최대하계는 $\bigcup_{A \subset S} A$ 입니다.

∞ ∞ ∞

A가 전순서집합이며 A의 공집합이 아닌 어떠한 부분집합도 최소원소를 가질 때 A를 '정렬집합well-ordered set'이라고 한다.

유한 전순서집합은 정렬집합이다. 자연수 전체의 집합 $\mathbb{N}$에서 대소 관계 $\leq$를 생각하면 정렬집합이 된다. 이것이 '자연수 집합의 정렬성'이다. $(\mathbb{Z}, \leq)$은 정렬집합이 아니다. 그러나 정수 전체의 집합 $\mathbb{Z}$에 순서를 달리 정의함으로 $\mathbb{Z}$를 정렬집합을 만들 수 있다. 예를 들어, 다음에 의한 순서 $\leq'$를 생각하자.

$$0 <' -1 <' 1 <' -2 <' 2 <' -3 <' 3 <' -4 <' 4 <' \cdots$$

절댓값이 큰 수가 크고 절댓값이 같으면 음수가 작은 것으로 순서를 주는 것이다. 이 순서는 $\mathbb{Z}$에서 정렬임을 알 수 있다.

$(\mathbb{Q}, \leq)$도 정렬집합이 아니지만 순서를 달리 정의함으로 정렬집합으로 만들 수 있다. 예를 들어보자. 양의 유리수 전체의 집합 $\mathbb{Q}^+$에 정렬을 주면 유리수 전체의 집합 $\mathbb{Q}$에 정렬을 주는 것은 쉽기 때문에 $\mathbb{Q}^+$에 정렬을 준다. 편의상 양의 유리수 '$\frac{a}{b}$'를 '(a, b)'로 나타낸다. 다음에 의한 순서 $\leq'$를 생각하자.

$$(1,1) <' (1,2) <' (2,1) <' (1,3) <' (3,1) <' \cdots$$

유리수를 기약분수로 나타내었을 때, 분자와 분모의 합이 큰 것이 크고, 분자와 분모의 합이 같은 경우에는 분자가 큰 것이 큰 것으로 순서를 주는 것이다. 이 순서는 $\mathbb{Q}^+$에서 정렬임을 알 수 있다. 유리수의 순서에 관해서는 7장에서 다시 언급한다.

($\mathbb{R}, \leq$)도 정렬집합이 아니다. 실수 전체의 집합 $\mathbb{R}$를 정렬집합으로 만들 수 있는 정렬을 아직 아무도 제시하지 못한다. 그러나 뒤[8장]에서 $\mathbb{R}$ 뿐만이 아니라 모든 집합을 정렬집합으로 만들 수 있다고 선언할 것이다.

여광: $\mathbb{R}$를 정렬집합으로 만드는 정렬을 제시하지 못하고 있는데 $\mathbb{R}$를 정렬집합으로 만들 수 있다고 선언하는 것은 말이 되지 않을 것 같습니다.

여휴: 그렇죠? 많이 어색하죠? 그러나 수학에서 뭔가가 '존재한다'고 할 때 그 대상을 구체적으로 제시할 수 있다는 것을 의미하지는 않습니다. 다시 말해, '정렬이 존재한다'고 할 때 '정렬이 이것이다'며 구체적으로 제시하여야 한다는 것은 아닙니다. 사실, 모든 집합에 정렬을 줄 수 있다는 주장은 공리입니다.

여광: 무한성이 개입되는 상황에서 공리로 선언하는 것이군요.

여휴: 그렇습니다. $\mathbb{R}$에는 관계가 매우 많이 있습니다. $\wp(\mathbb{R} \times \mathbb{R})$에는 상상하기 힘들 정도로 많은 원소가 있잖아요. 그렇게 많은 관계 중에 정렬이 있다고 선언하는 것입니다. 이 책의 맨 뒤에 가서는 조금 더 어색한 선언을 만날 것입니다. '참이지만 참임을 증명할 수 없는 명제'를 소개할 것이거든요. 무한의 신비는 가끔 우리의 상식을 벗어납니다.

정렬집합 $(A, \preccurlyeq)$에서 $a \in A$가 최대원소가 아니라고 하면 $\{x \in A \mid a \prec x\}$는 공집합이 아니므로 최소원소를 가진다. 이 원소를 $a \in A$의 '바로 뒤 원소$^{\text{immediate successor}}$'라고 한다.

한편, 정렬집합 $(A, \preccurlyeq)$의 임의의 $a \in A$에 대하여 집합 $\{x \in A \mid x \prec a\}$을 생각할 수 있다. a가 최소원소이면 이 집합은 공집합이다. a가 최소원소가 아니면 이 집합은 공집합이 아니다. 이 집합이 최대원소를 가지면 이 원소를 a의 '바로 앞 원소$^{\text{immediate predecessor}}$'라고 한다. 예를 들어보자. 자연수 전체의 집합 $\mathbb{N}$위에서 다음에 의한 순서 $\leq'$를 고려하자.

$$1 <' 3 <' 5 <' \cdots <' 2 <' 4 <' 6 <' \cdots$$

이때 3의 바로 앞 원소는 1이며, 1과 2는 바로 앞 원소를 가지지 않는다.

∞ ∞ ∞

초·중등학교 수학에서 주로 다루는 수 체계는 다음과 같다.

$\mathbb{N}$: 자연수 전체로 이루어진 집합

$\mathbb{Z}$: 정수 전체로 이루어진 집합

$\mathbb{Q}$: 유리수 전체로 이루어진 집합

$\mathbb{R}$: 실수 전체로 이루어진 집합

$\mathbb{C}$: 복소수 전체로 이루어진 집합

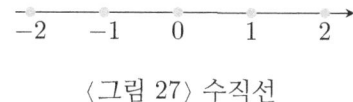

〈그림 27〉 수직선

덧셈과 곱셈은 이들 집합에서 수행되는 주된 수학적 조작이다. 연산operation 외에 이들 체계에서 중요한 것은 순서order이다.

실제로 실수를 공리적axiomatic으로 도입하고자 할 때에 공리로서 명시하는 것이 덧셈, 곱셈, 순서이다. 실수 체계를 시각적으로 나타내기 위해 그리는 수직선number line에서 순서를 명시하기도 한다.

그림 27과 같이 수직선 오른쪽 끝에 그려진 화살표는 '오른쪽이 양陽, positive의 방향'임을 나타낸다. '오른쪽에 있는 수가 왼쪽에 있는 수보다 크다'는 뜻이다.

수학이 주로 관심을 기울이는 관계는 동치, 함수, 순서이다. 각각의 관계에 관해 몇 가지를 유념한다.

집합 A에서 집합 B로의 관계 R가 동치 또는 순서이면 A와 B는 같아야 하지만 R가 함수이면 A와 B는 같을 필요가 없다.

유한집합에 동치관계를 정의하고 그 관계에 따라 분할하여 동치류 전체의 집합을 얻으면 그 동치류 전체의 집합은 당연히 유한집합이다. 그러나 무한집합에 동치관계를 정의하고 분할하여 동치류 전체의 집합을 얻으면 그 동치류 전체의 집합은 무한일 필요가 없다. 예를 들어, 무한집합인 정수 전체의 집합 $\mathbb{Z}$ 위에 동치관계를 정의하고 유한집합 $\mathbb{Z}_n$을 얻을 수 있다4장.

함수 $f: X \to X$에서 X가 유한이면 f가 단사함수^{일대일 함수}이기 위한 필요충분조건은 f가 전사함수^{위로의 함수}인 것이다. 그러나 X가 유한이 아니면, 즉 X가 무한이면 이는 성립하지 않는다.

유한집합 또는 $\mathbb{Z}$와 같은 일부 무한집합위에 정렬을 정의하는 것은 어렵지 않다. 그러나 일반적인 무한집합에 정렬을 정의하는 것은 간단한 일이 아니다. 8장은 이 문제에 관해 논의할 것이다.

II 부

I부에서 준비한 언어와 문법에 따라 여러 가지를 상상하며 무한을 탐험한다.

- 자연수를 도입한다.
- 무한의 경우를 논하는 수학적 귀납법의 정당성을 확보한다.
- 무한집합을 분류하고 비교한다.
- 무한이 개입되는 공리체계의 특징을 이해한다.

7장

자연수, 어디서 와서 어디로 가나?

자연수의 개념 정립은 중요하다. 모든 수 체계는 자연수 체계에 근거하기 때문이다. 먼저, 자연수는 정수를 낳고, 정수는 유리수를 낳으며, 유리수는 실수를 낳고, 실수는 복소수를 낳는다.

수의 집합에서 덧셈이나 곱셈 등의 연산 그리고 전순서나 정렬 등의 순서는 자연수 전체의 집합에서의 연산과 순서로부터 얻어진다.

수 체계의 확장을 다음과 같이 생각해도 된다. 정수 전체의 집합은 덧셈 연산에 관하여 군group이라는 대수적 구조algebraic structure를 가지도록 자연수 전체의 집합을 확장하여 얻은 것이고, 유리수 전체의 집합은 덧셈과 곱셈에 관하여 체field라는 대수적 구조를 가지도록 자연수 전체의 집합을 확장하여 얻은 것이다.

이 장에서는 다음에 관해 이야기한다.

- 자연수를 어떻게 도입하나?

- 덧셈과 곱셈을 어떻게 정의하나?

- 결합법칙, 교환법칙, 분배법칙 등을 어떻게 증명하나?

- 정수, 유리수, 실수, 복소수를 어떻게 도입하나?

$$\infty \quad \infty \quad \infty$$

자연수의 개념을 어떻게 도입할 수 있을까? 집합 개념을 사용하여 0과 자연수를 다음과 같이 생각할 수 있다.

$$0 = \varnothing$$
$$1 = \{\varnothing\} = \{0\}$$
$$2 = \{\varnothing, \{\varnothing\}\} = \{0, 1\}$$
$$3 = \{\varnothing, \{\varnothing\}, \{\varnothing, \{\varnothing\}\}\} = \{0, 1, 2\}$$
$$\vdots$$

위에서 정의한 $0, 1, 2, 3, \cdots$ 등 모든 수에 대하여 바로 뒤에 오는 원소를 생각할 수 있다. 집합 A에 대하여 $A^+ = A \cup \{A\}$가 A의 '바로 뒤 원소^{immediate successor}'이다. 예를 들어, 1, 2, 3 각각은 0, 1,

2 각각의 바로 뒤 원소이다. 사실, 위에서 다음을 알 수 있다.

$$0^+ = 0 \cup \{0\} = \{0\} = 1$$
$$1^+ = 1 \cup \{1\} = \{0,1\} = 2$$
$$2^+ = 2 \cup \{2\} = \{0,1,2\} = 3$$
$$\vdots$$

이상에서 $0, 1, 2, 3, \cdots$ 등 임의의 자연수 n을 구성하는 방법을 알 수 있다. 다음 '무한성 공리$^{\text{axiom of infinity}}$'는 무한집합의 존재를 보장한다.

무한성 공리 다음을 만족시키는 집합 X가 존재한다.

- $\varnothing \in X$

- $x \in X$이면 $x^+ \in X$이다. 여기서 $x^+ = x \cup \{x\}$이다.

무한성 공리로부터 자연수를 도입하고 자연수에 관한 기본적인 성질을 증명할 수 있다. 특히, 앞에서 정의한 수들의 집합 $\{1, 2, 3, \cdots\}$이 존재한다.

여광: 3과 5처럼 최대공약수가 1인 두 자연수를 '서로소$^{\text{relatively prime}}$'라고 하고, 교집합이 공집합인 두 집합도 '서로소^{disjoint}'라고 합니다. 이는 용어의 혼란을 가져올 수 있고 수학적으로도 적절하지 않다고 생각합니다. 예를 들어 보겠습니다. 앞에서 집합을 이용하여 자연수 2와

3을 다음과 같이 정의하였습니다.

$$2 = 1^+ = \{0, 1\}$$
$$3 = 2^+ = \{0, 1, 2\}$$

따라서 3∩2 = 2 ≠ ∅입니다. 즉 2와 3은 '서로소disjoint' 가 아닙니다. 한편, 두 자연수 2와 3은 최대공약수가 1 이므로 '서로소relatively prime'입니다.

여휴: 영어로 된 용어를 한국어로 옮길 때 여러 가지 문제점을 살펴야 할 것 같습니다.

일반적으로 자연수 도입은 다음과 같은 '페아노G. Peano, 1858-1932 공리'에 의한다.

가. $1 \in \mathbb{N}$

나. $x \in \mathbb{N}$이면 $x^+ \in \mathbb{N}$이다.

다. 모든 $x \in \mathbb{N}$에 대하여, $x^+ \neq 1$이다.

라. $x^+ = y^+$이면 $x = y$이다.

마. $\mathbb{N}$의 한 부분집합 $X(\neq \emptyset)$가 다음을 만족시킨다고 하자.

- $1 \in X$
- 임의의 $x \in X$에 대해 $x^+ \in X$이다.

그러면 $X = \mathbb{N}$이다.

앞에서 정의한 집합 $\{1, 2, 3, \cdots\}$은 이 공리계의 모든 조건을 만

족시킨다. 보통 0과 자연수 전체의 집합인 $\{0, 1, 2, 3, \cdots\}$을 $\mathbb{W}$로 나타내고, 자연수 전체의 집합 $\{1, 2, 3, \cdots\}$은 $\mathbb{N}$으로 나타낸다.

위 페아노 공리에서 '마'는 수학적 귀납법$^{\text{mathematical induction}}$의 원리이다. 수학적 귀납법은 수학에서 유용한 논증 기법이다. 수학적 귀납법의 원리는 $\mathbb{N}$ 뿐만이 아니라 $\mathbb{W}$에서도 적용할 수 있음은 분명하다.

여광: 페아노 공리를 다음과 같이 편하게 말할 수 있겠습니다.

> 가. 1은 자연수이다.
>
> 나. 자연수의 바로 뒤 원소는 자연수이다.
>
> 다. 1은 어느 자연수의 바로 뒤 원소가 아니다.
>
> 라. 서로 다른 두 자연수의 바로 뒤 원소는 서로 다르다.
>
> 마. 어떤 성질이 1에 대하여 성립하고, 또 자연수 x에 대하여 성립하면 x의 바로 뒤 원소에 대하여도 성립한다면, 그 성질은 모든 자연수에 대하여 성립한다.

여휴: 그렇게 표현하면 훨씬 편합니다.

집합 $\mathbb{N} = \{1, 2, 3, 4, 5, 6, \cdots\}$위에서 다음에 의한 순서 관계 $\leq'$를 생각해봅시다.

$$1 <' 3 <' 5 <' \cdots <' 2 <' 4 <' 6 <' \cdots$$

여광: 일단은 홀수는 짝수보다 작다고 하고, 홀수와 짝수 각각의 경우에는 우리가 알고 있는 순서로 크기를 정하는군요.

여휴: 그렇습니다. 이 집합은 집합으로 보아서는 자연수 전체의 집합과 같지만 순서를 고려하면 달라집니다. 이 순서집합에서는 페아노 공리 중에서 '가', '나', '다', '라'는 성립한다고 볼 수 있지만 '마'는 성립하지 않습니다.

여광: 이 순서집합에서는 수학적 귀납법이 유효하지 않군요.

여휴: 자연수 전체의 집합에서 우리가 보통 알고 있는 순서, 즉 수직선 위에서의 순서를 전제하여야 수학적 귀납법이 성립합니다.

집합 N의 또 하나의 특징은 1이 아닌 모든 원소는 바로 앞 원소$^{\text{immediate prodecessor}}$를 가진다는 것이다. 이 사실을 다음과 같이 기술하자.

> 임의의 $x \in \mathbb{N}$에 대하여 다음 중 하나만 성립한다.
>
> 가. $x = 1$이다.
>
> 나. $x = y^+$인 $y \in \mathbb{N}$이 존재한다.

다음과 같이 증명할 수 있다.

$x = 1$이면 페아노 공리에 의해 '나'가 성립하지 않고, $x = 2$이면 '나'만 성립한다. 이제, $x \neq 1, 2$인 $x \in \mathbb{N}$에 대해 '가'와 '나' 중에서

하나만 성립한다고 하자. 이는 '나'만 성립한다는 말이므로 $x = y^+$인 $y \in \mathbb{N}$가 존재한다. $x^+ = (y^+)^+$이고 $x^+ \neq 1$이며 $y^+ \in \mathbb{N}$이다. 그러므로 수학적 귀납법에 의해 임의의 $x \in \mathbb{N}$는 '가'와 '나' 중 반드시 하나만 만족시킨다.

> 여휴: 집합 $\mathbb{N} = \{1, 2, 3, \cdots\}$위에서 조금 전에 생각한 관계 $\leq'$를 고려하면 반순서집합 $(\mathbb{N}, \leq')$은 '바로 앞 원소'에 관하여 보통의 순서를 고려한 자연수 전체의 집합 $\mathbb{N}$과 다릅니다.
>
> 여광: 그렇군요. 보통의 순서를 고려한 $\mathbb{N}$에서는 바로 앞 원소를 가지지 않는 원소가 1 하나뿐이지만 $\leq'$를 고려한 $\mathbb{N}$에서는 2도 바로 앞 원소를 가지지 않습니다.

$$\infty \quad \infty \quad \infty$$

귀납적인 방법은 증명에서 뿐만이 아니라 정의하는 방법으로서도 유용하다. 예를 들어, 임의의 실수 $a(\neq 0)$에 대하여 a^n (n은 자연수)을 귀납적 방법으로 다음과 같이 정의할 수 있다.

$$\begin{aligned} a^0 &= 1, \\ a^{n+1} &= a \times a^n \quad (n \in \mathbb{W}) \end{aligned}$$

집합 $\mathbb{W}$에 덧셈을 귀납적으로 정의할 수 있다. 실제로, 임의의

$x, y \in \mathbb{W}$에 대하여 덧셈 +을 다음과 같이 정의한다.

$$x + 0 = x,$$
$$x + y^+ = (x + y)^+$$

집합 $\mathbb{W}$에 정의된 덧셈 +에 관한 성질을 살펴보자. 임의의 $x, y, z, \in \mathbb{W}$에 대하여 다음이 성립한다.

> 가. $0 + x = x$
> 나. $x + 1 = x^+$
> 다. $(x + y) + z = x + (y + z)$
> 라. $x + y = y + x$
> 마. $x + y = x + z$이면 $y = z$이다.

이 중에서 '가'와 '나'를 증명하자.

가. x에 관한 수학적 귀납법으로 증명한다. 먼저, $x = 0$인 경우는 분명하다. 이제 $0 + x = x$라고 하면 $0 + x^+ = (0 + x)^+ = x^+$이다.

나. 먼저, '가'에 의해 $0 + 1 = 1$이고 $1 = 0^+$이므로 $0 + 1 = 0^+$이다. 한편 $x + 1 = x + 0^+ = (x + 0)^+ = x^+$이다.

수학적 귀납법을 사용하여 위 정리의 '다', '라', '마'도 쉽게 증명할 수 있다. '다'의 경우에는 z에 관한 수학적 귀납법으로 '라'의 경우에는 y에 관한 수학적 귀납법으로, '마'의 경우에는 x에 관한 수학적 귀납법으로 증명한다.

임의의 $x, y \in \mathbb{N}$에 대하여 다음 중에서 하나 그리고 단 하나만이 성립한다. 이는 자연수의 순서를 말할 때 유용할 것이다.

가. $x = y$이다.

나. $x = y + u$인 $u \in \mathbb{N}$가 존재한다.

다. $y = x + v$인 $v \in \mathbb{N}$가 존재한다.

위의 세 경우 중에서 적어도 한 경우가 성립함을 $x \in \mathbb{N}$에 관한 수학적 귀납법으로 보인다. 먼저, $x = 1$이라고 하자. $y = 1$이거나 $v \in \mathbb{N}$에 대하여 $y = v^+$이다. 즉, $y = 1$이거나 $y = v + 1 = 1 + v$이다. 따라서 $x = 1$이면, '가' 또는 '다'의 경우가 발생한다. 다음으로, $x = 2$라고 하자. 이때에는 '나'의 경우가 발생한다. 이제 x에 대하여 '가', '나', '다' 중 적어도 한 경우가 성립한다면 x^+에 대하여도 적어도 한 경우가 성립한다는 것을 보인다. 먼저 $x = y$이면 $x^+ = y^+ = y + 1$이다. 적당한 $u \in \mathbb{N}$에 대하여 $x = y + u$이면 $x^+ = (y+u)^+ = y + u^+$이다. 마지막으로, 적당한 $v \in \mathbb{N}$에 대하여 $y = x + v$라고 하자. $v = 1$이면 $y = x^+$이다. $v \neq 1$이면 적당한 $w \in \mathbb{N}$에 대하여 $v = w^+$이므로 $y = x + w^+ = x^+ + w$이다. 수학적 귀납법 원리에 의해 임의의 $x, y \in \mathbb{N}$에 대하여 위의 세 경우 중에서 적어도 한 경우가 성립한다. 이제, 세 경우 중 어느 둘도 동시에 성립하지 않음을 쉽게 증명할 수 있다.

∞   ∞   ∞

집합 $\mathbb{W}$에서 덧셈 +와 마찬가지로 곱셈 ×을 귀납적으로 정의할 수 있다. 실제로, 임의의 $x, y \in \mathbb{W}$에 대하여 곱셈 ×을 다음과 같이 정의한다.

$$x \times 0 = 0,$$
$$x \times y^+ = (x \times y) + x$$

0과 자연수 전체의 집합 $\mathbb{W}$에서 곱셈 ×의 성질을 살피자. 임의의 $x, y, z \in \mathbb{N}$에 대하여 다음이 성립한다.

> 가. $0 \times x = 0$
> 나. $x \times 1 = 1 \times x = x$
> 다. $x \times (y + z) = (x \times y) + (x \times z)$,
> $(x + y) \times z = (x \times z) + (y \times z)$
> 라. $x \times y = y \times x$
> 마. $(x \times y) \times z = x \times (y \times z)$
> 바. $x \times z = y \times z$이면 $x = y$이다.

증명하자. 역시 수학적 귀납법에 의한다.

가. 먼저, $0 \times 1 = 0$은 분명하다. 이제 $0 \times x = 0$을 가정하면

$$0 \times x^+ = (0 \times x) + 0 = 0 + 0 = 0$$

이다.

나. $x \times 1 = x$은 분명하다. 이제 $1 \times x = x$를 수학적 귀납법으로 증명한다. 먼저, $x = 1$인 경우는 분명하다. 이제 $1 \times x = x$를

가정하면

$$1 \times x^+ = (1 \times x) + 1 = x + 1 = x^+$$

이다.

다. z에 관한 귀납적으로 증명한다. 먼저, $x = 1$인 경우에는

$$x \times (y + 1) = x \times y^+ = (x \times y) + x = (x \times y) + (x \times 1)$$

이므로 성립한다. 이제, $x \times (y + z) = (x \times y) + (x \times z)$를 가정하면 다음을 알 수 있다.

$$\begin{aligned} x \times (y + z^+) &= x \times (y + z)^+ \\ &= x \times (y + z) + x \\ &= \{(x \times y) + (x \times z)\} + x \\ &= (x \times y) + \{(x \times z) + x\} \\ &= (x \times y) + (x \times z^+) \end{aligned}$$

이제, 두 번째 등식도 z에 관한 귀납법으로 증명한다. 먼저, $z = 1$인 경우에는 분명히 성립한다. 이제,

$$(x + y) \times z = (x \times z) + (y \times z)$$

를 가정하면 다음을 알 수 있다.

$$(x+y) \times z^+ = (x+y) \times z + (x+y)$$
$$= (x \times z) + (y \times z) + x + y$$
$$= (x \times z) + x + (y \times z) + y$$
$$= x \times z^+ + y \times z^+$$

'라', '마', '바'도 수학적 귀납법으로 증명할 수 있다.

∞   ∞   ∞

지금까지 자연수의 연산으로서 덧셈과 곱셈에 관해 살폈다. 이제 순서를 생각한다. 집합 $\mathbb{N}$에서 관계 <를 다음과 같이 정의한다.

$$x < y \iff y = x + z \text{인 } z \in \mathbb{N}\text{이 존재한다.}$$

집합 $\mathbb{N}$에 정의된 관계 <의 성질을 살펴보자. 임의의 $x, y, z \in \mathbb{N}$에 대하여 다음이 성립한다.

가. 다음 중 하나만 성립한다.

$$x < y, \quad x = y, \quad y < x$$

나. $x < y$이고 $y < z$이면 $x < z$이다.

다. $x < y$이면 $x + z < y + z$이고 $x \times z < y \times z$이다.

증명하자.

가. $x<y$, $x=y$, $y<x$ 중 하나만 성립한다는 것은 이미 증명하였다[189쪽].

나. $x<y$이고 $y<z$라고 하자. 자연수의 순서 정의에 의해

$$y = x+a \text{이고 } z = y+b$$

인 자연수 $a, b \in \mathbb{N}$가 존재한다. 따라서

$$z = y+b = x+a+b = x+c \quad (단, c = a+b \in \mathbb{N})$$

이다. 결국 $x<z$이다.

다. $x<y$라고 하자. 자연수의 순서의 정의에 의해 $y = x+a$인 자연수 $a \in \mathbb{N}$가 존재한다. 따라서

$$\begin{aligned} x+z &< (x+z)+a \\ &= (x+a)+z = y+z \end{aligned}$$

이고,

$$\begin{aligned} x \times z &< x \times z + a \times z \\ &= (x+a) \times z = y \times z \end{aligned}$$

이다.

집합 $\mathbb{N}$에 정의된 관계 $<$에 관하여 반대칭률과 추이율은 성립하지만 반사율은 성립하지 않는다. 따라서 $(\mathbb{N}, <)$는 반순서집합이 아니다. 이제, 집합 $\mathbb{N}$에 순서 $\leq$를 다음과 같이 정의한다.

$$x \leq y \iff x < y \text{ 또는 } x = y$$

집합 N에 정의된 관계 ≤에 관하여 다음이 성립한다.

> 가. 반사율이 성립한다. 즉, 임의의 $x \in N$에 대하여 $x \leq x$이다.
>
> 나. 반대칭률이 성립한다. 즉, 임의의 $x, y \in N$에 대하여 $x \leq y$이고 $y \leq x$이면 $x = y$이다.
>
> 다. 추이율이 성립한다. 즉, 임의의 $x, y, z \in N$에 대하여 $x \leq y$이고 $y \leq z$이면 $x \leq z$이다.

따라서 (N, ≤)는 전순서집합이다.

자연수에 관하여 이미 알려진 기본 성질들은 모두 페아노 공리로부터 유도할 수 있다. 다음은 수학에서 유용한 기초적인 자연수의 성질이다.

> 집합 W의 부분집합 S에 대하여 $S \neq \varnothing$이면 S는 최소원소를 가진다.

여기에서의 순서는 집합 W에 정의된 ≤로서 수직선위에서 생각하는 순서이다. 즉, (N, ≤)의 첫 원소인 1의 앞에 0을 첨가하여 W에서는 0이 첫 원소이다. 이 성질을 자연수 집합의 '정렬성well-ordering property'이라고 한다.

자연수 집합의 정렬성을 증명하자.

$S(\neq \emptyset)$가 최소원소를 가지지 않는다고 하고 수학적 귀납법을 이용하여 오류에 귀착시키자. $T = \mathbb{N} - S$라고 하면 $0 \notin S$이므로 $0 \in T$이다. $\{0, 1, 2, \cdots, n\} \subset T$인데 $n+1 \notin T$라고 하자. $n+1 \in S$인데 $0, 1, 2, \cdots, n$ 모두는 S의 원소가 아니므로 $n+1$은 S의 최소원소가 되어 모순이다. 따라서 $n + 1 \in T$이다. 수학적 귀납법에 의해 $T = \mathbb{N}$이고, 이는 $S = \emptyset$임을 뜻한다. 모순이다.

자연수 집합의 정렬성은 수학적 귀납법의 결과임을 알 수 있다. 사실, 자연수 집합의 정렬성은 수학적 귀납법 원리와 동치이다.

자연수 집합의 정렬성으로부터 다음 수학적 귀납법 원리을 증명하자.

> $\mathbb{W}$의 한 부분집합 $S(\neq \emptyset)$가 다음 두 조건을 만족시킨다고 하자.
> - $0 \in S$
> - 임의의 $x \in S$에 대해 $x^+ = x + 1 \in S$이다.
>
> 그러면 $S = \mathbb{W}$이다.

$S \neq \mathbb{W}$라고 하자. $T = \mathbb{W} - S$는 공집합이 아니므로 최소원 k를 가진다. $0 \in S$, 즉 $0 \notin T$이므로 $k \neq 0$이다. 따라서 k는 W의 한 원소 x의 바로 뒤 원소이다. 즉, $k = x^+ = x + 1$이다. 그러나 $0 \in S$이고 $x \in S$이면 $x + 1 \in S$이므로 $0, 1, 2, \cdots, x, x+1$ 모두는 T에 속하지 않는다. 이는 모순이다.

∞ ∞ ∞

자연수로부터 정수를 도입하는 방법을 알아보자.

먼저, 집합

$$\mathbb{N} \times \mathbb{N} = \{(m,n) \mid m, n \in \mathbb{N}\}$$

위에서 다음과 같이 정의된 관계 $\sim$를 생각하자.

$$(m,n) \sim (p,q) \iff m+q = p+n$$

관계 $\sim$은 동치관계이다. 즉, 관계 $\sim$은 반사적, 대칭적, 추이적이다. 예를 들어 관계 $\sim$가 추이적임을 확인해보자.

$(m,n), (p,q), (r,s) \in \mathbb{N} \times \mathbb{N}$에 대하여

$$(m,n) \sim (p,q), \quad (p,q) \sim (r,s)$$

즉,

$$m+q = p+n, \quad p+s = r+q$$

가 성립한다고 가정하자. 양변에 같은 자연수를 더하여도 등식은 성립하므로

$$(m+q)+(p+s) = (p+n)+(p+s) = (p+n)+(r+q)$$

이 성립한다. 첫 번째 등식은 $m+q = p+n$의 양변에 $p+s$를 더하여 얻은 것이고 두 번째 등식은 $p+s = r+q$의 양변에 $p+n$을 더하여 얻은 것이다. 이제 결합법칙과 교환법칙을 적용하여 등식

$$(m+s)+(p+q) = (r+n)+(p+q)$$

을 얻을 수 있고, 등식의 양변에서 같은 자연수를 소거할 수 있으므로 $p+q$를 양변에서 소거하면

$$m+s = r+n$$

즉, $(m,n) \sim (r,s)$가 성립함을 알 수 있다.

집합 $\mathbb{N} \times \mathbb{N}$은 동치관계 $\sim$에 의하여 동치류로 분할된다. 앞서 4장에서 $(m,n) \in \mathbb{N} \times \mathbb{N}$을 품는 동치류를 $\overline{(m,n)}$와 같이 나타내었지만 여기서는 간단히 $[m,n]$으로 나타내자. 즉, $(m,n) \in \mathbb{N} \times \mathbb{N}$에 대하여

$$[m,n] = \{(p,q) \in \mathbb{N} \times \mathbb{N} \mid m+q = p+n\}$$

이다.

동치류 전체의 집합을

$$\mathbb{Z} = (\mathbb{N} \times \mathbb{N})/\sim = \{[m,n] \mid (m,n) \in \mathbb{N} \times \mathbb{N}\}$$

라고 나타내고, 각각의 동치류를 정수^{integer}라고 한다.

임의의 $[m,n], [p,q] \in \mathbb{Z}$에 대하여 덧셈, 곱셈, 그리고 순서를 다음과 같이 정의한다.

$$[m,n] + [p,q] = [m+p, n+q]$$
$$[m,n] \times [p,q] = [m \times p + n \times q, m \times q + n \times p]$$
$$[m,n] < [p,q] \iff m+q < n+p$$

위의 덧셈, 곱셈, 순서는 잘 정의된다는 것을 알 수 있다. 즉,

$(m_1, n_1) \sim (m_2, n_2)$이고 $(p_1, q_1) \sim (p_2, q_2)$일 때, 다음이 성립한다.

> 가. $(m_1 + p_1, n_1 + q_1) \sim (m_2 + p_2, n_2 + q_2)$
>
> 나. $(m_1 \times p_1 + n_1 \times q_1, m_1 \times q_1 + n_1 \times p_1)$
>
> $\sim (m_2 \times p_2 + n_2 \times q_2, m_2 \times q_2 + n_2 \times p_2)$
>
> 다. $m_1 + q_1 < n_1 + p_1$이면 $m_2 + q_2 < n_2 + p_2$이다.

실제로 '가'와 '다'의 증명은 다음과 같다.

가. $(m_1, n_1) \sim (m_2, n_2)$이므로 $m_1 + n_2 = n_1 + m_2$이고 $(p_1, q_1) \sim (p_2, q_2)$이므로 $p_1 + q_2 = p_2 + q_1$이다. 따라서 $m_1 + n_2 + p_1 + q_2 = n_1 + m_2 + p_2 + q_1$ 즉, $(m_1 + p_1, n_1 + q_1) \sim (m_2 + p_2, n_2 + q_2)$이다.

다. $m_1 + n_2 = n_1 + m_2$이고 $p_1 + q_2 = p_2 + q_1$이므로 $m_1 + q_1 + n_2 + p_2 = n_1 + p_1 + m_2 + q_2$이다. $m_1 + q_1 < n_1 + p_1$이므로 $m_2 + q_2 < n_2 + p_2$이다.

여광: '나'의 증명은 어떻게 하나요?

여휴: 좋은 질문입니다마는 제게는 부담이 됩니다. 뺄셈을 할 수 있으면 그리 어려운 증명이 아니지만 아직 뺄셈을 정의하지 않았으므로 덧셈만 가지고 증명해야하기 때문입니다. 제가 전에 계산해 놓은 것이 있는데 한 번 살펴볼까요?

여광: 아닙니다. 여휴 선생님을 믿겠습니다.

여휴: 고맙습니다.

자연수에서 정수를 구성하는 절차는 대략 다음과 같다.

- 자연수 전체 집합을 크게 늘린다. 그림 28과 같이 자연수 전체 집합 N을 두 개 데카르트 곱하여 N × N을 얻는다.

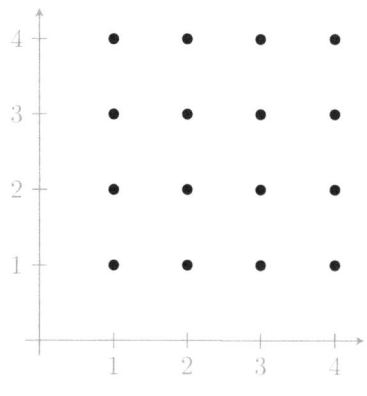

⟨그림 28⟩ 데카르트곱 N × N

- 그림 29와 같이 N × N에 적절한 동치관계를 정의하고 그 동치관계에 의해 분할한다.

- 그림 30과 같이 분할하여 얻은 각각의 동치류가 정수이다.

임의의 원소 $(m, n) \in$ N × N를 포함하는 동치류 $[m, n]$는 점 (m, n)을 지나고 기울기가 1인 직선 $y + m = x + n$위의 있는 모든 점들로 이루어진다. 사실, 직선의 x절편이 그 직선이 나타내는 정수를 결정한다.

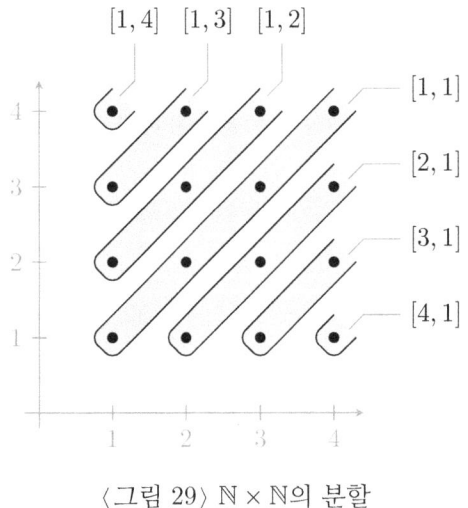

⟨그림 29⟩ ℕ × ℕ의 분할

한편, 임의의 $n \in \mathbb{N}$에 대하여 $f(n) = [n+1, 1]$로 정의되는 함수 $f: \mathbb{N} \to \mathbb{Z}$는 일대일이고, 모든 $m, n \in \mathbb{N}$에 대하여 다음이 성립한다.

$$f(m+n) = f(m) + f(n),$$
$$f(mn) = f(m)f(n),$$
$$n < m \iff f(n) < f(m)$$

따라서 $n \in \mathbb{N}$을 f에 의한 상 $[n+1, 1]$과 동일시identification하면 $\mathbb{N} \subset \mathbb{Z}$라고 할 수 있다. 여기에서 $[n, n] = 0$, $[n+1, 1] = n$, $[1, n+1] = -n$으로 쓰기로 하면 $\mathbb{Z}$는 $\mathbb{N} \cup \{0\} \cup \mathbb{N}^-$ (단, $\mathbb{N}^- =$

⟨그림 30⟩ 정수 전체의 집합 ℤ

$\{-n \mid n \in \mathbb{N}\}$)으로서

$$\{\cdots, -3, -2, -1, 0, 1, 2, 3, \cdots\}$$

과 같이 된다.

$\mathbb{Z}$에서 뺄셈을 다음과 같이 정의할 수 있다.

$$[a, b] - [c, d] = [a+d, b+c]$$

여광: 이제야 뺄셈이 정의되었군요.

여휴: 우리가 이미 알고 있는 뺄셈의 성질을 모두 증명할 수 있습니다. 하나 더 살피고 갑시다. 앞에서 정수의 덧셈, 곱셈, 순서를 다음과 같이 정의하였습니다.

$$[m, n] + [p, q] = [m+p, n+q]$$
$$[m, n] \times [p, q] = [mp + nq, mq + np]$$
$$[m, n] < [p, q] \iff m + q < n + p$$

두 번째 식에서는 관습에 따라 곱셈기호 ×를 생략하였습니다. 그런데 왜 그렇게 정의하였는지 이해할 수 있지 않을까요? 동치류 $[m, n]$이 나타내는 정수는 '$m - n$'임을 유념하면 될 것 같습니다.

여광: $[m, n] + [p, q]$는 $(m-n) + (p-q)$를 뜻하고 우리에게 익숙한 계산에 따르면 $(m+q) - (n+q)$이므로 $[m+p, n+q]$입니다. $[m, n] \times [p, q]$는 $(m-n) \times (p-q)$를

뜻하고 이것을 계산하면 $(mp+nq)-(mq+np)$이므로 $[mp+nq, mq+np]$입니다.

여휴: 한편, $[m,n] < [p,q]$라는 것은 $(m-n) < (p-q)$ 즉, $m+q < n+p$을 뜻합니다.

∞ ∞ ∞

자연수에서 정수를 얻는 방법과 같이 정수에서 유리수를 도입할 수 있다. 즉, 정수 전체의 집합 $\mathbb{Z}$를 크게 키운 후 동치관계를 사용하여 정교하게 다듬는다.

실제로, 정수 전체의 집합 $\mathbb{Z}$에 대하여

$$E = \{(a,b) \mid a,b \in \mathbb{Z}, b \neq 0\}$$

위에 다음과 같이 정의된 관계 $\sim$는 동치관계이다.

$$(a,b) \sim (c,d) \iff ad = bc$$

원소 $(a,b) \in E$를 포함하는 동치류를 $\frac{a}{b}$로 나타낼 때, $b > 0$임을 가정할 수 있다. 이제, 이들 동치류 전체의 집합을 $\mathbb{Q}$로 나타낸다. 즉 다음과 같다.

$$\mathbb{Q} = \left\{ \frac{a}{b} \;\middle|\; a,b \in \mathbb{Z}, b > 0 \right\}$$

$\mathbb{Q}$의 원소를 유리수rational number라고 한다. 정수에서 유리수를 구성하는 방법을 다음과 같이 이해할 수 있다.

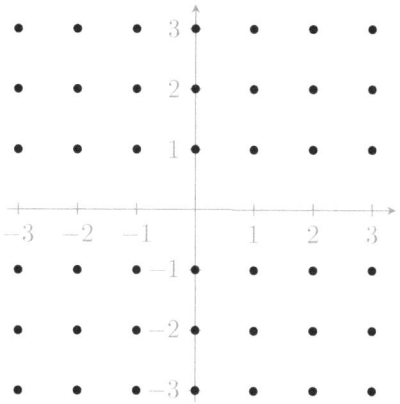

〈그림 31〉 $\mathbb{Z} \times \mathbb{Z}$의 부분집합 E

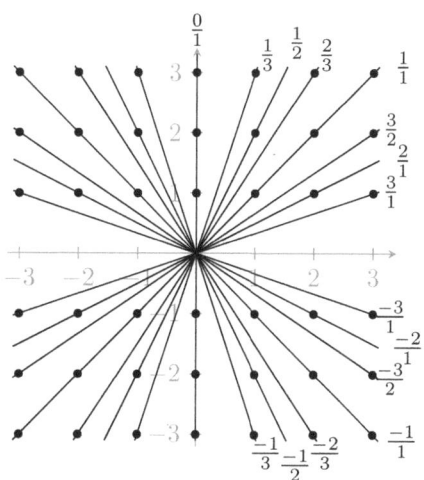

〈그림 32〉 E의 분할

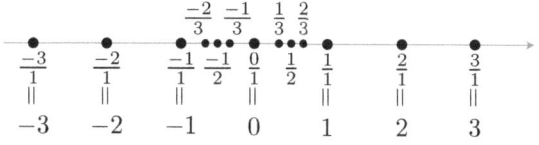

〈그림 33〉 유리수 전체의 집합 $\mathbb{Q}$

- 정수 전체 집합을 크게 늘린다. 정수 전체 집합 $\mathbb{Z}$를 두 개 데카르트 곱하여 $\mathbb{Z} \times \mathbb{Z}$를 얻고, 그림 31과 같이 부분집합 $E = \{(a,b) \mid a,b \in \mathbb{Z}, b \neq 0\}$를 고려한다.

- 그림 32와 같이 E에 적절한 동치관계를 정의하고 그 동치관계에 의해 분할한다.

- 그림 33과 같이 분할하여 얻은 각각의 동치류가 유리수이다.

임의의 원소 $(a,b) \in E$를 포함하는 동치류 $\frac{a}{b}$는 원점과 점 (a,b)를 지나는 직선 $ay = bx$위의 있는 모든 점들로 이루어진다. 사실, 이 직선의 기울기의 역수가 그 직선이 나타내는 유리수를 결정한다.

유리수의 덧셈 $+$, 곱셈 $\times$, 그리고 관계 $<$는 다음과 같이 정의된다.

$$\frac{a}{b} + \frac{c}{d} = \frac{ad+bc}{bd}$$
$$\frac{a}{b} \times \frac{c}{d} = \frac{ac}{bd}$$
$$\frac{a}{b} < \frac{c}{d} \iff ad < bc$$

한편, 임의의 $z \in \mathbb{Z}$에 대해 $f(z) = \frac{z}{1}$으로 정의되는 함수

$$f : \mathbb{Z} \longrightarrow \mathbb{Q}$$

는 일대일이고, 모든 $y, z \in \mathbb{Z}$에 대하여 다음이 성립한다.

$$f(y+z) = f(y)+f(z),$$
$$f(yz) = f(y)f(z),$$
$$y < z \iff f(y) < f(z)$$

따라서 $\mathbb{Z} \subset \mathbb{Q}$라고 할 수 있다.

여광: 유리수의 덧셈이나 곱셈 그리고 순서가 잘 정의된다는 것도 정수의 경우와 같이 증명할 수 있겠죠?

여휴: 그렇습니다. 더 나아가 우리가 잘 알고 있는 여러 가지 성질을 모두 증명할 수 있습니다. 예를 들어, 다음이 성립합니다. 여기서 $b > 0$임을 주의합시다.

$$\frac{a}{b} \geq 0 \iff a \geq 0$$
$$\frac{a}{b} \geq 1 \iff a \geq b$$

∞ ∞ ∞

유리수에서 실수를 얻는 방법은 앞의 경우와 다르다. 유리수 전체 집합 $\mathbb{Q}$와 실수 전체의 집합 $\mathbb{R}$의 큰 차이는 농도^{cardinality}이다. 농도는 유한집합의 크기를 무한집합의 경우까지 일반화한 개념으로 뒤^{9장}에서 자세히 다룰 것이다. 자연수에서 정수를 얻는 방법으로는 유리수 농도보다 큰 농도를 가지는 집합을 얻을 수 없다. 다시 말하면, 앞의 절차에 의해서 $\mathbb{Q}$를 두 개 데카르트 곱을 함으로 실수 전체의 집합 $\mathbb{R}$를 얻을 수 없다. 따라서 유리수에서 실수를 얻기 위해서는 새로운 방법을 사용하여야 한다.

유리수에서 실수를 얻는 방법 중 하나는 유리수 코시수열$^{\text{Cauchy sequence}}$을 이용하는 것이다. $\mathbb{Q}$를 무한 개 데카르트 곱을 하는 것으로 볼 수 있다.

여광: 코시수열이 무엇인지 알고 가야하지 않을까요?

여휴: 그게 좋겠습니다. 다음 조건을 만족시키는 수열 $(a_1, a_2, \cdots)$를 코시수열이라고 합니다.

> 임의의 양수 $\varepsilon > 0$에 대하여 적당한 자연수 $N \in \mathbb{N}$이 존재하여 $n, m > N$이면 $|a_m - a_n| < \varepsilon$을 만족시킨다.

유리수 코시수열 $(a_1, a_2, \cdots)$은 실수 전체의 집합 $\mathbb{R}$에서는 수렴합니다. 즉, 유리수 코시수열 $(a_1, a_2, \cdots)$의 극한값은 실수입니다.

여광: 해석학^{analysis}에서 사용하는 표현이 갑자기 등장하니 다소 어색해 보입니다.

여휴: 수렴과 발산 또는 $\varepsilon - \delta$ 논법 등 해석학적 논의에서 무한에 대한 이해는 필수적입니다. 무한을 이야기하는 과정에서 해석학적 용어나 표현은 자연스럽다는 뜻입니다.

실수 전체의 집합 $\mathbb{R}$에서 코시수열 $(a_1, a_2, \cdots)$이 수렴한다는 것도 해석학에서 중요하게 여겨지는 결과입니다.

두 개의 유리수 코시수열 $(a_1, a_2, \cdots)$와 $(b_1, b_2, \cdots)$가 '코시동치Cauchy equivalent이다'라는 말은 수열 $(a_1 - b_1, a_2 - b_2, \cdots)$가 0에 수렴하는 것이다. 이는 $(a_1, a_2, \cdots)$와 $(b_1, b_2, \cdots)$가 같은 수에 수렴함을 뜻한다. $(a_1, a_2, \cdots)$와 $(b_1, b_2, \cdots)$가 코시동치일 때

$$(a_1, a_2, \cdots) \equiv (b_1, b_2, \cdots)$$

과 같이 나타낸다.

관계 $\equiv$는 유리수 코시수열 전체 집합위에서 동치관계이다. 이제 유리수 코시수열 전체 집합을 동치관계 $\equiv$로 분할하여 얻은 각각의 동치류를 '실수real number'라고 한다.

코시수열 $(a_1, a_2, \cdots)$를 품는 동치류를 $[a_1, a_2, \cdots]$로 나타내자. 예를 들어, $[1, \frac{1}{2}, \frac{1}{3}, \cdots]$는 실수이다. 한편, 임의의 유리수 r는 실수 집합에서 $[r, r, \cdots]$과 동일시할 수 있다.

이제 두 실수 $[a_1, a_2, \cdots]$와 $[b_1, b_2, \cdots]$에 대하여 덧셈 +, 곱셈 ×을 다음과 같이 정의한다.

$$[a_1, a_2, \cdots] + [b_1, b_2, \cdots] = [a_1 + b_1, a_2 + b_2, \cdots]$$
$$[a_1, a_2, \cdots] \times [b_1, b_2, \cdots] = [a_1 b_1, a_2 b_2, \cdots]$$

또한 실수 전체의 집합위에서 관계 <를 다음과 같이 정의한다.

$$[a_1, a_2, \cdots] < [b_1, b_2, \cdots]$$
$\iff$ 모든 $n > N$에 대하여 $b_n > a_n$인 적절한 $N \in \mathbb{N}$이 존재한다.

위의 모든 정의는 잘 정의됨을 보일 수 있다. 이와 같은 과정을 통해 얻은 집합은 덧셈, 곱셈, 순서에 관한 실수의 모든 공리를 만족시킨다.

여광: 유리수와 무리수를 유한과 무한으로 구분할 수는 없을까요?

여휴: 좋은 제안입니다. 시도하여 봅시다. 정수로 이루어진 무한 수열 $a_0, a_1, a_2, a_3, \cdots$ (단, $n \geq 1$일 때, $a_n \geq 1$)에 대하여 표현

$$a_0 + \cfrac{1}{a_1 + \cfrac{1}{a_2 + \cfrac{1}{a_3 + \cfrac{1}{\ddots}}}}$$

을 $\langle a_0; a_1, a_2, a_3, \cdots \rangle$으로 나타내고, 이를 무한단순연분수$^{\text{infinite simple continued fraction}}$라고 합니다. 유한수열이면 유한단순연분수$^{\text{finite simple continued fraction}}$입니다. 유한단순연분수는 유리수이고 모든 유리수는 유한 단순

연분수로 나타낼 수 있습니다. 유한 단순연분수 $u_n = \langle a_0; a_1, a_2, \cdots, a_n \rangle$에 대해 극한값

$$\lim_{n \to \infty} u_n = \lim_{n \to \infty} \langle a_0; a_1, a_2, \cdots, a_n \rangle$$

은 항상 존재합니다. 무한단순연분수의 값이라고 하는 이 극한값은 항상 무리수입니다. 보통은 정수론 강좌에서 이 사실을 증명합니다.

여광: 수를 단순연분수로 나타낼 때 유한이면 유리수이고 무한이면 무리수이군요.

여휴: 그렇습니다. 다음 무한단순연분수는 황금비 $\frac{1+\sqrt{5}}{2}$입니다.

$$1 + \cfrac{1}{1 + \cfrac{1}{1 + \cfrac{1}{\ddots}}}$$

여광: 황금비로 수렴하는 다음 수열에서 피보나치수를 발견할 수 있군요.

$$1,\ 1 + \frac{1}{1},\ 1 + \cfrac{1}{1 + \frac{1}{1}},\ 1 + \cfrac{1}{1 + \cfrac{1}{1 + \frac{1}{1}}}, \cdots$$

여휴: 그렇습니다. $1, \frac{2}{1}, \frac{3}{2}, \frac{5}{3}, \cdots$ 입니다.

∞ ∞ ∞

실수에서 복소수를 도입하는 과정은 앞의 어느 과정보다 간단하다.

실수 전체의 집합 $\mathbb{R}$로부터 데카르트 곱 $\mathbb{R} \times \mathbb{R}$를 얻는다. 이 집합을 $\mathbb{C}$라고 하고, 이 집합 $\mathbb{C}$의 원소를 '복소수complex number'라고 한다. 실수 전체의 집합 $\mathbb{R}$위에서 정의된 덧셈과 곱셈연산을 이용하여 복소수 전체의 집합 $\mathbb{C}$위의 덧셈과 곱셈연산을 정의할 수 있다. 두 개의 원소 $(a,b), (c,d) \in \mathbb{C}$에 대하여 $(a,b) + (c,d)$, $(a,b) \times (c,d)$를 각각 다음과 같이 정의한다.

$$(a,b) + (c,d) = (a+c, b+d)$$
$$(a,b) \times (c,d) = (ac - bd, ad + bc)$$

위 정의는 잘 정의됨을 보일 수 있다. $\mathbb{C}$의 원소 (a,b)를 보통 $a+bi$로 나타낸다.

일반적으로, $\mathbb{C}$에서는 순서를 생각하지 않는다. 서로 다른 다 개의 복소수에 대하여 어느 것이 큰지 따지지 않는다는 말이다.

여광: 복소수 (a,b)를 $a+bi$로 나타낸다는 것을 유념하면 복소수의 덧셈과 곱셈이 왜 그렇게 정의되는지 이해할 수 있겠습니다.

여휴: 그럴 것입니다. 정수의 경우와 마찬가지로 이해할 수 있을 것입니다.

여광: $(a,b) + (c,d)$는 $(a+bi) + (c+di)$를 뜻하고 이것은 $(a+c) + (b+d)i$이므로 $(a+c, b+d)$입니다. 한편, $(a,b) \times (c,d)$는 $(a+bi) \times (c+di)$를 뜻하고 이것은 $(ac-bd) + (bc+ad)i$이므로 $(ac-bd, bc+ad)$입니다.

여휴: 한 가지 주목하고 갑시다. 이 장에서 자연수는 공리로 그 존재를 보장하고 자연수로부터 정수, 유리수, 실수, 복소수를 차례로 구성하였습니다. 수 체계를 확장하는 과정에서 동치관계와 분할 그리고 함수의 역할을 유념할 필요가 있습니다. 또, 확장한 수 체계에서 덧셈과 곱셈, 그리고 순서를 정의합니다.

여광: 수 체계의 확장 과정에서 동치, 함수, 순서 관계의 역할을 볼 수 있군요. 실수에서 복소수를 정의하는 방향과는 다르게 실수를 확장할 수 있는 것으로 기억합니다.

여휴: 수를 확장하는 방향은 다양하게 생각할 수 있습니다. 예를 들어, 자연수를 확장하고자 할 때, 대수적 구조에 주목하여 음수 등 정수를 얻을 수 있는 방향이 있지만, 무한집합의 크기도 나타내고자 할 때에는 초한 기수를 얻는 방향으로 확장할 수 있습니다[10장]. 실수를 확장하는 방법도 여러 개 생각할 수 있습니다. 실수에서 복소수를 얻는 방향이 있고, 실수에 무한소infinitesimal를 도입하는 방향도 생각할 수 있습니다.

여광: 보통 '비표준해석학^{non-standard analysis}'이라고 하는 것이군요.

여휴: 그렇습니다. 표준적인 수 체계를 논의하는 '표준해석학^{standard analysis}'과는 많이 다릅니다. 다음[8장]에서 논의할 것입니다.

8장

선택공리, 왜 공리이며 뭘 뜻하지?

앞의 여러 예를 통하여 살펴보았듯이 유한의 경우에 적용할 수 있는 논리를 무한의 경우에는 적용할 수 없을 수 있다. 예를 들어, 무한집합의 존재 자체도 당연히 할 수 없다. 자연수를 도입할 때 무한집합의 존재를 무한성 공리로 택한 것은 그러한 맥락이다.

이 장에서는 무한집합과 관련하여 중요한 공리를 하나 더 논의한다.

- 선택공리의 뜻은 무엇이며 이와 동치인 명제는 어떠한 것이 있는가?
- 현대 수학에서는 구성적인 논증만이 유효한가?
- 실수에서 초실수를 어떻게 도입하나?
- 비표준해석학은 수직선을 어떻게 그리나?

∞ ∞ ∞

위수가 2인 두 집합 A_1과 A_2의 데카르트 곱 $A_1 \times A_2$는 공집합이 아니다. $A_1, A_2, \cdots A_n$이 모두 위수가 2인 집합일 때 $A_1 \times A_2 \times A_3$를 비롯하여 유한 개 데카르트 곱 $A_1 \times A_2 \times \cdots \times A_n$도 당연히 공집합이 아니다. 이제 위수가 모두 2인 집합이 무한 개 있다고 하자. 이들 모두의 데카르트 곱도 공집합이 아닐까?

당연히 그럴 것 같다. 그러나 문제는 간단하지 않다. 무한이 개입하면 유한에서 성립하던 논리가 유효하지 않게 되기 때문이다. '위수가 모두 2인 무한 개의 집합들의 데카르트 곱이 공집합이 아니다'고 선언할 근거가 없다. 이를 보장하기 위해서는 공리 하나가 필요하다. '선택공리axiom of choice'이다. 어찌 보면 선택공리는 직관적으로 쉽게 받아들일 수 있는 내용이다.

이 공리의 깊이와 의미를 정확히 인지한 사람은 체르멜로E. Zermelo, 1871-1953였다. 선택공리를 인정하면 여러 가지 정리를 증명할 수 있다. 그 중에는 우리의 상식으로 수용하기 어려운 것도 있다.

선택공리는 다음과 같이 기술된다.

> $S(\neq \varnothing)$를 공집합이 아닌 집합들 $A_i (i \in I)$의 집합이라고 하면 $f(A_i) \in A_i$를 만족시키는 함수
> $$f: S \longrightarrow \bigcup_{i \in I} A_i$$
> 가 존재한다.

여기서 첨자집합 $I(\neq \emptyset)$는 유한집합은 물론 무한집합일 수 있다. 사실, 선택공리의 의의는 I가 무한집합인 경우에 있다. 이 공리에서 함수 $f: S \to \bigcup_{i \in I} A_i$를 S의 '선택함수choice function'라고 한다.

여광: $A_1 = \{1, 2\}$, $A_2 = \{3, 4, 5\}$, $A_3 = \{6, 7\}$인 경우에 $S = \{A_1, A_2, A_3\}$의 선택함수

$$f: S \longrightarrow A_1 \cup A_2 \cup A_3$$

를 제시하는 것은 쉽습니다. 예를 들어, $f(A_1) = 2$, $f(A_2) = 3$, $f(A_3) = 6$으로 정의된 함수 f는 S의 선택함수입니다. 실제로, 선택함수가 $2 \times 3 \times 2 = 12$개 있습니다.

여휴: 그렇습니다. 그러나 무한 개의 집합을 다룰 때 문제가 발생합니다. 무한 개의 집합의 집합 $T = \{B_1, B_2, \cdots\}$ ($B_i \neq \emptyset$)에 대하여 선택함수를 $g: T \to \bigcup_{i=1}^{\infty} B_i$ 직접 제시하는 것은 불가능합니다.

여광: 무한인 경우에도 선택함수가 존재함을 선언하는 것이 선택공리의 핵심이군요. 선택공리에서 S가 유한집합일 때에는 선택함수의 존재가 자명하므로 선택공리는 특별한 의미를 갖지 않습니다.

여휴: 무한인 경우에도 선택공리가 암암리에 사용됩니다. 예를 들어, 다음의 증명에서 선택공리가 사용됩니다.

함수 $f: X \to Y$가 전사이기 위한 필요충분조건

은 $f \circ g = I_Y$를 만족시키는 함수 $g\colon Y \to X$가 존재하는 것이다[5장].

모든 무한집합은 가부번인 부분집합을 포함한다[9장].

무한인 경우에도 선택공리가 자연스럽게 여겨질 수 있다는 겁니다.

∞ ∞ ∞

체르멜로에 의하면 선택공리를 인정하면 모든 집합에서 정렬의 존재를 증명할 수 있다. 선택함수를 구성적으로 구성construction하여 제시하지 못할 수 있으므로 정렬도 구체적으로 제시하지 못할 수 있다. 정렬원리는 정렬의 존재만을 보장할 뿐이다.

모든 집합에 정렬을 정의할 수 있다는 주장을 '정렬원리well-ordering principle'라고 한다. 체르멜로는 선택공리와 정렬원리가 동치임을 보인 것이다.

여광: 정렬원리와 선택공리가 동치라는 보이는 과정은 간단치 않겠죠?

여휴: 그렇게 생각합니다. 일반적으로 선택공리에서 시작하여 세 단계를 통해 정렬원리에 다다르고 정렬원리에서 선택공리로 돌아옵니다. 꽤 섬세한 논증입니다. 좀 더 자세히 말하면, 선택공리에서 '하우스도르프Hausdorff의 극대원리maximality principle'을 얻고 하우스도르프의 극대원리에서 '초른의 보조정리Zorn's lemma'를 얻으며, 초른

초른 (M. Zorn, 1906-1993)

의 보조정리에서 '정렬원리'를 얻고 정렬원리에서 선택공리를 얻습니다.

여광: 곧 증명하겠죠?

여휴: 그렇습니다. 초른$^{\text{M. Zorn, 1906-1993}}$은 한국 수학의 역사에서 기억할만한 사람입니다.

여광: 왜 그렇죠? 궁금하군요.

여휴: 조선에는 산학^{算學}이 있었습니다. 경선징, 홍정하, 이상혁 등은 조선의 대표적인 산학자였습니다. 산학자는 주

최석정 (1646-1715)

로 중인 계급이었으나 최석정$^{1646-1715}$은 중인 계급이 아닌 양반 산학자였습니다. 그는 영의정을 여러 차례 역임한 정치인이었습니다. 조선에도 수학을 이해하고 그 가치를 인정한 양반이 있었던 것입니다. 18세기 후반, 유클리드의 『원론』 등 서양 수학이 조선의 몇몇 양반들에게 전해졌지만 뿌리를 내리지 못했습니다. 한국에 서양 수학이 본격적으로 전해진 것은 20세기 중반입니다. 6·25 전쟁 직후 미국에 의합니다. 국제적으로 인정

이임학 (1922-2005)

받은 한국의 첫 수학자는 이임학$^{1922-2005}$입니다. 이임학을 국제 수학계에 데뷔시킨 사람이 초른입니다. 이임학의 연구결과를 외국 유명 잡지에 대신 투고해 주었거든요. 에어디쉬$^{P.\ Erdős,\ 1913-1996}$는 이임학과 공동 논문을 발표하며 이임학을 여러 모로 도운 사람입니다. 예를 들어, 에어디쉬는 헝가리 주재 북한 대사관을 통해 북한에 남겨진 이임학 친척들의 소식을 전해주었습니다. 항상 무한을 상상하던 그는 정이 많은 수학자였습니다.

에어디쉬 (P. Erdős, 1913-1996)

∞ ∞ ∞

선택공리와 동치인 명제는 정렬원리 외에도 여러 개 얻을 수 있다. 먼저, 필요한 용어와 명제를 간단히 설명하고 이들의 동치성은 다음과 같은 절차로 증명한다.

선택공리 → 하우스도르프의 극대원리 → 초른의 보조정리 → 정렬원리

반순서 집합의 전순서 부분집합을 '연쇄chain'라고 한다. 연쇄들의

집합에 집합의 포함관계를 통하여 반순서를 자연스럽게 정의할 수 있다.

하우스도르프의 극대원리Hausdorff maximality principle의 내용은 다음과 같다.

> 임의의 반순서 집합에 극대 연쇄가 존재한다.

반순서 집합 A의 모든 연쇄가 상계를 가질 때 A를 귀납적inductive이라고 한다.

초른의 보조정리Zorn's lemma의 내용은 다음과 같다.

> 귀납적인 반순서 집합은 극대원을 적어도 하나 가진다.

여휴: 다음 명제는 선택 공리와 동치입니다.

> J가 공집합이 아닐 때, 공집합이 아닌 집합 $A_j (j \in J)$들의 데카르트 곱은 공집합이 아니다.

여광: 동의합니다. 4장에서도 언급한 바 있습니다. 유한집합의 경우에는 선택공리, 극대원리, 초른의 보조정리, 그리고 정렬원리는 모두 자명한trivial 주장이군요.

여휴: 그렇습니다. 표준적인 현대수학은 선택공리를 채택합니다. 즉, 극대원리, 초른의 보조정리, 정렬원리를 모두 채택하는 것이죠.

여광: $(\mathbb{N}, \leq)$는 정렬집합입니다. $(\mathbb{Z}, \leq)$와 $(\mathbb{Q}, \leq)$는 정렬집합

이 아니지만 $\mathbb{Z}$와 $\mathbb{Q}$에는 정렬을 구체적으로 정의할 수 있습니다. 실수 전체의 집합의 경우에는 어떨까요?

여휴: $(\mathbb{Z}, \leq)$, $(\mathbb{Q}, \leq)$와 마찬가지로 $(\mathbb{R}, \leq)$도 정렬집합이 아니지만 정렬원리에 의하여 $\mathbb{R}$에 정렬을 부여할 수 있습니다. 즉, $\mathbb{R}$ 위의 관계 전체의 집합 $\wp(\mathbb{R} \times \mathbb{R})$에 정렬이 적어도 하나는 존재한다는 뜻입니다. 그러나 $\mathbb{Z}$와 $\mathbb{Q}$의 경우와는 달리 $\mathbb{R}$의 경우에는 구체적인 정렬이 제시된 바 없습니다. 사실, $\mathbb{R}$에 정렬을 구체적구성적으로 정의하는 것이 가능하지 않을 수 있습니다.

여광: 정렬원리가 보장하는 것은 정렬의 존재이지 구체적인 구성은 아니기 때문이군요.

여휴: 유한한 상황에서는 '존재 증명'은 곧 '구체적 구성construction'을 뜻합니다. 예를 들어, $A_1 = \{1, 2\}$, $A_2 = \{3, 4, 5\}$인 경우에 $S = \{A_1, A_2\}$의 선택함수의 존재성을 $f(A_1) = 1, f(A_2) = 3$과 같이 구체적으로 구성하여 제시할 수 있습니다. 무한의 상황에서는 그렇지 않을 수 있습니다. '존재 증명'이 곧 '구체적 구성'을 뜻하지 않는다는 것입니다. 예를 들어, 초월수를 구체적으로 제시하지 못하더라도 초월수의 존재를 증명할 수 있습니다.

여광: 그래도 이 경우에는 원주율 π가 초월수라는 것을 증명함으로 초월수의 존재를 구체적으로 보일 수 있지만 그

렇지 않은 경우도 가능하군요.

여휴: ℝ에 정렬을 구체적으로 부여하거나, 아니면 '구체적으로 부여할 수 없다'고 증명하여도 정렬원리의 정당성과는 무관합니다.

여광: 결정론적deterministic 논증과 확률론적probabilistic 논증이 있을 수 있듯이, 구성적constructive 논증과 비구성적non-constructive 논증이 있다는 말이군요.

여휴: 선택공리를 사용하는 증명은 대부분 비구성적입니다. 예를 들어, 선택공리로부터 다음과 같은 주장이 가능합니다.

> 모든 벡터 공간은 기저를 가진다. 예를 들어, 실수 전체의 집합은 유리수체위에서 무한차원 벡터공간이며 선택공리로부터 기저의 존재를 보장받는다.
> 측도이론measure theory에서 비가측non-measurable 집합이 존재한다.
> 바나흐-타르스키 역설Banach-Tarski Paradox이 가능하다.

여광: 선택공리의 위와 같은 특성으로 말미암아 상식적으로 수용하기 어려운 결과를 초래할 수 있겠습니다. 선택공리는 집합론의 다른 공리로부터 유도할 수 없을까요?

여휴: 그 문제도 간단하지 않습니다. 집합론의 공리체계를 어떻게 구성할 것인지를 분명히 해야 하는 등 여러 가지

문제와 관련되기 때문입니다. 게다가 이 책에서는 공리계에 관하여 엄밀한 논의를 생략하므로 이 문제에 관해서도 상식적인 수준의 언급만을 할 수 있습니다. 일반적으로 집합론의 공리체계는 Zermelo-Fraenkel에 의합니다. 선택공리는 Zermelo-Fraenkel 공리체계와 독립적임이 알려져 있습니다.

∞ ∞ ∞

이제 선택공리와 정렬원리의 동치성을 증명한다. 여기에서의 모든 집합은 공집합이 아닌 것으로 한다.

반순서 집합 A의 모든 연쇄가 최소상계를 가질 때 A를 '강하게 귀납적strongly inductive'이라고 한다.

다음 사실은 선택공리가 하우스도르프의 극대원리를 함의함을 증명하는데 이용된다.

> 반순서 집합 $(A, \preccurlyeq)$가 강하게 귀납적이라고 하자. 함수 $f: A \to A$가 임의의 $a \in A$에 대하여 $f(a) \succcurlyeq a$를 만족시키면 $f(p) = p$인 $p \in A$가 존재한다.

증명은 여러 단계를 거쳐 완성된다. 먼저, 다음 개념을 도입한다.

반순서집합 $(A, \preccurlyeq)$의 한 원소 q에 대하여 $B \subset A$가 다음 조건을 만족시킬 때 B를 q-수열sequence이라고 한다.

- $q \in B$이다.

- $f(B) \subset B$이다.

- B는 강하게 귀납적이다.

정의로부터 A 자체는 q-수열임을 쉽게 알 수 있다. 또한 q-수열의 교집합은 다시 q-수열이 된다. 따라서 q-수열 전체의 교집합을 B_0라고 하면 B_0 역시 q-수열이다. 한편, A의 부분집합 $D = \{x \in A \mid x \succcurlyeq q\}$도 q-수열임을 쉽게 알 수 있다. 따라서 $B_0 \subset D$가 성립한다.

이제 증명한다.

다음과 같이 정의된 부분집합 E를 고려하자.

$$E = \{x \in B_0 \mid y \prec x \text{인 모든 } y \in B_0 \text{에 대하여 } f(y) \preccurlyeq x\}$$

이제 $x \in E$에 대하여 부분집합 F_x를 다음과 같이 정의하자.

$$F_x = \{z \in B_0 \mid z \preccurlyeq x \text{ 또는 } z \succcurlyeq f(x)\}$$

부분집합 F_x가 q-수열임을 보인다. 실제로, $q \in B_0$이고 $x \succcurlyeq q$이므로 $q \in F_x$이다. 또한 임의의 $z \in F_x$에 대하여 $f(z) \in F_x$임을 보이기 위해서 다음 세 가지 경우로 나누어 고려한다.

가. $z \succcurlyeq f(x)$인 경우 $f(z) \succcurlyeq z \succcurlyeq f(x)$이므로 $f(z) \in F_x$이다.

나. $z = x$인 경우 $f(z) = f(x)$이므로 $f(z) \in F_x$이다.

다. $z \prec x$인 경우 $x \in E$이므로 $f(z) \preccurlyeq x$이다. 따라서 $f(z) \in F_x$이다.

'가', '나', '다'를 통하여 $f(F_x) \subset F_x$임을 보인 것이다. 마지막으로 F_x가 강하게 귀납적임을 보이기 위해서 G를 F_x의 한 연쇄라고 하자. 그러면 G는 q-수열인 (특히, 강하게 귀납적인) B_0의 부분집합이기도 하므로 B_0는 G의 최소상계 u를 가진다. u가 F_x의 원소임을 보이기 위해서 다음 두 가지 경우로 나누어 고려한다.

가. 모든 $y \in G$에 대하여 $y \preccurlyeq x$인 경우 u의 최소성에 의하여 $u \preccurlyeq x$이다. 즉, $u \in F_x$이다.

나. 적당한 $y \in G$에 대하여 $y \not\preccurlyeq x$, 즉 $y \succcurlyeq f(x)$인 경우 $u \succcurlyeq y \succcurlyeq f(x)$이므로 $u \in F_x$이다.

따라서 F_x는 q-수열이다. 그런데 정의로부터 F_x는 B_0의 부분집합이고, B_0는 q-수열인 F_x의 부분집합이다. 즉, $B_0 = F_x$이다.

이제 B_0의 부분집합인 E 역시 q-수열임을 보임으로써 $B_0 = E$임을 보인다. 먼저 $q \in E$이다. $y \prec q$인 $y \in B_0$가 존재하지 않기 때문이다. 한편 $x \in E$에 대하여 $y \in B_0 = F_x$가 $y \prec f(x)$이면 F_x의 정의에 의하여 $y \preccurlyeq x$이다. $y \prec x$인 경우 $f(y) \preccurlyeq x \preccurlyeq f(x)$이고, $y = x$인 경우 $f(y) = f(x)$이므로 $f(x) \in E$임을 알 수 있다. 마지막으로 E가 강하게 귀납적임을 보이기 위하여 H를 E의 한 연쇄라고 하고 $w \in B_0$가 H의 최소상계라고 하자. $y \prec w$인 $y \in B_0$는 반드시 다음을 만족시킨다.

임의의 $x \in H$에 대하여 $y \preccurlyeq x$ 또는 $y \succcurlyeq f(x)$이다.

임의의 $x \in H \subset E$에 대하여 $y \in B_0 = F_x$이기 때문이다. 그런데 모든 $x \in H$에 대하여 $y \succcurlyeq f(x)$일 수 없다. 왜냐하면 그러한 경우에

는 모든 $x \in H$에 대하여 $y \succcurlyeq f(x) \succcurlyeq x$가 성립하고, w의 최소성에 의하여 $y \succcurlyeq w$가 되어 $y \prec w$라는 사실에 모순이다. 그러므로 적당한 $x \in H$가 존재하여 $y \preccurlyeq x$를 만족시킨다. 이때, $y \prec x$인 경우 E의 정의에 의하여 $f(y) \preccurlyeq x \preccurlyeq w$이다. 한편, $y = x$인 경우 $x = y \prec w$이므로 적당한 $z \in H$가 존재하여 $y \prec z$를 만족시킨다. 그렇지 않으면 $y = x \in H$가 H의 최소상계가 되는데 이는 $y \prec w$라는 사실에 모순이기 때문이다. 따라서 E의 정의에 의해 $f(y) \preccurlyeq z \preccurlyeq w$이다. 그러므로 $w \in E$이다. E가 임의의 연쇄 H의 최소상계를 가지므로 E는 강하게 귀납적이다.

q-수열 B_0가 연쇄임을 보이자. 이를 위하여 $x, y \in B_0$라고 하자. x는 $B_0 = E$의 원소이고 y는 F_x의 원소이므로 $y \preccurlyeq x$ 또는 $y \succcurlyeq f(x) \succcurlyeq x$이다. 이는 B_0가 연쇄임을 뜻한다.

B_0가 강하게 귀납적이므로 연쇄인 B_0의 최소상계 p는 B_0에 존재한다. 따라서 $f(p) \preccurlyeq p$이고 $f(p) \succcurlyeq p$이므로 $f(p) = p$이다.

∞ ∞ ∞

지금까지의 논의를 종합하여 선택공리, 하우스도르프의 극대원리, 초른의 보조정리, 그리고 정렬원리가 동치임을 증명한다.

> **선택공리는 하우스도르프의 극대원리를 함의한다.**

$(A, \preccurlyeq)$를 반순서집합이라고 하자. 그러면 A의 모든 연쇄의 집합 $\mathscr{T}$는 포함관계 $\subset$에 의하여 강하게 귀납적인 반순서집합 $(\mathscr{T}, \subset)$이

된다. 사실, $(\mathscr{T}, \subset)$의 임의의 연쇄 $\mathscr{R}$에 대해서 $\mathscr{R}$의 최소상계는

$$\bigcup_{X \in \mathscr{R}} X \in \mathscr{T}$$

이다. 이제 A의 극대연쇄, 즉 $(\mathscr{T}, \subset)$의 극대원소가 존재하지 않는 다고 가정하자. 그러면 $(A, \preccurlyeq)$의 임의의 연쇄 $T \in \mathscr{T}$에 대하여 집합

$$\mathscr{T}_T = \{X \in \mathscr{T} \mid T \subset X \text{ 이고 } X \neq T\}$$

는 공집합이 아니다. T가 $\mathscr{T}$의 극대원소가 아니므로 $X \supset T$이지만 $X \neq T$인 $X \in \mathscr{T}$가 존재하기 때문이다. 선택공리에 의하여 임의의 $T \in \mathscr{T}$에 대하여 $g(\mathscr{T}_T) \in \mathscr{T}_T$를 만족시키는 함수

$$g \colon \{\mathscr{T}_T \mid T \in \mathscr{T}\} \longrightarrow \bigcup_{T \in \mathscr{T}} \mathscr{T}_T$$

가 존재한다. 이제 함수 $f \colon \mathscr{T} \to \mathscr{T}$를 $f(T) = g(\mathscr{T}_T)$로 정의하면 임의의 $T \in \mathscr{T}$에 대하여 $f(T) = g(\mathscr{T}_T) \supset T$가 성립한다. 따라서 $f(T) = T$인 $T \in \mathscr{T}$가 존재하는데 이는 임의의 $T \in \mathscr{T}$에 대하여 $f(T) \in \mathscr{T}_T$라는 사실에 모순이다. 왜냐하면 $\mathscr{T}_T$는 T를 원소로 가지지 않기 때문이다. 따라서 $(\mathscr{T}, \subset)$의 극대원소는 존재하며, 이 극대원소는 반순서집합 $(A, \preccurlyeq)$의 극대연쇄이다.

하우스도르프의 극대원리는 초른의 보조정리를 함의한다.

반순서 집합 $(A, \preccurlyeq)$가 귀납적이라고 하자. 하우스도르프의 극대

원리에 의하여 반순서 집합 $(A, \preccurlyeq)$의 모든 연쇄의 집합은 포함관계 $\subset$에 대하여 극대원소 즉, A의 극대연쇄 B를 갖는다. $(A, \preccurlyeq)$이 귀납적이므로 연쇄 B의 상계 u가 A에 존재한다. $u \in A$가 $(A, \preccurlyeq)$의 극대원소임을 보이자. $x \in A$가 $x \succcurlyeq u$를 만족시킨다고 하자. 그러면 $B \cup \{x\}$는 $(A, \preccurlyeq)$의 연쇄이고, 분명히 $B \cup \{x\} \supset B$이다. 그런데 B의 극대성의 의하여 $B \cup \{x\} \subset B$이므로 $B \cup \{x\} = B$, 즉 $x \in B$이다. u는 B의 상계이므로 $x \preccurlyeq u$가 되어 $x = u$이다. 그러므로 귀납적인 반순서 집합 $(A, \preccurlyeq)$는 극대원소 u를 가진다.

$$\infty \quad \infty \quad \infty$$

> 초른의 보조정리는 정렬원리를 함의한다.

임의의 집합 A에 대하여 A의 부분집합으로 만들 수 있는 정렬집합 $(A_i, \preccurlyeq_i)$ $(i \in I)$의 전체의 잡합을 A^*라고 하자. 집합 A^*에 관계 $\preccurlyeq^*$를 정의한다. 즉, 임의의 $i, j \in I$에 대하여 $(A_i, \preccurlyeq_i) \preccurlyeq^* (A_j, \preccurlyeq_j)$는 다음을 뜻한다.

가. $A_i \subset A_j$이고,

나. $x, y \in A_i$에 대하여 $x \preccurlyeq_i y$ 이면 $x \preccurlyeq_j y$이며,

다. $y \in A_j - A_i$이면 모든 $x \in A_i$에 대하여 $x \preccurlyeq_j y$이다.

관계 $\preccurlyeq^*$는 A^*위에서의 반순서임을 보인다. 먼저, $A_i \preccurlyeq^* A_i$ ($i \in I$)임을 보이자. '가'와 '나'는 분명하다. 또한 $A_i - A_i = \varnothing$이므로 '다'도 성립하므로 $A_i \preccurlyeq^* A_i$이다. 즉 $\preccurlyeq^*$는 반사적이다. 이제 $\preccurlyeq^*$이 반대칭적임을 보이기 위해서 $A_i \preccurlyeq^* A_j$이고 $A_j \preccurlyeq^* A_i$라고 가정하자. 그러면 '가'에 의하여 $A_i = A_j$이다. 또한, '나'에 의하여 임의의 $x, y \in A_i = A_j$에 대하여 $x \preccurlyeq_i y$이면 그리고 이때에만 $x \preccurlyeq_j y$이다. 즉, $(A_i, \preccurlyeq_i) = (A_j, \preccurlyeq_j)$이다. 마지막으로 $\preccurlyeq^*$이 추이적임을 보이기 위해서 $A_i \preccurlyeq^* A_j$이고 $A_j \preccurlyeq^* A_k$라고 가정하자. '가'에 의하여 $A_i \subset A_j \subset A_k$이다. 또한 $x \preccurlyeq_i y$인 $x, y \in A_i$에 대하여 '나'를 적용하면 $x \preccurlyeq_j y$이고, 다시 '나'에 의하여 $x \preccurlyeq_k y$이다. 이제 $y \in A_k - A_i$라고 하자. $A_i \subset A_j \subset A_k$이므로 $A_k - A_i = (A_k - A_j) \cup (A_j - A_i)$이다. 따라서 $y \in A_k - A_j$ 또는 $y \in A_j - A_i$이다. $y \in A_k - A_j$인 경우 모든 $x \in A_i \subset A_j$에 대하여 $x \preccurlyeq_k y$이다. 한편 $y \in A_j - A_i$인 경우 모든 $x \in A_i$에 대하여 $x \preccurlyeq_j y$이다. 따라서 $x \preccurlyeq_k y$이다. 그러므로 $A_i \preccurlyeq^* A_k$이다.

반순서집합 $(A^*, \preccurlyeq^*)$는 귀납적임을 증명하자. 이를 위해서 $\mathscr{C}$를 A^*의한 연쇄라고 하자. $\left(\bigcup_{A_i \in \mathscr{C}} A_i, \preccurlyeq'\right)$가 A^*의 원소임을 보이면 $\bigcup_{A_i \in \mathscr{C}} A_i$는 연쇄 $\mathscr{C}$의 상계이다. 여기서 $\preccurlyeq'$는 다음과 같이 정의된다.

$x \preccurlyeq' y$
$\iff$ $x, y \in A_i$이고 $x \preccurlyeq_i y$인 $A_i \in \mathscr{C}$가 존재한다.

다음 사실에 주목하면 $\bigcup_{A_i \in \mathscr{C}} A_i$위에서의 관계 $\preccurlyeq'$는 전순서임을 알

수 있다.

> 임의의 $x,y \in \bigcup_{A_i \in \mathscr{C}}$ 에 대하여 $x,y \in A_i$ 인 $A_i \in \mathscr{C}$ 가 존재한다. 실제로, $x \in A_j, y \in A_k$ 인 $A_j, A_k \in \mathscr{C}$ 가 존재하는데 $\mathscr{C}$ 가 연쇄이므로 $A_j \subset A_k$ 이거나 $A_k \subset A_j$ 이다. 일반성을 잃지 않고 $A_j \subset A_k$ 라고 가정하면 $x,y \in A_k$ 이다.

마지막으로 $\bigcup_{A \in \mathscr{C}} A$ 의 공집합이 아닌 부분집합을 S 라고 하고 S 가 최소원소를 가짐을 보인다. 적절한 $A_0 \in \mathscr{C}$ 가 존재하여 $S \cap A_0$ 는 공집합이 아니고 $(A_0, \preccurlyeq_0)$ 가 정렬집합이므로 $S \cap A_i$ 의 최소원소 x_i 가 존재한다. 한편, 임의의 $y \in S$ 에 대하여 $A_0 \preccurlyeq^* A_1$ 이고 $x_0, y \in A_1$ 를 만족시키는 $A_1 \in \mathscr{C}$ 가 존재한다. 왜냐하면 $y \in A_y$ 인 $A_y \in \mathscr{C}$ 가 존재하고 $\mathscr{C}$ 가 연쇄이므로 $A_0 \subset A_y$ 또는 $A_y \subset A_0$ 이어야 하는데 $A_0 \subset A_y$ 인 경우 $A_1 = A_y$, $A_y \subset A_0$ 인 경우에 $A_1 = A_0$ 으로 택하면 되기 때문이다. 따라서 $x_0 \preccurlyeq_1 y$, 즉 $x_0 \preccurlyeq' y$ 이다.

반순서 집합 $(A^*, \preccurlyeq^*)$ 이 귀납적이므로 초른의 보조정리에 의하여 A^* 는 극대원소 $(A_m, \preccurlyeq_m)$ 을 갖는다. 이제 $A \neq A_m$ 이라고 가정하면 임의의 $x_m \in A - A_m$ 을 택하여 모든 $x \in A_m$ 에 대하여 $x \preccurlyeq^{**} x_m$ 를 만족시키도록 $\preccurlyeq_m$ 을 확장하여 관계 $\preccurlyeq^{**}$ 를 정의하면 $A_m \preccurlyeq^* (A_m \cup \{x_m\})$ 인데 이는 A_m 이 극대원소라는 사실에 모순이다. 따라서 $A = A_m$ 이고 $A_m \in A^*$ 이므로 A 는 정렬집합이다.

> 정렬원리는 선택공리를 함의한다.

공집합이 아닌 첨자집합 I 에 대하여 S 가 공집합이 아닌 집합들 A_i $(i \in I)$ 의 집합이라고 하자. 정렬원리에 의하여 집합 $\bigcup_{i \in I} A_i$ 에 정렬을 줄 수 있다. 모든 A_i는 공집합이 아닌 $\bigcup_{i \in I} A_i$의 부분집합이므로 A_i는 최소원소 a_i를 가진다. 따라서

$$f(A_i) \;=\; (A_i\text{의 최소원소 } a_i)$$

인 선택함수 $f: S \to \bigcup_{i \in I} A_i$를 얻을 수 있다.

∞ ∞ ∞

선택공리는 무한집합이 가지는 신비를 말한다. 실수 전체의 집합 $\mathbb{R}$도 신비하다. $\mathbb{R}$에 대해서 기존과는 다른 상상을 할 수 있다.

버클리가 『해석자』에서 무한소에 관한 문제를 제기한 이후 만족스러운 답을 한 사람 중 하나가 로빈슨^{A. Robinson, 1918-1974}이다. 비표준해석학^{non-standard analysis}의 기초인 초실수^{hyper-real} 전체의 집합은 표준적인^{standard} 실수 외에 무한소^{infinitesimal}를 포함한다.

로빈슨은 볼차노, 코시, 바이어슈트라스 등에 의한 '극한^{limit}'이나 '$\varepsilon - \delta$ 논법'과는 근본적으로 다른 접근으로 버클리의 문제 제기에 답한 것이다. $\varepsilon - \delta$ 논법에서는 무한소 개념을 버리지만, 로빈슨은 무한소 개념을 보존하고 정비한 것이다. 로빈슨에 의해 구축된 비표준해석학에서의 무한소 개념에 대해 알아보자.

어떤 수 ε이 '무한소'라는 것은 모든 양의 실수 a에 대해 $-a < \varepsilon < a$일 때이다. 0보다 큰 무한소가 있고 0보다 작은 무한소도 있다. 무한소인 실수는 0 밖에 없다.

⟨그림 34⟩ 초실수 수직선

어떤 수 A가 '무한히 크다^{infinitely large}'라는 것은 모든 실수 a에 대해 $A > a$일 때이다. '무한히 작다^{infinitely small}'도 같은 방식으로 정의할 수 있다.

실수, 무한소, 무한히 작은 수, 무한히 큰 수 모두를 통틀어 '초실수'라고 한다. 두 개의 초실수 a, b가 '무한히 가깝다^{infinitely close}'라는 것은 $a - b$가 무한소인 것이다. 비표준해석학은 실수에서 가능한 덧셈과 곱셈을 초실수의 경우에도 가능하게 한다. 다음을 금방 알 수 있다.

- ε이 무한소이면 $\frac{1}{\varepsilon}$은 무한히 큰 수이고 $-\frac{1}{\varepsilon}$은 무한히 작은 수이다.

- 무한소는 0과 무한히 가까운 수이다.

- 실수 a와 무한소 $\varepsilon(\neq 0)$에 대하여 $a + \varepsilon$는 실수가 아닌 초실수이다. 따라서 초실수 전체의 집합을 $^*\mathbb{R}$로 나타내면 실수가 아닌 초실수 전체의 집합 $^*\mathbb{R} - \mathbb{R}$의 농도는 실수 전체 집합 $\mathbb{R}$의 농도보다 같거나 크다.

초실수를 그림 34와 같이 나타낸다. 가운데 실선 부분은 실수 전체와 수많은 초실수를 품는 것으로서 수직선^{number line} 이상이고, 왼쪽 실선은 '무한히 작은' 초실수들을 나타내며, 오른쪽 실선은 '무한히 큰' 초 실수들을 나타낸다. 오른쪽 끝에 있는 화살표는 양^{positive}의 방향을 나타낸다.

표준해석학에서 '점 $x=a$에서 함수 $y=x^2$의 기울기'는 다음과 같이 정의된다.

$$\lim_{\Delta x \to 0} \frac{(x+\Delta x)^2 - x^2}{\Delta x}$$

비표준해석학에서는 '점 $x=a$에서 함수 $y=x^2$의 기울기'를 다음과 같이 정의한다.

$$\frac{\Delta y}{\Delta x}\text{에 무한히 가까운 실수}$$

무한소를 이용하는 것이다. 여기서 $\Delta x (\neq 0)$, Δy는 무한소이다. 이 정의는 '$\lim_{\Delta x \to 0} \frac{(x+\Delta x)^2 - x^2}{\Delta x}$'에서 Δx가 '0이 아니다가 어느 단계에서 0이 되는' 애매한 상황을 피하게 한다.

여광: 비표준해석학에서의 무한소 개념은 뉴턴과 라이프니츠의 의해 사용된 '무한소'개념을 정비한 것이군요.

여휴: 비표준해석학에서의 무한소 개념은 버클리의 문제 제기에 대한 답이라고 할 수 있습니다. Δx, Δy가 무한소일 때, 라이프니츠가 '$\lim_{\Delta x \to 0} \frac{\Delta y}{\Delta x}$'라고 정의한 것을 비표준해석학은 '$\frac{\Delta y}{\Delta x}$에 무한히 가까운 실수'라고 정의하는 것입니다. 라이프니츠의 무한소 Δx는 0이 아니다가 어느 순간 0이 되지만 비표준해석학에서는 초실수 $\frac{\Delta y}{\Delta x}$에 무한히 가까운 유일한 실수로 규정하는 것입니다. 예를

들어보는 게 도움이 되겠습니다. 먼저, 뉴턴과 라이프니츠의 접근 방식입니다. 점 $x = 1$에서 함수 $y = x^2$의 기울기는 다음과 같습니다.

$$\lim_{\Delta x \to 0} \frac{(1 + \Delta x)^2 - 1^2}{\Delta x}$$
$$= \lim_{\Delta x \to 0} \frac{1 + 2\Delta x + (\Delta x)^2 - 1}{\Delta x}$$
$$= \lim_{\Delta x \to 0} \frac{2\Delta x + (\Delta x)^2}{\Delta x}$$
$$= \lim_{\Delta x \to 0} (2 + \Delta x)$$
$$= 2$$

Δx는 계속 0이 아니다가 마지막 순간에 0이 된 것입니다. 비표준해석학에서 접근 방식은 다음과 같습니다. 여기에서 $\Delta x (\neq 0)$, Δy는 무한소입니다.

$$\frac{\Delta y}{\Delta x} = \frac{(1 + \Delta x)^2 - 1^2}{\Delta x}$$
$$= \frac{1 + 2\Delta x + (\Delta x)^2 - 1}{\Delta x}$$
$$= \frac{2\Delta x + (\Delta x)^2}{\Delta x}$$
$$= 2 + \Delta x$$

초실수 $2 + \Delta x$에 무한히 가까운 유일할 실수는 2입니다.

여광: 기존의 미적분학과 비표준해석학에서의 미적분학의 기본적인 차이가 드러납니다. 이런 식으로 연속함수, 적분, 해석기하학과 해석학을 새롭게 정립할 수 있겠습니다.

여휴: 비표준해석학에 대해 괴델은 다음과 같이 말한 적이 있습니다.

> 비표준해석학이 적절히 기술되면 미래의 해석학이 될 것이라는 타당한 근거가 있다.
>
> There are good reasons to believe that non-standard analysis, in some version or other, will be the analysis of the future.

∞　∞　∞

유리수에서 실수를 얻는 방법을 앞에서 소개하였다. 이와 같은 방법을 적용하여 실수의 개념을 확장한다. 실수 전체와 무한소 등을 품는 초실수 전체의 집합을 보통 $^*\mathbb{R}$로 나타낸다.

실수열 $(a_1, a_2, \cdots)$ 전체의 집합을 $\mathscr{R}$이라고 하자. 다음을 만족시키는 $\mathscr{R}$ 위의 동치관계 $\equiv$를 정의할 수 있다.

- $(a_1, a_2, \cdots) \equiv (a'_1, a'_2, \cdots)$ 이고 $(b_1, b_2, \cdots) \equiv (b'_1, b'_2, \cdots)$이면

$$(a_1 + b_1, a_2 + b_2, \cdots) \equiv (a'_1 + b'_1, a'_2 + b'_2, \cdots)$$

이다.

- $(a_1, a_2, \cdots) \equiv (a_1', a_2', \cdots)$ 이고 $(b_1, b_2, \cdots) \equiv (b_1', b_2', \cdots)$ 이면
$$(a_1 b_1, a_2 b_2, \cdots) \equiv (a_1' b_1', a_2' b_2', \cdots)$$
이다.

- 유한개를 제외한 모든 n에 대하여 $a_n = b_n$이면 $(a_1, a_2, \cdots) \equiv (b_1, b_2, \cdots)$이다.

- 모든 n에 대하여 $a_n \in \{0,1\}$이면 $(a_1, a_2, \cdots) \equiv (0, 0, \cdots)$이거나 $(a_1, a_2, \cdots) \equiv (1, 1, \cdots)$이다.

실수열 전체의 집합 $\mathscr{R}$을 동치관계 $\equiv$에 의해 분할하여 얻은 동치류 각각을 초실수라고 한다. 앞으로 실수열 $(a_1, a_2, \cdots)$의 동치류를 $[a_1, a_2, \cdots]$와 같이 나타낸다. 임의의 실수 r는 초실수 집합에서 $[r, r, \cdots]$와 동일시할 수 있다. 한편, $[1, 2, 3, \cdots]$은 무한히 큰 초실수이고, $[1, \frac{1}{2}, \frac{1}{3}, \cdots]$은 무한소이다. 위와 같은 과정을 통해 얻은 집합은 자연스럽게 정의된 덧셈과 곱셈에 관하여 체의 구조를 가진다.

여광: 실수에서 초실수를 얻는 과정을 설명하기는 어려운가요? 몇 가지 성질을 만족시키는 실수열 전체의 집합 $\mathscr{R}$ 위의 동치관계 $\equiv$를 '정의할 수 있다'고 했지만 동치관계를 구체적으로 설명하지 않았잖아요?

여휴: 선택공리 등 몇 가지 수학적 기법을 사용하면 설명할 수 있습니다. 그러나 그때 요구되는 개념들을 추가적으로

설명하여야 합니다. 이는 이 책의 범위와 취지에는 적절하지 않은 것 같습니다.

여광: 대략적으로나마 설명할 수 없을까요?

여휴: 한번 시도해 볼까요? 유리수에서 실수를 구성하는 방법이 여럿 있듯이 실수에서 초실수를 얻는 방법도 다양하게 제시할 수 있을 것입니다. 여기에서는 가장 잘 알려진 방법을 살펴봅시다. 칸토어가 유리수에서 실수를 얻는 과정에서 실수로 수렴하는 유리수열을 이용하였죠? 다음과 같은 접근을 시도합니다.

가. 초실수를 실수열 $(a_1, a_2, \cdots)$로부터 얻는다.

나. 실수열 $(a_1, a_2, \cdots)$에 대해 $\lim_{n\to\infty} a_n = 0$일 때에는 $(a_1, a_2, \cdots)$를 무한소, $\lim_{n\to\infty} a_n = \infty$일 때에는 $(a_1, a_2, \cdots)$를 무한히 큰 수, $\lim_{n\to\infty} a_n = -\infty$일 때에는 $(a_1, a_2, \cdots)$를 무한히 작은 수로 이해한다.

다. 두 개의 실수열 $(a_1, a_2, \cdots)$와 $(b_1, b_2, \cdots)$의 덧셈과 곱셈은 성분끼리의 덧셈과 곱셈으로 정의한다.

매우 자연스러운 접근이죠? 그러나 이러한 접근은 곧 어려움을 만납니다. 예를 들어, $(1, 0, 1, 0, \cdots)$와 $(0, 1, 0, 1, \cdots)$의 곱은 $(0, 0, 0, 0, \cdots)$이므로 실수열 전체의 집합은 이러한 덧셈과 곱셈에 대하여 체의 구조를 가지지 못합니다. 결국 실수열 전체의 집합 위의 동치관계를 정의하고 분할의 과정을 통해 그러한 약점을 보완할 필요가 있습니다.

여광: 수 체계를 확장한 앞의 과정과 크게 다르지 않은 것 같습니다.

여휴: 그렇습니다. 문제는 동치관계를 구체적으로 제시하는 것입니다. 동치관계는 '자유한외限外필터 free ultra-filter'라고 하는 개념에 의합니다. 정의는 다음과 같습니다.

> 다음을 만족시키는 자연수 전체 집합 $\mathbb{N}$의 부분집합의 집합 $\mathscr{F}$를 자유한외필터라고 한다.
> 가. $X \in \mathscr{F}$이고 $X \subset Y \subset \mathbb{N}$이면 $Y \in \mathscr{F}$이다.
> 나. $X, Y \in \mathscr{F}$이면 $X \cap Y \in \mathscr{F}$이다.
> 다. $\mathbb{N} \in \mathscr{F}$이고 $\varnothing \notin \mathscr{F}$이다.
> 라. $\mathbb{N}$의 임의의 부분집합 A에 대해 A 또는 $\mathbb{N} - A$ 중 반드시 하나가 $\mathscr{F}$에 속한다.
> 마. 어떠한 유한 집합도 $\mathscr{F}$에 속할 수 없다.

자유한외필터의 존재는 선택공리가 보장합니다. 선택공리는 자유한외필터의 존재는 보장하지만 그것이 무엇인지 구체적으로 제시하지는 않습니다. 이제 실수열 전체의 집합 $\mathscr{R}$ 위의 관계를 다음과 같이 정의합니다.

$$(a_1, a_2, \cdots) \equiv (b_1, b_2, \cdots)$$
$$\iff \{n \in \mathbb{N} \mid a_n = b_n\} \in \mathscr{F}$$

관계 ≡가 동치관계임을 어렵지 않게 보일 수 있습니다. 실수열 전체의 집합 $\mathscr{R}$을 이 동치관계로 분할하여 얻은 구조를 $^*\mathbb{R}$이라고 표기합니다. 예를 들어, $(1,0,1,0,\cdots)$과 $(0,1,0,1,\cdots)$ 각각의 동치류를 $[1,0,1,0,\cdots]$와 $[0,1,0,1,\cdots]$로 나타낸다면 $[1,0,1,0,\cdots]$와 $[0,1,0,1,\cdots]$가 $^*\mathbb{R}$의 원소입니다.

여광: $[1,0,1,0,\cdots]$과 $[0,1,0,1,\cdots]$가 초실수의 예이군요.

여휴: 그렇습니다. $^*\mathbb{R}$에 전순서도 정의할 수 있습니다. 사실, $^*\mathbb{R}$에서 양의 초실수를 정의할 수 있고, $^*\mathbb{R}$는 순서체ordered field의 구조를 가집니다. 실수 전체의 집합 $\mathbb{R}$가 덧셈, 곱셈, 그리고 수직선에서의 순서에 관해 순서체 구조를 가진다는 것을 유념할 필요가 있습니다.

여광: $\mathbb{R}$가 가지고 있는 구조를 $^*\mathbb{R}$에서 기대한 것인데 그렇게 되었군요. 실수 전체의 집합에서 성립하는 다양한 성질들을 $^*\mathbb{R}$에서 성립한다는 것을 보이는 것은 수월한가요?

여휴: 그 부분이 비표준해석학에서 매우 섬세한 과정입니다. '전달원리transfer principle'에 의합니다. 이 과정을 설명하려면 수리논리 자체에 관해 더 많은 이야기를 해야 하므로 생략하도록 하면 어떨까요?

여광: 동의합니다. 그보다 훨씬 초보적인 질문이 있습니다. 초실수 $[1,0,1,0,\cdots]$와 $[0,1,0,1,\cdots]$의 곱은 여전히

[0,0,0,0,⋯]이지요? *ℝ가 체의 구조를 가진다고 했으니 둘 중 하나는 반드시 [0,0,0,0,⋯]과 같겠죠?

여휴: 좋은 질문입니다. [1,0,1,0,⋯]에서 0인 성분의 첨자 집합은 $\{2,4,6,\cdots\}$입니다. 이 집합이 자유한외필터 $\mathscr{F}$의 원소이면 [1,0,1,0,⋯] = [0,0,0,0,⋯]입니다. 반대로, $\{2,4,6,\cdots\}$가 $\mathscr{F}$의 원소가 아니라면 $\{2,4,6,\cdots\}$의 여집합 $\{1,3,5,\cdots\}$가 $\mathscr{F}$의 원소이므로

$$[1,0,1,0,\cdots] = [1,1,1,1,\cdots]$$

가 되고

$$[0,1,0,1,\cdots] = [0,0,0,0,\cdots]$$

입니다. 어떤 경우라고 하더라도 [1,0,1,0,⋯]와 [0,1,0,1,⋯] 중의 하나는 [0,0,0,0,⋯]입니다.

여광: 구성 과정과 성질 등 초실수에 관해 아직 자세하게 이해하지는 못했지만 비표준해석학이 멋진 수학일 것이라는 느낌을 받습니다. 비표준해석학은 현대 해석학에서 주류가 아니죠?

여휴: 적어도 한국의 경우에는 비표준해석학을 강의하는 대학교가 많지 않은 게 사실입니다. 세계 수학계에서도 비표준해석학에 대한 논의는 지금도 계속되고 있습니다. 그러나 이는 비표준해석학이 표준해석학에 비해 완

성도가 떨어지고 덜 유용하다는 뜻은 아닙니다. 뉴턴과 라이프니츠가 벌여 놓은 해석학 '시장'을 표준해석학이 먼저 '선점'한 것으로 이해하면 되지 않을까요? 훗날 수학의 역사는 이에 관해 어떻게 기술할지 궁금합니다.

9장

무한을 분류할 수 있나?

유한집합의 크기는 원소의 개수를 세어 알 수 있는데 무한집합의 경우에는 원소의 개수를 셀 수 없다. 무한집합의 크기는 어떻게 측정하고, 어떻게 분류할 수 있을까?

두 집합을 비교하거나 분류하는 방법으로서 함수를 주목한다. 특히, 두 집합 사이에 일대일대응이 존재하면 두 집합은 외형적인 것 외에 차이가 없다고 본다.

수학은 무한집합의 대표적인 예로서 자연수 전체의 집합 N을 들고, 무한집합이 주어지면 그 집합이 N과 일대일대응의 관계가 있는지 살핀다. 무한집합을 분류하고자 할 때, N을 기본척도로 사용하고 일대일대응 등 함수를 측정 방식으로 사용하는 것이다.

집합 N은 무한집합이지만 N의 모든 원소는 1, 2, 3, …과 같이 수를 하나씩 세는 과정으로 얻을 수 있다. 따라서 N과 일대일대응의 관계에 있는 무한집합에서는 각각의 원소에 1, 2, 3, …과 같이

번호를 줄 수 있다고 생각할 수 있으며, 모든 원소는

1 번째 원소, 2 번째 원소, 3 번째 원소, ⋯

와 같이 하나씩 세는 과정으로 얻을 수 있다.

이 장에서는 주로 다음 질문에 답한다.

> - 가부번집합이란 무엇인가?
> - 유리수 전체의 집합은 왜 가부번집합인가?
> - 가부번집합이 아닌 무한집합이 존재하는가? 존재한다면 어떤 예를 제시할 수 있는가?
> - 무한집합의 크기를 나타내는 농도는 무엇인가?

∞ ∞ ∞

10 이상의 수를 세지 못하는 어린이 앞에 흰 바둑돌 무더기와 검은 바둑돌 무더기가 있고, 각 무더기에는 10여 개의 돌이 쌓여있다. 어린이에게 어느 색의 돌이 더 많은지 묻는다면 이 어린이는 어떻게 이 문제를 해결할 수 있을까?

한 가지 방법은 다음과 같다. 각각의 무더기에서 돌을 하나씩 집어 '흰 돌 하나, 검은 돌 하나'로 이루어지는 쌍을 만들어 나가다 끝에 가서 돌이 남아 있는 무더기에 돌이 많았다는 것을 안다.

이때 각 무더기에 있는 돌의 개수를 자연수로 나타낼 수 있다. 유한집합의 크기는 자연수로 나타낼 수 있는 것이다.

이제 두 개의 무한집합이 있다고 하자. 이 경우에는 앞의 방식으로 어느 집합에 원소가 많은지 판단할 수 없다는 것이 분명하다. 둘씩 짝을 짓는 과정은 끝이 나지 않기 때문이다. 이 두 집합의 경우에는 두 개의 자연수로 그 두 집합 각각의 원소의 개수를 나타낼 수 없다는 것도 분명하다.

이러한 무한의 경우에는 '두 집합 모두에는 원소가 무한히 많다'라고 하고 더 이상의 논의를 하지 않으면 그만이다. 치지불론置之不論, 즉 무한을 '그대로 두고 논하지 않는다'는 입장을 취하는 것이다. 무한을 관념으로는 인정하나 구체적 논의의 대상으로는 삼지 않는 자세라고 할 수 있다.

그러나 무한집합의 경우에도 나름대로의 합리적 관점에서 어느 집합의 원소가 많은지 비교할 수 있는 방법을 제시할 수 있지 않을까?

∞   ∞   ∞

두 개의 유한집합의 경우에는 원소의 개수를 세어 각각의 위수를 자연수로 나타내어 의미있는 비교를 할 수 있을 것이다. 무한집합의 경우에는 어떠할까?

자연수 전체의 집합 $\mathbb{N}$과 정수 전체의 집합 $\mathbb{Z}$을 비교하고자 할 때 가장 쉬운 방법은 두 집합 사이의 포함관계로서 '$\mathbb{N} \subset \mathbb{Z}$'와 같이 나타내는 것이다. 그러나 이러한 비교는 적용할 수 있는 경우가 매우 제한적일 수밖에 없다.

포함관계에 의한 비교 방법은 유한집합의 경우라도 의미가 없다. 예를 들어, 두 집합 $\{1, 2\}$와 $\{3, 4\}$ 사이에 아무런 관계를 설명할 수 없기 때문이다. 무한집합의 경우에는 더욱 그러하다. 예를 들어, 실수 전체의 집합 $\mathbb{R}$에서 유리수 전체로 이루어진 부분집합 $\mathbb{Q}$와 무리수 전체로 이루어진 부분집합 $\mathbb{R} - \mathbb{Q}$를 전혀 비교할 수 없다.

두 집합을 비교하는 방법으로서 일대일대응 등 함수를 사용할 수 있다. 특히, 무한집합을 비교할 때에는 자연수 전체의 집합 $\mathbb{N}$이 중요한 척도가 된다.

집합 A와 집합 B가 '대등하다^{equipotent}'는 것은 두 집합 A, B 사이에 일대일대응 $f: A \to B$이 존재할 때를 말하고, 이를 '$A \sim B$'와 같이 나타낸다. 예를 들어, $R = \{1, 2, 3, 4\}$, $T = \{5, 6, 7, 8\}$라고 하면, 이 두 집합 사이에는 다음과 같은 일대일 대응 $f: R \to T$가 존재하므로 두 집합은 대등하다.

$$f(1) = 5, \ f(2) = 6, \ f(3) = 7, \ f(4) = 8$$

즉, $R \sim T$와 같이 나타낼 수 있다. 이 경우처럼 두 개의 유한집합이 대등하면 두 집합의 위수, 즉 원소의 개수가 같다.

집합 A위에서의 항등사상은 일대일대응이므로 A는 자기자신과 대등하다고 할 수 있다. 즉 $A \sim A$이다. 또한 집합 A에서 집합 B로의 일대일대응 $f: A \to B$의 역함수 $f^{-1}: B \to A$는 다시 일대일대응이다. 따라서 $A \sim B$이면 $B \sim A$이다. 즉, 대등 개념은 대칭적이다. 마지막으로 세 집합 A, B, C에 대하여 A에서 B로의 일대일대응 $f: A \to B$와 B에서 C로의 일대일대응 $g: B \to C$의 합성 $g \circ f: A \to C$는 다시 일대일대응이다. 따라서 $A \sim B$이고 $B \sim C$이면 $A \sim C$이다.

∞ ∞ ∞

두 개의 유한집합은 서로 같은 개수의 원소를 가질 때 그리고 이때에만 두 집합은 대등하다. 그러나 무한집합의 경우는 상황이 다르다. '원소의 개수' 개념이 무효^{無效}하기 때문이다.

자연수 전체의 집합 N과 짝수인 자연수 전체의 집합

$$2\mathrm{N} = \{2, 4, 6, 8, 10, \cdots\}$$

사이에는 일대일대응이 존재한다. 실제로 함수 $f: \mathrm{N} \to 2\mathrm{N}$를 $f(x) = 2x$와 같이 정의하면 f는 일대일대응이다. 다음을 사실에 주목한다.

> 자연수 전체의 집합 N은 N과 대등한 진부분집합$^{proper\ subset}$을 포함한다.

여기서 N의 진부분집합은 2N과 같이 N의 부분집합이나 N과는 같지 않은 집합을 의미한다. 이 사실은 무한집합의 중요한 특징이다. 앞에서 이미 유한집합, 무한집합이라는 용어를 많이 사용하였으나 그 뜻을 엄밀히 정의하지 않았다. 직관에 의존한 것이다. 그러나 다음과 같이 무한집합과 유한집합을 정의할 수도 있다.

> 집합이 자기 자신과 대등한 진부분집합을 가질 때 그 집합을 무한집합$^{infinite\ set}$이라고 한다. 무한집합이 아닌 집합을 유한집합$^{finite\ set}$이라고 한다.

여광: 보통 상식으로는 유한집합의 뜻을 정하고 '유한집합이 아닌 집합을 무한집합'이라고 정의할 것 같은데 수학은 그렇게 하지 않는군요.

여휴: 그렇습니다. 이러한 접근은 데데킨트[R. Dedekind, 1831-1916]에 의한 것으로서 '자기 자신과 대등한 진부분집합을 가지는 성질'을 무한집합의 핵심적인 특징으로 보는 것입니다.

여광: 그런 접근의 장점으로 무엇을 들 수 있을까요?

여휴: 여러 가지를 들 수 있을 것입니다. 그 중 하나는 유한집합이 유한인 것을 쉽게 증명할 수 있습니다. 집합 $\{1, 2, 3, 4\}$가 유한집합임을 금방 알 수 있습니다. 실제로, 데데킨트는 이 정의에 이어 원소 하나로 구성된 집합은 유한이라는 사실을 증명합니다[Dedekind(1963)].

여광: 짝수인 자연수 전체의 집합 2N은 무한집합이라는 사실도 쉽게 설명할 수 있군요.

여휴: 그렇습니다. 어떤 집합이 무한집합임을 보일 때에도 정의를 이용하여 그와 대등한 진부분집합을 찾으면 됩니다. 데데킨트는 유한을 정의하고 나중에 무한을 정의하는 것보다 무한을 정의하고 나중에 유한을 정의하는 것이 보다 효율적이라고 생각한 것 같습니다.

∞ ∞ ∞

집합 X가 자연수 전체의 집합 $\mathbb{N}$과 대등하면 X를 가부번可附番, denumerable집합이라고 하고 유한집합이거나 가부번집합을 통틀어 가산可算, countable집합이라고 한다. 한편, 무한집합이면서 가부번집합이 아닌 집합을 비가산非可算, uncountable집합이라고 한다. 비가산집합을 비가부번nondenumerable집합이라고도 한다.

예를 들어보자. 집합 X를 다음과 같이 짝수인 음의 정수 전체의 집합과 홀수인 자연수 전체의 집합의 합집합이라고 하자.

$$X = \{-2, -4, -6, \cdots\} \cup \{1, 3, 5, \cdots\}$$

이 집합은 자연수 전체의 집합 $\mathbb{N}$과 대등하다. 다음과 같은 일대일대응 $f: \mathbb{N} \to X$를 생각할 수 있다.

$$f(n) = (-1)^{n+1} n \quad (n\text{은 자연수})$$

즉, X는 가부번집합이다.

유한집합의 경우에는 그 집합의 크기로서 위수를 말할 수 있다. 그러나 무한집합의 경우는 '개수' 대신 '농도power, cardinality'로써 집합의 '크기potent'를 나타낸다.

두 유한집합 사이에 일대일대응이 존재하면 두 집합의 위수는 같다. 이 사실을 일반화하여 두 집합 A와 B가 대등하면, 즉 $A \sim B$이면 A와 B가 같은 농도를 가지도록 '농도'를 정의한다. 위수가 n인 유한집합 A의 농도는 n이라고 하고 'card $A = n$'과 같이 나타낸다. 한편, X가 가부번집합일 때, 즉 $X \sim \mathbb{N}$일 때 X의 농도를 '$\aleph_0$'라고 하고 'card $X = \aleph_0$'와 같이 나타낸다. 물론 자연수 전체의 집합 $\mathbb{N}$의 농도는 $\aleph_0$이다.

> 여광: 크로네커^{L. Kronecker, 1823-1891}는 자연수를 '하나님이 주신 수'라고 하여 특별한 가치를 부여했습니다. 무한을 분류하는 과정에서도 그 이유를 알 것 같습니다.

> 여휴: 크로네커는 무한집합의 분류에 대한 칸토어의 방식에 동의하지 않았지만, 칸토어의 방식은 크로네커의 말을 지지하는 듯합니다. 사실, 자연수의 중요성을 인정하는 데에는 크로네커와 칸토어가 다르지 않았습니다.

$$\infty \quad \infty \quad \infty$$

정수 전체의 집합 $\mathbb{Z}$는 가부번집합이다.

유리수 전체의 집합 $\mathbb{Q}$는 이른바 '유리수의 조밀성^{density property}'이라고 하는 다음 성질을 가진다.

> **유리수의 조밀성** 임의의 두 실수 a, b에 대하여 $a < b$이면 $a < x < b$인 유리수 x가 존재한다.

다시 말해서, 임의로 서로 다른 두 실수를 뽑았을 때 집합 $\mathbb{Q}$는 두 실수 사이의 원소를 적어도 하나 가진다. 그러나 조밀한 유리수 전체의 집합 $\mathbb{Q}$조차도 가부번집합이다. 이 사실을 증명하기 위해서는 여러 단계가 필요하다.

먼저, 다음을 증명하자.

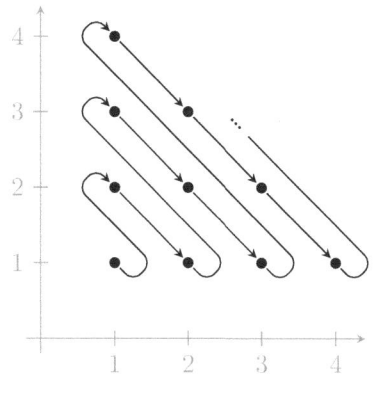

⟨그림 35⟩ N × N위에서의 순서

> 자연수 전체의 집합 N 두 개의 데카르트 곱 N × N은 가부번집합이다.

집합 N × N은 다음과 같은 순서쌍들의 집합이다.

$$(1,1),\ (1,2),\ (2,1),\ (1,3),\ (2,2),\ \cdots$$

두 성분의 합이 작은 것이 작고, 성분의 합이 같은 경우에는 처음 성분이 작은 것을 작게 되도록 하는 N × N위에서의 순서를 고려하자. 이 순서를 그림 35와 같이 나타낼 수 있다. 이제 이 순서에 따라 그림 36과 같이 일대일대응 $f: \mathbb{N} \times \mathbb{N} \to \mathbb{N}$을 구성할 수 있다. 따라서

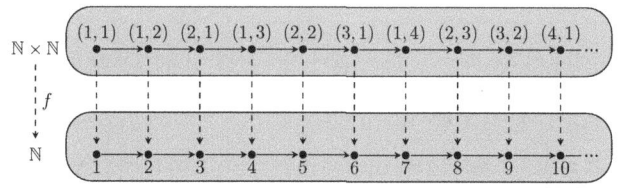

⟨그림 36⟩ N × N과 N 사이의 일대일대응

데카르트 곱 $\mathbb{N} \times \mathbb{N}$은 가부번집합이다.

한편, 가부번집합은 무한집합 중에서 가장 작은 것이라고 할 수 있다. 이 사실을 다음과 같이 표현할 수 있다.

> 모든 무한집합은 가부번 부분집합을 포함한다.

증명해 보자. 가부번집합은 모든 원소를 '1번째 원소, 2번째 원소, 3번째 원소, $\cdots$' 등과 같이 번호를 부여하여 나타낼 수 있는 집합이다. 이러한 아이디어를 이용하여 무한집합 X의 가부번 부분집합이 존재함을 보일 수 있다.

X를 무한집합이라고 하고, $\mathscr{X}$를 X의 공집합이 아닌 부분집합 전체의 집합이라고 하자. 즉, $\mathscr{X} = \wp(X) - \{\varnothing\}$이라고 하자. 선택공리에 의해서 $f(S) \in S$ $(S \in \mathscr{X})$인 선택함수

$$f: \mathscr{X} \longrightarrow \bigcup_{S \in \mathscr{X}} S$$

가 존재한다. 선택함수 f를 이용하여 임의의 자연수 $n \in \mathbb{N}$에 대하여 $x_n \in X$을 다음과 같이 귀납적으로 정의할 수 있다.

$$\begin{aligned} x_1 &= f(X), \\ x_{n+1} &= f(X - \{x_1, x_2, \cdots, x_n\}) \ (n \in \mathbb{N}) \end{aligned}$$

정의에 의해서 $x_1, x_2, \cdots$는 서로 다른 X의 원소이므로 $\{x_1, x_2, \cdots\}$는 가부번인 X의 부분집합이다.

이 증명은 선택공리를 이용한다. 그러나 칸토어는 이 정리를 증명할 때 선택공리를 특별히 의식하지 않았다[Cantor, 1955].

∞ ∞ ∞

가부번집합의 무한 부분집합은 가부번이다. 이유는 다음과 같다. 집합 $X = \{x_1, x_2, x_3, \cdots\}$가 가부번집합이고 Y가 X의 무한 부분집합이라고 하면, Y는 다음과 같이 나타낼 수 있다.

$$Y = \{x_{k_1}, x_{k_2}, x_{k_3}, \cdots\}$$

여기서 $k_1 < k_2 < k_3 < \cdots$이다. 이제 함수 $f: \mathbb{N} \to Y$를 $f(n) = x_{k_n}$으로 정의하면 f는 일대일대응이다. 따라서 Y는 가부번집합이다.

여광: 집합 A가 가부번집합이고 $x_0 \notin A$일 때, $A \cup \{x_0\}$도 가부번집합이겠죠?

여휴: 집합 A의 원소에 부여한 번호를 하나씩 뒤로 미루면 되겠죠? 더 나아가, 가부번집합에 유한 개의 원소를 첨가하여도 가부번집합입니다.

한편, 서로소인 두 가부번집합의 합집합 역시 가부번이다. 즉, 다음이 성립한다.

> 두 가부번집합 A_1, A_2에 대하여 $A_1 \cap A_2 = \emptyset$이면 $A_1 \cup A_2$도 가부번집합이다.

다음과 같이 증명할 수 있다. E를 양의 짝수 전체의 집합, O를 양의 홀수 전체의 집합이라고 하자. E와 O 모두 자연수 전체의 집합 $\mathbb{N}$과 대등하다는 사실에 주목하면 두 일대일대응 $f_1\colon A_1 \to E$, $f_2\colon A_2 \to O$가 존재한다는 것을 알 수 있다. 일대일대응 f_1, f_2를 이용하여 일대일대응 $f_1 \cup f_2\colon A_1 \cup A_2 \to \mathbb{N}$을 구성할 수 있다. 따라서 $A_1 \cup A_2$는 가부번집합이다.

이제 막 증명한 사실은 '$A_1 \cap A_2 = \varnothing$'라는 단서가 없이도 성립한다. 즉, 다음이 성립한다.

> 두 개의 가부번집합 B_1, B_2의 합집합 $B_1 \cup B_2$는 가부번집합이다.

B_1, B_2가 교집합이 없는 경우는 이미 증명했다. 이제 $B_1 \cap B_2 \neq \varnothing$인 경우를 증명하자. $B_2 - B_1 = C$라고 하자. 만일 C가 유한이면 $B_1 \cup B_2 = B_1 \cup C$는 가부번이다. C가 무한인 경우에는 C는 가부번집합 B_2의 부분집합이므로 가부번이다. $B_1 \cup B_2 = B_1 \cup C$이고 $B_1 \cap C = \varnothing$는 앞서 보인 경우이므로 역시 가부번이다.

> $A_1, A_2, A_3, \cdots$ 모두가 서로 교집합이 공집합인 가부번집합이면 이들의 합집합 $\bigcup_{i \in \mathbb{N}} A_i$ 도 가부번집합이다.

증명하자. 모든 i에 대하여

$$A_i \longrightarrow \mathbb{N} \longrightarrow \mathbb{N} \times \{i\}$$

와 같이 일대일대응을 얻을 수 있으므로 일대일대응 $f_i\colon A_i \to \mathbb{N} \times \{i\}$가 있다. 이제 $f = \bigcup_{i \in \mathbb{N}} f_i$와 같이 정의하면 $f\colon \bigcup_{i \in \mathbb{N}} A_i \to$

$\bigcup_{i\in\mathbb{N}}(\mathbb{N}\times\{i\})$는 일대일대응이다. 그런데

$$\bigcup_{i\in\mathbb{N}}(\mathbb{N}\times\{i\}) = \mathbb{N}\times\mathbb{N}$$

이고 $\mathbb{N}\times\mathbb{N}$은 가부번이므로 $\bigcup_{i\in\mathbb{N}} A_i$는 가부번이다.

여휴: 다음이 성립할까요?

> $A_1, A_2, A_3, \cdots$이 모두 가부번집합이라고 하면 $\bigcup_{i\in\mathbb{N}} A_i$도 가부번집합이다.

여광: A_i들 사이에 교집합이 공집합이 아닌 경우를 생각하는 것이군요. 성립할 것 같다는 느낌입니다. $A_1, A_2, A_3, \cdots$가 모두 서로 교집합이 없는 가부번집합의 경우로 바꿀 수 있을 것 같습니다.

여휴: 꼼꼼하게 논의하여야 하겠지만 여광 선생님의 접근 방식에 동의합니다. 이제 다음을 얻을 수 있습니다.

> $\{A_i\}_{i\in I}$를 가산집합의 가산집합족이라고 하면 $\bigcup_{i\in I} A_i$는 가산집합이다.

여광: 동의합니다.

∞   ∞   ∞

지금까지 가부번집합의 합집합에 대해 살폈다. 가부번집합의 데카르트 곱에 관해서도 비슷한 이야기를 할 수 있을까?

먼저, 다음은 $\mathbb{N}\times\mathbb{N}$이 가부번집합이라는 증명과 같이 확인할 수 있다.

> 두 집합 A_1, A_2가 가부번이면 $A_1 \times A_2$도 가부번이다.

수학적 귀납법에 의해, $A_1, A_2, \cdots, A_n$이 모두 가부번집합이면 $A_1 \times A_2 \times \cdots \times A_n$도 가부번집합임을 설명할 수 있다. 그러나 무한의 경우에는 상황이 달라진다. $A_1, A_2, A_3, \cdots$이 모두 가부번집합일지라도 $A_1 \times A_2 \times A_3 \times \cdots$는 가부번집합이 아니다. 이에 관해서는 뒤에서 다시 살핀다.

이제 유리수 전체의 집합 $\mathbb{Q}$가 가부번집합인 것을 설명한다. 양의 유리수 전체의 집합 $\mathbb{Q}^+$는 자연수 전체의 집합 두 개의 데카르트곱 $\mathbb{N} \times \mathbb{N}$의 부분집합으로 볼 수 있으므로 $\mathbb{Q}^+$는 가부번집합이다. $\mathbb{Q}^-$를 음의 유리수 전체의 집합이라고 하면 $\mathbb{Q} = \mathbb{Q}^- \cup \{0\} \cup \mathbb{Q}^+$이므로 유리수 전체의 집합 $\mathbb{Q}$는 가부번이다.

$$\infty \quad \infty \quad \infty$$

비가부번집합이 실제로 있을까? 그렇다. 무한집합 모두가 가부번이지는 않다. 비가부번집합의 예를 들기 위하여 실수의 소수_{小數, decimal}전개에 대해서 간략히 알아보자.

0과 1 사이의 실수 전체로 이루어진 집합을 $(0,1)$로 나타내자. 즉,
$$(0,1) = \{x \in \mathbb{R} \mid 0 < x < 1\}$$
이다. 임의의 실수 $x \in (0,1)$에 대하여 $\frac{n_1}{10} < x$인 최대정수 n_1을 정하고, $n_1, n_2, \cdots, n_{k-1}$을 정하였을 때 n_k를 다음을 만족시키는 최

대정수로 정한다.

$$\frac{n_1}{10} + \frac{n_2}{10^2} + \cdots + \frac{n_k}{10^k} < x$$

이제 X를

$$X = \left\{ \frac{n_1}{10} + \frac{n_2}{10^2} + \cdots + \frac{n_k}{10^k} \,\bigg|\, k \in \mathbb{N} \right\}$$

라고 하면 x는 X의 최소상계이다. 이 경우 $0.n_1 n_2 \cdots n_k \cdots$를 x의 '소수전개decimal expansion'라고 한다. 임의의 실수 $x \in (0,1)$의 소수전개는 유일함을 알 수 있다.

여휴: 실수를 소수로 나타내는 앞의 절차에 따르면 유리수 $\frac{1}{2}$는 $0.5000\cdots$이 아니라 $0.4999\cdots$와 같이 전개됩니다.

여광: 그렇습니다.

이제 비가부번집합의 예를 제시할 수 있다.

> 열린구간 $A = (0,1)$은 비가부번이다.

A가 가부번이라고 하면 A의 모든 원소를 다음과 같이 번호를 붙여 나타낼 수 있다.

$$A = \{x_1, x_2, x_3, \cdots\}$$

A의 각 원소는 다음과 같이 소수전개로 유일하게 표현된다.

$$x_1 = 0.a_{11}a_{12}a_{13}\cdots a_{1n}\cdots,$$
$$x_2 = 0.a_{21}a_{22}a_{23}\cdots a_{2n}\cdots,$$
$$x_3 = 0.a_{31}a_{32}a_{33}\cdots a_{3n}\cdots,$$
$$\vdots$$

여기서 $a_{ij} \in \{0, 1, 2, \cdots, 9\}$임을 주목하자. 이제, A에 속하는 한 실수 y를 다음과 같이 정하자.

$$y = 0.b_1 b_2 b_3 \cdots b_n \cdots$$

여기서 $b_i \neq a_{ii}$ $(i \in \mathbb{N})$이도록 $b_1, b_2, b_3, \cdots \in \{1, 2, \cdots, 8\}$를 택한다. 그러면 $y \neq x_1$ ($b_1 \neq a_{11}$이므로), $y \neq x_2$ ($b_2 \neq b_{22}$이므로), $\cdots$ 등 모든 n에 대하여 $y \neq x_n$이다. 따라서 $y \notin A$이다. 이 모순으로부터 $(0, 1)$은 비가부번집합임을 알 수 있다.

이러한 방법을 칸토어의 '대각선논법diagonal method'이라고 한다. 대각선논법을 사용하여 $A_1, A_2, \cdots, A_n, \cdots$이 모두 위수 2인 집합이면 $A_1 \times A_2 \times \cdots A_n \times \cdots$는 비가부번집합임을 설명할 수 있다.

실수 전체의 집합 $\mathbb{R}$의 농도를 'c'로 나타내면 '연속체continuum의 농도'라고 한다. 함수 $f\colon \left(-\frac{\pi}{2}, \frac{\pi}{2}\right) \to \mathbb{R}$, $f(x) = \tan x$는 일대일대응이므로 $\left(-\frac{\pi}{2}, \frac{\pi}{2}\right) \sim \mathbb{R}$이다. 또한 $(0, 1) \sim \left(-\frac{\pi}{2}, \frac{\pi}{2}\right)$이므로 $(0, 1)$은 농도 c를 가진다. 임의의 열린구간 (a, b) $(a < b)$에 대하여 함수 $g\colon (0, 1) \to (a, b)$를 $g(x) = a + (b-a)x$와 같이 정의하면 g는 일대일대응이기 때문이다. 따라서 임의의 열린구간 (a, b)는 농도 c를

갖는다.

뒤에서 $(0,1)$과 $(0,1) \times (0,1)$는 대등함을 증명한다. 사실, 칸토어는 $(0,1)$과 $(0,1) \times (0,1)$가 대등함을 증명하고 다음과 같이 놀랐다.

나는 증명하나, 믿지는 않는다.
I see it, but I don't believe it.

그의 수학적 이성으로는 두 집합의 대등성을 증명할 수 있지만 그의 느낌으로는 받아들이기 어렵다는 뜻일 것이다. 사실, 직관적인 수준에서 $(0,1)$은 일차원적 집합이지만 $(0,1) \times (0,1)$은 이차원적 집합이라고 할 수 있고, 역시 직관적인 수준에서 $(0,1)$은 넓이가 없는 반면 $(0,1) \times (0,1)$의 넓이가 0이 아니다. 따라서 칸토어의 당혹함은 이해할 수 있다.

여광: 길이, 넓이, 부피 등의 개념은 무한이 깊이 개입하는 프랙털의 경우에는 더욱 당혹스럽습니다.

여휴: 무엇을 뜻하시는지요?

여광: 칸토어 집합Cantor set의 농도는 c이나 측도measure는 0입니다.

여휴: '측도'는 측도이론measure theory에서의 개념이죠?

여광: 그렇습니다. 시어핀스키 개스캣Sierpinski gasket의 둘레는 무한이나 넓이는 0이고, 맹거 스폰지Menger sponge의 겉넓이는 무한이나 부피는 0입니다.

여휴: 칸토어 집합, 시어핀스키 개스캣, 맹거 스폰지 등은 대표적인 프랙털 도형으로서 무한의 과정을 거쳐 구성되므로 현실 세계에는 존재할 수 없는 것들이므로 그러한 성질을 가지는 것이 어색하지 않다고 생각합니다.

여광: 제논의 역설 모두도 무한에 관한 것으로 볼 수 있겠죠?

여휴: 길이가 1cm인 선분은 점들의 집합이지만 점은 크기를 가지지 않습니다. 0을 무한히 더해도 0이므로 모든 선분의 길이는 0이어야 하지 않을까요?

여광: 자주 거론되는 문제입니다. 역시 무한에 대한 이해를 요구하지 않을까요?

여휴: 유한 덧셈법칙finite additivity과 가산 덧셈법칙countable additivity은 성립하지만 비가산 덧셈법칙uncountable additivity은 성립하지 않음을 주목하여야 합니다. 선분위에 점들은 비가부번 개 있으므로 '0을 무한히 더해도 0이다'라는 논리는 무의미하게 됩니다. 또, 위상수학에서의 차원 이론dimension thoery에 의하면 0차원 점들의 집합으로서 1차원 선을 구성함에 모순이 전혀 없습니다.

10장

무한을 셀 수 있을까?

유한집합의 위수는 자연수로서 나타낼 수 있다. 유한집합의 크기를 자연수로 나타내는 것이다.

'농도' 개념으로 무한집합의 크기를 말할 수 있다. 이제 '유한집합의 위수'에 해당하는 무한집합의 '농도'를 나타내는 어떤 '수^{數}'가 필요하다.

그 수는 무한집합의 크기를 나타내는 수로서 자연수가 아닌 다른 수여야 하지만 자연수와 완전히 무관한 수이면 곤란하다. 그 수의 개념을 유한집합에 적용하면 자연수 개념이 되도록 하여야 한다.

그러한 수들을 더하거나 곱할 수 있어야 한다. 그들 사이에 순서도 줄 수 있어야 한다.

이 장에서 논의하는 구체적인 문제는 다음과 같다.

- 무한집합의 크기를 나타내기 위해 자연수 개념을 어떻게 일반화할 수 있나?

- 기수의 덧셈과 곱셈은 어떻게 정의하는가?

- 기수들 사이에 순서를 줄 수 있는가?

- 기수들 사이에 주어진 순서는 어떠한 성질을 가지는가?

- 기수 전체의 모임은 왜 집합이 아닌가?

$\infty \quad \infty \quad \infty$

앞 9장에서 유한집합의 위수 order 개념의 일반화로서 무한집합에도 적용할 수 있는 농도 cardinality 개념을 소개하였다. 농도의 개념은 유한집합의 경우에도 유효하다. 예를 들어, 위수가 n인 집합 A의 농도는 n이고 이를

$$\text{card}\, A = |A| = n$$

과 같이 나타낼 수 있다. 한편, 대표적인 무한집합으로서 $\mathbb{N}$, $\mathbb{Q}$, $\mathbb{R}$ 각각의 농도는 다음과 같이 나타낸다.

$$\text{card}\, \mathbb{N} = \text{card}\, \mathbb{Q} = \aleph_0$$
$$\text{card}\, \mathbb{R} = c$$

이제 자연수 개념의 확장을 시도하기 위해 유한집합과 자연수 사이에 다음과 같은 사실에 주목한다.

가. 공집합의 위수는 0이다.

나. 유한집합 $\{1, 2, \cdots, k\}$의 위수는 k이다.

다. 임의의 유한집합에 그 집합의 위수를 나타내는 0 또는 자연수가 대응하고, 0 또는 임의의 자연수에 그 수를 위수로 가지는 유한집합이 존재한다.

라. 두 유한집합이 대등하면 두 집합의 위수는 같다.

자연수 개념의 일반화로서의 '기수cardinal number'를 다음과 같은 성질을 가지는 개념으로 한다.

가. 공집합의 기수는 0이다.

나. 유한집합 $\{1, 2, \cdots, k\}$의 기수는 k이다.

다. 임의의 집합에 그 집합의 농도를 나타내는 기수가 대응하고, 임의의 기수에 그 기수를 농도로 가지는 집합이 존재한다.

라. 두 집합이 대등하면 두 집합의 기수는 같다.

유한집합의 기수는 자연수이다. 무한집합의 기수를 보통 '초한기수trans-finite cardinal number'라고 부른다.

각 집합

$$\varnothing, \{\varnothing\}, \{\varnothing, \{\varnothing\}\}, \{\varnothing, \{\varnothing\}, \{\varnothing, \{\varnothing\}\}\}, \cdots$$

의 농도는 각각 0, 1, 2, 3, $\cdots$ 등으로 표시되고 모두 유한기수로서 0 또는 자연수이다. 한편, 자연수 전체의 집합 $\mathbb{N}$과 열린구간 $(0, 1)$의 농도는 각각 $\aleph_0$, c로서 초한기수이다.

∞ ∞ ∞

두 자연수 사이에 순서를 생각할 수 있듯이 두 기수 사이에 순서를 생각할 수 있다. 두 집합 A, B에 대하여 A가 B의 한 부분집합과 대등할 때 'card A는 card B보다 작거나 같다'라고 하고

$$\text{card } A \leq \text{card } B$$

와 같이 나타낸다. 또 card $A \leq$ card B이지만 A와 B가 대등하지 않을 때 'card A는 card B보다 작다'라고 하고 card $A <$ card B와 같이 나타낸다. 다시 말해, 임의의 두 기수 a, b의 대소 관계를 알려면 $a =$ card A이고 $b =$ card B인 두 집합 A와 B의 관계를 살피면 된다.

다음을 알 수 있다.

가. $0 < 1 < 2 < 3 < \cdots < \aleph_0 < c$

나. $2 \leq 3$, $2 < 3$

다. card $\mathbb{N} \leq$ card $\mathbb{Q}$, card $\mathbb{N} =$ card $\mathbb{Q}$

라. card $\mathbb{N} \leq$ card $\mathbb{R}$, card $\mathbb{N} <$ card $\mathbb{R}$

한편, 임의의 집합 A에 대하여 card $A \leq$ card A이므로 기수의 순서 $\leq$는 반사율을 만족시킨다. 또, 임의의 세 집합 A, B, C에 대하여 card $A \leq$ card B이고 card $B \leq$ card C이면 card $A \leq$ card C이므로 기수의 순서 $\leq$는 추이율도 만족시킨다.

$$\infty \quad \infty \quad \infty$$

기수 사이에 정의된 관계 $\leq$는 다음과 같이 반대칭률을 만족시키므로, $\leq$는 반순서임을 알 수 있다.

> 임의의 두 집합 A, B에 대하여 $\operatorname{card} A \leq \operatorname{card} B$이고
> $\operatorname{card} B \leq \operatorname{card} A$이면 $\operatorname{card} A = \operatorname{card} B$이다.

증명하자. $f: A \to B$와 $g: B \to A$가 모두 단사이면 A와 B가 대등함을 보인다. $A_0 = A$, $B_0 = B$라고 놓고, 임의의 $n \in \mathbb{W} = \{0, 1, 2, \cdots\}$에 대해

$$\begin{aligned} B_{n+1} &= f(A_n), \\ A_{n+1} &= A - g(B - B_{n+1}) \end{aligned}$$

이라고 하자. $A_1 \subset A_0$이고 $B_1 \subset B_0$임을 유념하고 수학적 귀납법을 적용하면 모든 $n \in \mathbb{W}$에 대해 $A_{n+1} \subset A_n$이고 $B_{n+1} \subset B_n$임을 알 수 있다. $A_\omega = \bigcap_{n \geq 0} A_n$와 $B_\omega = \bigcap_{n \geq 0} B_n$을 생각하자. f를 A_ω로 축소한 함수는 전단사함수 $f|_{A_\omega} : A_\omega \to B_\omega$이고 g를 $B - B_\omega$로 축소한 함수는 전단사함수 $g|_{B-B_\omega} : (B - B_\omega) \to (A - A_\omega)$임을 보일 수 있다. 먼저 $f|_{A_\omega}$가 전단사임을 보이자. $a \in A_\omega$이면 모든 $n \in \mathbb{W}$에 대해 $a \in A_n$이므로, 모든 $n \in \mathbb{W}$에 대해 $f(a) \in B_{n+1}$이다. 따라서 $f(a) \in B_\omega$이다. 한편, $b \in B_\omega$이면 모든 $n \in \mathbb{W}$에 대해 $b = f(a_n)$인 $a_n \in A_n$이 존재한다. f가 단사이므로 모든 a_n은 같다. 이를 a라고 하면 $b = f(a)$이다. 따라서 $f|_{A_\omega}$는 전단사이다. 비슷한 방법으로, $g|_{B-B_\omega}$도 전단사임을 보일 수 있다. 이제 함수 $h: A \to B$를 다음과 같이 정의하자.

$$h(a) = \begin{cases} f(a), & a \in A_\omega \\ g^{-1}(a), & a \notin A_\omega \end{cases}$$

$h\colon A \to B$는 전단사이다.

다음으로부터 관계 $\leq$가 전순서임을 알 수 있다.

> 임의의 두 집합 A, B에 대하여 $\operatorname{card} A \leq \operatorname{card} B$ 또는 $\operatorname{card} B \leq \operatorname{card} A$이다.

증명하자. A의 부분집합 A_α와 단사함수 $f_\alpha\colon A_\alpha \to B$으로 구성된 (A_α, f_α) 모두의 집합 $\mathscr{T}$를 생각한다. $\mathscr{T}$의 두 원소 (A_α, f_α)와 (A_β, f_β)에 대해 관계 $\preccurlyeq$를 다음과 같이 정의한다.

$$(A_\alpha, f_\alpha) \preccurlyeq (A_\beta, f_\beta) \iff (A_\alpha \subset A_\beta) \land (f_\alpha \subset f_\beta)$$

여기서 '$f_\alpha \subset f_\beta$'는 f_α가 f_β의 축소함수임을 뜻한다. $(\mathscr{T}, \preccurlyeq)$가 반순서 집합임이 분명하다. 이제 $(\mathscr{T}, \preccurlyeq)$에서 연쇄 $\{(A_\gamma, f_\gamma) \mid \gamma \in \Gamma\}$를 생각하자. $A_1 = \bigcup_{\gamma \in \Gamma} A_\gamma$와 $f_1 = \bigcup_{\gamma \in \Gamma} f_\gamma$로 구성된 (A_1, f_1)는 $\mathscr{T}$에 속하여 연쇄 $\{(A_\gamma, f_\gamma) \mid \gamma \in \Gamma\}$의 상계이므로 초른의 보조정리에 의하여 $\mathscr{T}$는 극대원 $(\overline{A}, \overline{f})$를 가진다. $\overline{A} = A$이면 단사함수 $\overline{f}\colon A \to B$가 존재하므로 $\operatorname{card} A \leq \operatorname{card} B$이다. 이제 $\overline{A} \neq A$인 경우 $x_0 \in A - \overline{A}$라고 하자. 이 경우에는 $\overline{f}\colon \overline{A} \to B$가 전단사임을 보임으로써 단사함수 $g\colon B \to A$를 얻어 $\operatorname{card} B \leq \operatorname{card} A$임을 보인다. $\overline{f}\colon \overline{A} \to B$가 전단사가 아니면 $\overline{f}$는 전사가 아니므로 $y_0 \in B - \overline{f}(\overline{A})$가 존재한다. 따라서 $\overline{\overline{f}}(x_0) = y_0$인 $\overline{f}$의 확장 $\overline{\overline{f}}\colon \overline{A} \cup \{x_0\} \to B$를

얻을 수 있다. $(\overline{A}, \overline{f}) \prec (\overline{A} \cup \{x_0\}, \overline{\overline{f}})$인데 이는 $(\overline{A}, \overline{f})$의 극대성에 모순이다.

기수 사이에 정의된 관계 $\leq$는 정렬이다.

> 공집합이 아닌 임의의 기수의 집합은 최소원소를 가진다.

증명하자.

$\{a_\gamma \mid \gamma \in \Gamma\}$를 공집합이 아닌 임의의 기수의 집합이라고 하자. 각각의 기수 a_γ를 농도로 가지는 집합을 A_γ라고 하고, 이들 모두의 데카르트 곱 $A = \prod_{\gamma \in \Gamma} A_\gamma$를 생각한다. $\mathscr{T}$를 다음을 만족시키는 A의 부분집합 B 모두의 집합이라고 하자.

> $x = (x_\gamma)_{\gamma \in \Gamma}, y = (y_\gamma)_{\gamma \in \Gamma} \in B$에 대해 $x \neq y$이면 모든 $\gamma \in \Gamma$
> 에 대해 $x_\gamma \neq y_\gamma$이다.

반순서집합 $(\mathscr{T}, \subset)$는 귀납적이므로 초른의 보조정리에 의해 $\mathscr{T}$는 극대원소 $\overline{B}$를 가진다. $\text{proj}_{\gamma_0}(\overline{B}) = A_{\gamma_0}$을 만족시키는 $\gamma_0 \in \Gamma$이 존재한다. 여기서 $\text{proj}_\gamma : A \to A_\gamma$는 A의 원소 x를 x의 γ 성분 x_γ로 보내는 A_γ로의 사영projection을 나타낸다. 이유는 다음과 같다.

> 모든 $\gamma \in \Gamma$에 대해 $\text{proj}_\gamma(\overline{B}) \neq A_\gamma$이면 선택공리에 의해 각각의 $A_\gamma - \text{proj}_\gamma(\overline{B})$에서 $x_\gamma \in A_\gamma$를 택한다. $x = (x_\gamma)_{\gamma \in \Gamma}$라고 하면 $x \neq B$이고, $\overline{B} \cup \{x\}$는 $\mathscr{T}$의 원소가 되는데 이는 $\overline{B}$의 극대성에 모순이다.

A_{γ_0}의 임의의 원소 x_{γ_0}에 대해 γ_0 성분이 x_{γ_0}인 $x \in \overline{B}$가 유일하게 존재한다. 임의의 $\gamma \in \Gamma$에 대해 함수 $f_\gamma : A_{\gamma_0} \to A_\gamma$를 다음과

같이 정의하자.
$$f_\gamma(x_{\gamma_0}) = \text{proj}_\gamma(x)$$

여기서 x는 γ_0 성분이 x_{γ_0}인 $\overline{B}$의 원소이다. 분명히 f_γ는 단사이다. 즉, $a_{\gamma_0} = \text{card } A_{\gamma_0} \leq \text{card } A_\gamma = a_\gamma$이다. 따라서 a_{γ_0}는 집합 $\{a_\gamma \mid \gamma \in \Gamma\}$의 최소원소이다.

∞ ∞ ∞

다음은 집합과 그의 멱집합의 농도에 관한 것이다. 유한집합의 경우에 멱집합의 원소의 개수가 원래 집합의 원소 개수보다 많은데 이는 무한 집합의 경우에도 성립한다.

> 임의의 집합 X에 대하여 $\text{card } X < \text{card } \wp(X)$이다.

증명하자.

$X = \varnothing$인 경우에는 $\wp(X) = \{\varnothing\}$이므로 $\text{card } X = 0 < 1 = \text{card } \wp(X)$이다. 이제 $X \neq \varnothing$인 경우를 증명한다. 우선 $\text{card } X \leq \text{card } \wp(X)$임을 증명하자. 이를 위하여 다음과 같은 함수 $f\colon X \to \wp(X)$를 정의하자.

$$f(x) = \{x\} \in \wp(X) \quad (x \in X)$$

이 함수가 일대일인 것은 분명하다. 이제 $\text{card } X \neq \text{card } \wp(X)$인 것을 보여주기 위해, $g\colon X \to \wp(X)$인 일대일대응이 있다고 가정하자. 다음과 같은 집합을 생각해 보자. $S = \{x \in X \mid x \notin g(x)\}$. 분명히, $S \in \wp(X)$이다. 그런데 g는 일대일대응이므로 $g(y) = S$

인 $y \in X$가 있다. 이제 $y \in S$라고 하자. 그러면 $y \notin g(y) = S$이므로 모순이다. $y \notin S$라고 해도, $y \in g(y) = S$가 되어 모순이다. 따라서 $g\colon X \to \wp(X)$인 일대일대응은 존재할 수 없다. 따라서 $\operatorname{card} X \neq \operatorname{card} \wp(X)$이다.

기수 전체의 모임은 집합일 수 없다.

> 기수 전체의 모임은 집합일 수 없다.

증명은 간단하다.

기수 전체의 모임을 $\mathbb{CD}$로 나타내고 $\mathbb{CD}$가 집합이라고 하자. 임의의 $a \in \mathbb{CD}$에 대하여 집합 S_a가 대응한다. 이제 집합 $V = \bigcup_{a \in \mathbb{CD}} S_a$에 대하여 V의 부분집합 모두의 집합 $\wp(V)$에 대응하는 기수를 e라고 하면 $S_e \subset V$이므로

$$e = \operatorname{card} S_e \leq \operatorname{card} V < \operatorname{card} \wp(V) = e$$

인데 이는 모순이다.

'기수 전체의 모임은 정렬집합이다'라고 말할 수 없다. 적절한 조건을 만족시키는 일부의 기수들로 구성된 집합에 대해서 위에서 정의한 순서 $\leq$는 정렬인 것이다.

여광: $\mathbb{CD}$가 집합이라고 가정하면 합집합이나 멱집합을 구할 수 있는 등과 같은 집합에 허락된 여러 가지 작업이 가능하게 되는군요.

여휴: 그렇습니다. 그러한 과정이 가능하면 모순에 얻게 되는

것입니다.

$$\infty \quad \infty \quad \infty$$

두 자연수 사이에 덧셈을 정의하듯이 기수 사이에도 덧셈을 정의할 수 있다. 먼저, 다음 사실에 주목한다.

> $X_1 \cap X_2 = \emptyset$, $Y_1 \cap Y_2 = \emptyset$이고, $X_1 \sim Y_1$, $X_2 \sim Y_2$이면 $X_1 \cup X_2 \sim Y_1 \cup Y_2$이다.

이제 임의의 두 기수 a, b에 대하여 $a+b$를 다음과 같이 정의한다.

> $\operatorname{card} A = a$, $\operatorname{card} B = b$이고 $A \cap B = \emptyset$인 두 집합 A, B에 대하여 $\operatorname{card}(A \cup B)$를 $a+b$라고 한다.

여광: 기수의 덧셈 정의는 자연수의 그것과 다르군요.

여휴: 자연수의 연산을 귀납적으로 정의할 수 있는 것은 자연수의 정렬성 등 특별한 성질 때문입니다. 무한집합의 모임에서는 자연수 전체의 집합에서와 같은 그러한 구체적인 정렬을 제시할 수 없으므로 연산을 귀납적으로 정의하기 어렵습니다.

여광: 기수의 연산을 정의하는 방식으로 자연수의 연산을 정의할 수 있죠?

여휴: 물론입니다. 그러나 자연수의 경우에는 그렇게 복잡하게 정의할 필요가 없지 않을까요? 자연수는 좋은 성질

을 가지고 있잖아요.

여광: 앞에서 다음을 주목하였습니다.

$X_1 \cap X_2 = \emptyset$, $Y_1 \cap Y_2 = \emptyset$이고, $X_1 \sim Y_1$, $X_2 \sim Y_2$이면 $X_1 \cup X_2 \sim Y_1 \cup Y_2$이다.

덧셈이 잘 정의된다는 의미이군요.

여휴: 덧셈에 관한 결합법칙과 교환법칙이 성립한다는 것도 증명할 필요가 있습니다. 이것도 증명이 어렵지 않습니다.

여광: 합집합에 관한 결합법칙과 교환법칙을 그대로 이용하면 되겠네요.

정의로부터 다음을 설명할 수 있습니다.

$0 + 5 = 5$
$2 + 3 = 5$

여휴: 기수의 덧셈은 초등학교에서 두 자연수의 합을 설명하는 방식과 다르지 않죠?

기수의 덧셈 정의에 의하면, $1 + \aleph_0 = \aleph_0$이고 $\aleph_0 + \aleph_0 = \aleph_0$이다. 이들 예로부터 기수의 덧셈은 자연수의 덧셈과 다른 면이 있다는 것을 알 수 있다.

$S = \mathbb{N} \cup (0, 1)$이라고 하면 $(0, 1) \subset S \subset \mathbb{R} \sim (0, 1)$이므로 다음을 알 수 있다.

$$\aleph_0 + c = c$$

기수의 덧셈에 관하여 다음을 알 수 있다.

> 가. 두 초한 기수의 경우, 작은 기수와 큰 기수를 더할 때, '작은' 것이 '큰'쪽에 흡수되어, 결과는 큰 기수와 같게 된다.
> 나. 기수 사이에 정의되는 덧셈에 관한 항등원은 0이다.
> 다. 기수의 덧셈에 관한 역원은 생각할 수 없다. 따라서 일반적으로 뺄셈을 할 수 없다.

여휴: 수학이 유한에서 하는 이야기를 무한에서 하고 싶을 때 꼭 유념하는 원칙이 있습니다.

여광: 아무리 무한에 대한 이야기라고 하더라도 어떤 원칙과 논리는 준수되어야 하지 않을까요?

여휴: 물론입니다. 그러나 또 하나의 원칙은 무한에서 하는 이야기를 유한의 경우로 바꾸면 이미 알고 있던 유한의 이야기와 같아야 한다는 것입니다.

여광: 구체적인 예를 들면 어떨까요?

여휴: 예를 들어, 무한 기수의 덧셈 정의를 유한 기수의 경우에 적용하면 이미 알고 있는 덧셈 결과와 같아야 한다는 것입니다. 무한 기수의 곱셈, 무한 기수 사이의 순서 등도 그런 원칙으로 정의됩니다.

여광: 무한기수의 덧셈, 곱셈, 순서의 정의를 사용하더라도 $2+5 = 5+2 = 7$, $2 \times 5 = 5 \times 2 = 10$, 그리고 $2 < 5 < 7 < 10$이라는 거군요. 그러나 그 원칙을 항상 고수할 수는 없지 않을까요?

여휴: 좋은 지적입니다. 예를 들어, 유한 기수의 덧셈에서 성립하는 소거법칙이 무한기수의 덧셈에서는 성립하지 않습니다. 예를 들어, $1 + \aleph_0 = \aleph_0$이지만 양변에서 $\aleph_0$를 소거할 수 없다는 겁니다. 그러나 유한 등 특수한 상황에서 성립하는 명제를 무한 등 일반적인 상황으로 일반화 하고자 하는 경우에, 수학은 기존의 법칙을 최대한 존중합니다. 다시 말하면, 일반적인 경우로 일반화하여 얻은 명제를 원래의 특수한 상황에 다시 적용할 때, 기존에 유효하던 명제 그대로 성립하도록 하는 것입니다.

$\infty \quad \infty \quad \infty$

두 자연수 사이에 곱셈을 정의하듯이 기수 사이에도 곱셈을 정의할 수 있다. 먼저, 다음 사실에 주목한다.

$X_1 \sim Y_1$이고 $X_2 \sim Y_2$이면 $X_1 \times X_2 \sim Y_1 \times Y_2$이다.

이제 임의의 두 기수 a, b에 대하여 $a \times b$를 다음과 같이 정의한다.

card $A = a$, card $B = b$인 두 집합 A, B에 대하여 card $(A \times B)$를 $a \times b$라고 한다.

여광: 앞에서 다음을 주목하였습니다.

$X_1 \sim Y_1$이고 $X_2 \sim Y_2$이면 $X_1 \times X_2 \sim Y_1 \times Y_2$ 이다.

곱셈이 잘 정의된다는 의미이군요.

여휴: 곱셈에 관한 결합법칙과 교환법칙이 성립한다는 것도 증명할 필요가 있습니다. 증명이 어렵지 않습니다.

여광: 정의로부터 다음을 설명할 수 있습니다.

임의의 기수 x에 대해 $1 \times x = x$이다.
임의의 기수 x에 대해 $0 \times x = 0$이다.
$2 \times 3 = 6$

여휴: 기수의 곱셈은 초등학교에서 두 자연수의 곱셈을 설명하는 방식과 다르지 않죠? 그러나 여기서 한 가지 살피고 갑시다. 초등학교에서 자연수의 곱셈은 자연수의 덧셈과 깊이 연계됩니다. 분수의 곱셈도 분수의 덧셈과 깊이 연계된다고 할 수 있습니다. 그러나 중학교 과정에서 무리수, 고등학교 과정에서의 복소수의 경우는 다릅니다. 무리수나 복소수 곱셈 각각이 무리수의 덧셈이나 복소수의 덧셈과 연계되지 않습니다.

기수의 덧셈과 마찬가지로 기수의 곱셈에도 자연수의 곱셈과 다른 면이 있다. 다음은 칸토어에 의한 결과이다.

$$c \times c = c$$

증명하자. 함수 $f: (0,1) \times (0,1) \to (0,1)$를 다음과 같이 정의하자.

$$f(0.x_1x_2\cdots, 0.y_1y_2\cdots) = 0.x_1y_1x_2y_2\cdots$$

여기서 $0.x_1x_2\cdots, 0.y_1y_2\cdots$는 $(0,1)$의 원소의 소수전개이다. 분명히 이 함수는 단사이다. 한편, $(0,1)$에서 $(0,1) \times (0,1)$으로의 단사함수는 분명히 존재한다.

기수의 곱셈에 관하여 다음을 알 수 있다.

> 가. 기수 사이에 정의되는 곱셈에 관한 항등원은 1이다.
> 나. 곱셈에 관한 역원은 생각할 수 없다. 따라서 일반적으로 기수의 나눗셈은 할 수 없다.

초한 기수의 덧셈, 곱셈은 실수의 덧셈, 곱셈과 비슷한 성질도 가지지만 역원을 생각할 수 없는 등 다른 점도 있다. 예를 들어, 실수의 연산에서는 성립하는 소거법칙 cancellative law 이 기수의 연산에서는 성립하지 않는다는 사실에 유의할 필요가 있다. 즉, a, b, c가 실수일 때, $a+b = a+c$이면 $b=c$이고, $ab = ac$ $(a \neq 0)$이면 $b=c$이다. 그러나 $\aleph_0 + \aleph_0 = \aleph_0 = \aleph_0 + 1$이지만 $\aleph_0 = 1$이 아니다. 또 $c+c = c = 1+c$이지만 $c=1$이 아니다. 한편, $\aleph_0 \times \aleph_0 = \aleph_0 = 1 \times \aleph_0$이지만 $\aleph_0 = 1$이 아니다. 또, $c \times c = c = 1 \times c$이지만 $c=1$이 아니다.

∞ ∞ ∞

자연수의 자연수에 의한 거듭제곱은 글자 그대로 곱셈을 거듭하는 것으로 설명할 수 있다. 그러나 이러한 접근은 유리수, 실수, 복소수를 비롯하여 초한기수의 거듭제곱 경우에는 적절하지 못하다.

먼저, 다음 사실을 주목한다.

> 가. 위수가 각각 2와 3인 두 집합 A, B에 대하여 A에서 B
> 로의 함수 전체의 집합을 B^A라고 나타내면 B^A의 위수는
> $B \times B$의 위수와 같으며 3^2이다.
>
> 나. 위수가 각각 m과 n인 두 집합 M, N에 대하여 N^M의 위
> 수는 $N \times N \times \cdots \times N$ (m개)의 위수와 같으며 n^m이다.

이제 기수의 거듭제곱을 이러한 흐름에서 생각한다. 앞에서와 마찬가지로, 두 집합 A, B에 대하여 B^A는 A에서 B로의 함수 전체의 집합을 나타낸다. 여기서 다음이 성립함을 안다.

> $X_1 \sim Y_1$이고 $X_2 \sim Y_2$이면 $X_1^{X_2} \sim Y_1^{Y_2}$이다.

이제 임의의 기수 a, b에 대하여 a^b를 다음과 같이 정의한다.

> card $A = a$, card $B = b$인 두 집합 A, B에 대하여
> card A^B를 a^b라고 한다.

여광: 앞에서 다음을 주목하였습니다.

$X_1 \sim Y_1$이고 $X_2 \sim Y_2$이면 $X_1^{X_2} \sim Y_1^{Y_2}$이 다.

거듭제곱이 잘 정의된다는 의미이군요.

여휴: 임의의 기수 a, b, x, y, z에 대하여 다음을 알 수 있습

니다.

$$a^x \times a^y = a^{x+y}$$
$$(x^y)^z = x^{y \times z}$$
$$(a \times b)^x = a^x \times b^x$$

우리가 알고 있는 법칙들이죠?

여광: 거듭제곱뿐만이 아니라 기수의 연산 정의를 자연수에 적용하면 자연수의 원래의 연산과 같아진다는 것을 알 수 있습니다. 한 가지 궁금하군요. 0이 아닌 임의의 실수 x에 대하여 $0^x = 0$, $x^0 = 1$이라고 약속하지만 0^0은 정의하지 않습니다. 기수 거듭제곱의 정의로부터 이를 설명할 수 있을까요?

여휴: 좋은 문제입니다. 기수가 0인 집합은 공집합이므로 어떤 집합에서 공집합으로의 함수 또는 공집합으로부터 어떤 집합으로의 함수를 생각하여야 하는데 이것은 다소 무리인 듯합니다. 결국, 기수 거듭제곱의 정의로부터 $0^x = 0$ 또는 $x^0 = 1$을 설명하는 것은 어려울 것 같습니다.

$\mathbb{F}_2^{\mathbb{N}}$ ($\mathbb{F}_2 = \{0,1\}$)은 $\mathbb{F}_2 \times \mathbb{F}_2 \times \mathbb{F}_2 \times \cdots$와 대등하다. 즉, $\mathbb{F}_2^{\mathbb{N}}$는 $F_2 = \{0,1\}$의 원소를 항으로 가지는 무한 수열 전체의 집합으로 볼 수 있다. 마찬가지로, $\mathbb{F}_3^{\mathbb{N}}$ ($\mathbb{F}_3 = \{0,1,2\}$)은 $\mathbb{F}_3 \times \mathbb{F}_3 \times \mathbb{F}_3 \times \cdots$와 대등하다.

다음을 증명하자.

임의의 집합 A에 대하여 card $\wp(A) = 2^{\operatorname{card} A}$이다.

임의의 $D \in \wp(X)$에 대하여 D에서의 특성함수 $\chi_D \colon A \to B$, $B = \{0,1\}$를 생각하면 $\chi_D \in B^A$이다. 이제 $f(D) = \chi_D$와 같이 정의되는 함수 $f \colon \wp(A) \to B^A$는 일대일대응이다.

다음은 실수 전체의 집합의 농도는 자연수 전체의 집합의 부분집합 전체 집합의 농도와 같음을 말한다.

$$c = 2^{\aleph_0}$$

증명하자. 함수 $f \colon \mathbb{R} \to \wp(\mathbb{Q})$를 다음과 같이 정의하자.

$$f(a) = \{x \in \mathbb{Q} \mid x < a\} \quad (a \in \mathbb{R})$$

분명히 이 함수는 단사이다. 즉, $c = \operatorname{card} \mathbb{R} \leq \operatorname{card} \wp(\mathbb{Q}) = 2^{\aleph_0}$이다.

이제 함수 $g \colon \{0,1\}^{\mathbb{N}} \to \mathbb{R}$를 다음과 같이 정의하자.

$$g(x) = 0.x(1)x(2)\cdots \quad (x \in \{0,1\}^{\mathbb{N}})$$

여기서 $x(1), x(2), \cdots$ 등은 함수 x에 의한 $1, 2, \cdots$ 각각의 함숫값이다. 이 함수도 일대일이다. 따라서

$$2^{\aleph_0} = \operatorname{card} \{0,1\}^{\mathbb{N}} \leq \operatorname{card} \mathbb{R} = c$$

이다.

여광: 위수가 n인 집합에서 치환^{permutation} 전체의 집합을 S_n으로 나타낼 때 S_n의 위수는 $n!$입니다. 농도가 $\aleph_0$인 집합, 예를 들어 자연수 전체의 집합에서 치환전체의 집합의 농도는 얼마일까요?

여휴: 재미있는 질문입니다. 다음 집합 X의 농도입니다.

$$X = \{f \mid f: \mathbb{N} \to \mathbb{N} \text{은 일대일대응이다}\}$$

여광: 약간의 논의가 필요하지만 $\aleph_0^{\aleph_0}$임을 보일 수 있습니다. 매우 커 보입니다. X는 $\bigcup_{n \in \mathbb{N}} S_n$가 아니군요.

여휴: 다르죠. $\bigcup_{n \in \mathbb{N}} S_n$의 농도는 $\aleph_0$입니다. 다음을 어렵지 않게 보일 수 있습니다.

$$2^{\aleph_0} = \aleph_0^{\aleph_0}$$

X의 농도는 연속체 농도 c와 같습니다.

∞ ∞ ∞

집합론에서 선택공리 외에 또 하나의 중요한 공리가 연속체 가설이다. 먼저, 다음을 주목한다.

가. $\operatorname{card} X = k\ (k \in \mathbb{N})$이면 $\operatorname{card} \wp(X) = 2^k$이다.

나. $\operatorname{card} \mathbb{N} < \operatorname{card} \wp(\mathbb{N})$

위수가 $k(\geq 2)$인 유한집합 X에 대하여 X의 농도 $\operatorname{card} X = k$와 멱집합 $\wp(X)$의 농도 $\operatorname{card} \wp(X) = 2^k$ 사이에는 또 다른 자연수가 존재한다.

'연속체 가설continuum hypothesis'은 자연수 전체의 집합 $\mathbb{N}$의 농도 $\aleph_0$와 실수 전체의 집합 $\mathbb{R}$의 농도 $c = 2^{\aleph_0}$ 사이에 다른 기수가 존재하지 않는다고 선언한다. 즉, $\aleph_0 < \operatorname{card} A < c$인 집합 A는 존재하지 않는다는 것이다.

여광: 연속체 문제는 19세기 말 집합론 초기부터 많은 논란을 일으킨 명제이죠?

여휴: 1904년 독일 하이델베르크에서 개최된 세계수학자대회에서 연속체 문제는 주요 화두였습니다. 당시 칸토어는 $2^{\aleph_0} = c$임을 알고 있었습니다. 칸토어는 c가 $\aleph_0$의 다음 농도인 $\aleph_1$이 될 것으로 기대하고 있었습니다. 그런데 그 대회에서 쾨니흐G. König, 1849-1913는 c와 $\aleph_1$는 같을 수 없다고 발표한 것입니다. 쾨니흐의 증명이 옳다면 칸토어의 추측 하나를 반증한 수준이 아니라 집합론 전체에 대한 큰 위협임을 칸토어는 알았습니다. 칸토어로서는 참으로 당혹스러웠어요. 그러나 그는 쾨니흐의 증명이 옳지 않다고 직감적으로 믿었습니다.

여광: 쾨니흐의 증명이 옳지 않다는 것을 증명했나요?

여휴: 증명했지요. 그러나 그 증명은 칸토어가 아닌 다른 사람이 했습니다. 체르멜로E. Zermelo, 1871-1953입니다. 체

르멜로가 칸토어를 도운 겁니다. 사실, 쾨니흐의 모든 논증 과정을 옳았습니다. 다만 쾨니흐가 인용한 다른 사람의 주장이 틀렸던 겁니다. 그 틀린 주장에 근거한 쾨니흐의 증명 모두가 무너진 것입니다. 재료 하나가 불량하여 건물 전체가 무너진 사례이지요.

여광: 쾨니흐의 증명이 틀렸다고 칸토어의 집합론이 타당하다는 것은 아니잖아요?

여휴: 바로 그 점을 칸토어도 알았습니다. 훗날 '선택공리axiom of choice'와 '연속체가설continuum hypothesis'이라는 이름으로 마무리가 되며 집합론의 발달 과정에 결정적인 역할을 하였습니다.

여광: 그러한 일련의 문제들이 칸토어 생전에 다 마무리되었나요?

여휴: 그렇지 않습니다. 선택공리 문제는 체르멜로에 의해 마무리가 되지만 연속체 가설의 문제는 그 이후 괴델K. Gödel, 1906-1978과 코언P. Cohen, 1934-2007에 이르러서야 마무리가 됩니다. 칸토어가 세상을 떠난 한참 후였죠.

여광: 연속체 문제는 지금도 논란의 대상이던데요?

여휴: 그렇습니다. 칸토어가 증명한 $\aleph_0 < 2^{\aleph_0}$와 $2^{\aleph_0} = c$가 옳지 않다는 사람도 있습니다. 이는 괴델이나 코언으로 이어지는 집합론 체계를 인정하지 않는 것입니다. 또,

괴델의 불완전성 정리 증명도 옳지 않다는 주장도 있습니다. 무한은 섬세한 수학으로도 범접하기 어려운 신비입니다.

여광: 어떤 사람은 비록 $\aleph_0 < 2^{\aleph_0}$라고 하더라도 $\aleph_0$보다 크고 $2^{\aleph_0}$보다 작은 기수를 가지는 무한집합이 발견되지 않기 때문에 '비칸토어non-Cantorian 집합론'은 허구라고 말하던데요?

어휴: 그건 이야기가 다른 것 같아요. 선택공리 즉 정렬원리에 의하면 실수 전체의 집합 $\mathbb{R}$에 정렬이 존재합니다. 그러나 구체적인 정렬이 제시된 적은 없습니다. 그렇다고 하더라도 $\mathbb{R}$에서 정렬을 논의할 수 없는 것은 아닙니다. $\aleph_0$보다 크고 $2^{\aleph_0}$보다 작은 기수를 가지는 무한집합이 발견되지 않았다고 하더라도 '비칸토어 집합론'을 상상하는 것은 의미 있다고 생각합니다.

11장

무한에서도 차례를 정하나?

다섯 명의 사람이 있을 때 정해진 기준에 따라 순서를 부여하여 차례를 정하는 것은 어렵지 않다. 다섯 명보다 더 많은 사람이 있다고 하더라도 그들에게 차례를 정하는 것은 어려운 일이 아니다.

무한에서도 차례를 매길 수 있을까? 정렬원리에 의하면 모든 무한집합에서도 정렬을 줄 수 있다.

이제 두 개의 정렬집합이 있다고 하자. 이 둘을 비교할 수 있는 합리적인 방안은 무엇인가? 단사, 전사, 전단사 함수로는 부족하다. 그들은 순서를 고려하지 않기 때문이다. 정렬집합을 비교하는 함수는 두 집합에 주어진 순서를 고려하여야 할 것이다.

이 장에서 이야기하는 내용은 다음과 같다.

- 정렬집합을 비교하는 함수에게는 어떤 조건을 요구하는가?
- 정렬집합의 크기를 나타낸다면 어떤 수가 필요할까?

> - 두 개의 정렬집합으로부터 새로운 정렬집합을 만드는 방법으로는 어떤 것이 있을까?
> - 정렬집합들의 집합에 순서를 주고 그 집합을 다시 정렬집합으로 만들 수 있을까?

∞ ∞ ∞

두 집합을 비교할 때에는 두 집합 사이에 일대일대응이 존재하면 두 집합은 대등하다고 하여 크게 구별하지 않는다. 그러나 두 정렬집합을 비교할 때에는 일대일대응 이전에 순서가 먼저 고려되어야 한다.

두 정렬집합 $(A, \preccurlyeq)$, $(B, \preccurlyeq')$에 대하여 다음을 만족시키는 함수 $f: A \to B$를 순서 보존적 order-preserving 이라고 한다.

임의의 $a_1, a_2 \in A$에 대하여 $a_1 \preccurlyeq a_2$이면 $f(a_1) \preccurlyeq' f(a_2)$이다.

순서 보존적인 함수 $f: A \to B$가 일대일대응일 때 f를 순서 동형사상 order-isomorphism 이라 하고 $(A, \preccurlyeq)$, $(B, \preccurlyeq')$는 순서 동형적이라고 하며 $(A, \preccurlyeq) \cong (B, \preccurlyeq')$ 또는 간단히 $A \cong B$와 같이 나타낸다.

두 정렬집합이 순서 동형적이라는 것은 두 정렬집합에서의 '순서'를 그대로 지킨 채 완전히 겹칠 수 있다는 것을 뜻한다. 다음은 쉽게 증명된다.

- f가 순서 동형사상이면 f^{-1}도 순서 동형사상이다.

- f, g가 순서 동형사상이고 $g \circ f$가 잘 정의되면 $g \circ f$도 순서 동형사상이다.

위수가 같은 두 유한 전순서집합은 정렬집합이고, 이러한 두 정렬집합은 항상 순서 동형적이다. 그러나 무한 전순서집합은 일반적으로 정렬집합이 아니다. 또, 두 무한 정렬집합이 집합으로서는 대등하다고 하더라도 각각에 정의되는 정렬이 다르면 두 정렬집합은 순서 동형적이 아닐 수 있다. 예를 들어,

$$1 < 2 < 3 < 4 < 5 < 6 < \cdots$$

와 같이 자연수 전체의 집합 $\mathbb{N}$위에서 정의된 순서 $\leq$와

$$1 <' 3 <' 5 <' \cdots <' 2 <' 4 <' 6 <' \cdots$$

와 같이 $\mathbb{N}$위에서 정의된 순서 $\leq'$에 대하여 $(\mathbb{N}, \leq)$과 $(\mathbb{N}, \leq')$은 순서 동형적이 아니다. 이를 알아보기 위하여 $f : \mathbb{N} \to \mathbb{N}$이 순서 동형사상이라고 하자. f는 일대일대응이므로 $f^{-1}(2)$가 존재한다. $f^{-1}(2) = n$이라고 하자. 이때 $n > 1$임을 알 수 있다. $n = 1$이면 $f^{-1}(1) < f^{-1}(2) = 1$이 되기 때문이다. 이제 $n - 1 < n$이므로 $f(n-1) <' f(n) = 2$임을 알 수 있다. 따라서 $f(n-1)$은 홀수이고 그 홀수를 m이라고 하자. 그런데 $m <' m+2 <' 2$이므로 $n-1 < f^{-1}(m+2) < n$이어야 하는데 이것은 모순이다. $n-1$과 n 사이의 자연수가 존재하지 않기 때문이다.

여휴: 정렬집합으로서 $(\mathbb{N}, \leq)$와 $(\mathbb{N}, \leq')$가 다르다는 것으로부터 또 하나의 차이를 주목할 필요가 있습니다. 수학적 귀납법에 관한 것입니다.

여광: $(\mathbb{N}, \leq')$의 경우에는 수학적 귀납법이 적용될 수 없겠습니다. 귀납적 과정으로는 짝수인 경우에 닿을 수 없겠어요.

여휴: 바로 그 점입니다. 이를 위해 '초한 귀납법^{principle of trans-finite induction}'이 있습니다.

$$1 <' 3 <' 5 <' \cdots <' 2 <' 4 <' 6 <' \cdots$$

과 같이 정의된 순서 $\leq'$에 대하여 $(\mathbb{N}, \leq')$에는 수학적 귀납법을 적용할 수 없지만 초한 귀납법은 적용할 수 있습니다.

여광: 정렬원리에 의하여 모든 집합에 정렬을 정의할 수 있으므로 이론적으로는 모든 집합에 초한 귀납법을 적용할 수 있습니다.

∞ ∞ ∞

자연수 전체의 집합 $\mathbb{N} = \{1, 2, 3, \cdots\}$과 음의 정수 전체의 집합 $M = \{-1, -2, -3, \cdots\}$에 보통의 순서를 고려하면 $\mathbb{N}$과 M은 순서동형적이지 않다. 한편, 자연수 전체의 집합 $\mathbb{N} = \{1, 2, 3, \cdots\}$과 짝수의 집합 $E = \{2, 4, 6, \cdots\}$에 대하여 보통의 순서를 고려하면 $\mathbb{N}$

과 E는 순서 동형적이다. 왜냐하면 함수 $f\colon \mathbb{N} \to E$를 $f(x) = 2x$ 로서 정의하면 f는 $\mathbb{N}$에서 E로의 순서 동형사상이 되기 때문이다.

다음 사실은 쉽게 증명할 수 있다.

> 순서 동형사상 $f\colon A \to B$에 대하여 $a \in A$가 A의 첫 원소^{마지막 원소, 극대원소, 혹은 극소원소}이면 그리고 이때에만 $f(a)$가 B의 첫 원소^{마지막 원소, 극대원소, 혹은 극소원소}인 것이다.

정렬집합으로 구성된 집합위에 정의된 순서 동형관계 $\cong$는 동치관계이다. 즉, 다음이 성립한다.

- 임의의 정렬집합 A에 대하여 $A \cong A$이다.

- 임의의 정렬집합 A, B에 대하여 $A \cong B$이면 $B \cong A$이다.

- 임의의 정렬집합 A, B, C에 대하여 $A \cong B$이고 $B \cong C$이면 $A \cong C$이다.

유한 정렬집합의 경우에는 그 집합의 위수를 나타내는 것과 그 집합의 크기와 순서를 고려한 서수를 나타내는 것은 꼭 구분하지 않아도 크게 불편하지 않다. 예를 들어, 집합 $\{1, 2\}$에서 두 원소 1과 2의 순서를 $1 < 2$ 또는 $2 < 1$이라고 정하면 $\{1, 2\}$는 정렬집합이 된다. 그러나 이 두 개의 정렬집합은 순서 동형적이므로 모두 서수 '2'를 가진다고 할 수 있다. 실제로 모든 유한집합은 정렬을 어떻게 부여하더라도 모두 순서 동형적이 되므로 집합의 위수와 서수를 나타내

는 자연수를 꼭 구분하지 않아도 된다. 그러나 무한집합의 경우는 이야기가 완전히 달라진다.

자연수에 순서의 의미를 부여하는 것을 일반화하여 '서수$^{\text{ordinal number}}$'를 다음과 같은 성질을 가지는 개념으로 한다.

> 가. 정렬집합으로서 공집합의 서수는 0이다.
> 나. 정렬집합으로서 집합 $\{1, 2, \cdots, k\}$의 서수는 k이다.
> 다. 임의의 정렬집합에 서수 하나가 정해지고, 임의의 서수에 대하여 그것을 서수로 가지는 정렬집합이 존재하다.
> 라. 두 정렬집합이 순서 동형적이면 각각에 대응하는 두 서수는 같다.

정렬집합 $(A, \preccurlyeq)$의 서수가 α일 때 $\text{ord}(A, \preccurlyeq) = \alpha$와 같이 나타낸다. 한편, 자연수 전체의 집합에 일반적인 순서 $\leq$를 생각하여 얻은 정렬집합 $(\mathbb{N}, \leq)$의 서수를 ω로 나타낸다. 즉, $\text{ord}(\mathbb{N}, \leq) = \omega$이다. ω와 같이 무한정렬집합의 서수를 '초한서수$^{\text{trans-finite ordinal number}}$'라고 한다.

여광: 앞에서는 초한기수를 도입하였는데 여기에서는 초한서수를 도입하는 군요.

여휴: 자연수는 사물의 개수를 셈하는 일과 사물의 순서를 정하는 일에 쓰일 수 있습니다. 개수를 셈하는 데 쓰이는 자연수를 기수라고 부르고, 순서를 정하는 데, 즉 번호를 매기는 데 쓰이는 자연수를 서수라고 부릅니다. 하

나, 둘, 셋, ⋯ 등은 기수이고, 첫째, 둘째, 셋째, ⋯ 등은 서수입니다.

여광: 영어에서 기수는 one, two, three, ⋯, 서수는 first, second, third, ⋯ 이군요.

여휴: 무한정렬집합에 해당하는 서수가 필요하겠죠?

∞ ∞ ∞

$(X, \preccurlyeq)$를 정렬집합이라고 하자. X의 부분집합 S가 X의 절편^{segment}이라는 말은 S가 다음을 만족시키는 경우를 뜻한다.

임의의 $x \in X$와 임의의 $y \in S$에 대하여 $x \preccurlyeq y$이면 $x \in S$이다.

S가 X의 진부분집합인 절편일 때, S를 X의 진절편$^{\text{proper segment}}$이라고 한다.

몇 개 예를 들어보자.

보통의 순서를 고려한 자연수 전체의 집합 $\mathbb{N}$에서 $(\{1, 2, 3, 4, 5\}, \leq)$는 절편이다. $(X, \preccurlyeq)$가 정렬집합이고 $x \in X$라고 하면 다음 집합은 모두 X의 절편이다.

$$\varnothing, \quad X, \quad X_x = \{y \in X \mid y \prec x\}$$

절편의 교집합과 합집합은 절편이고, 절편의 절편은 절편임을 어렵지 않게 알 수 있다. 사실, 다음에서 알 수 있듯이 절편은 복잡한 구조를 가지지 않는다.

> $(X, \preccurlyeq)$를 정렬집합이라고 하자. S가 X의 진절편이면 $S = X_x$인 $x \in X$가 존재한다.

증명하자.

$X - S$는 공집합이 아니므로 최소원소 x를 가진다. $S = X_x$임을 보이자. $y \in X_x$가 $y \notin S$이면 $y \in X - S$이고 $y \prec x$이므로 x의 최소성에 모순이다. 따라서 $X_x \subset S$이다. 이제 $z \in S - X_x$라고 하면 $z \in S$이고 $z \succcurlyeq x$이므로 $x \in S$이다. 이는 모순이므로 $S \subset X_x$이다. 그러므로 $S = X_x$이다.

∞ ∞ ∞

두 서수 $\alpha = \mathrm{ord}(A, \preccurlyeq)$와 $\beta = \mathrm{ord}(B, \preccurlyeq')$에 대하여 $\alpha \leq \beta$라는 말은 $(A, \preccurlyeq)$가 $(B, \preccurlyeq')$의 한 절편과 순서 동형인 경우이다. $\alpha \leq \beta$이나 $\alpha \neq \beta$일 때, $\alpha < \beta$와 같이 나타낸다. 뒤에서 서수로 구성된 집합위에서 관계 $\leq$는 순서임을 증명한다.

예를 들어, 다음을 알 수 있다.

$$5 = \mathrm{ord}(\{1,2,3,4,5\}, \leq) \; < \; \mathrm{ord}(\mathbb{N}, \leq) = \omega$$

정렬집합의 대표적인 예는 보통의 순서에 의한 자연수 전체의 집합이다. 그러나 앞서 살펴보았듯이 이 정렬집합과 순서 동형적이 아닌 무한정렬집합이 있다.

앞에서 여러 차례 언급한 정렬집합 $(\mathbb{N}, \leq')$를 다시 생각하자. 여기서 순서는

$$1 <' 3 <' 5 <' \cdots <' 2 <' 4 <' 6 <' \cdots$$

에 의한 것이다. 다음은 $(\mathbb{N}, \leq')$의 절편으로서 정렬집합이다.

$$\mathbb{N}_n = \{x \in \mathbb{N} \mid x <' n\}$$

여기서 n은 자연수이다. 예를 들어, $\mathbb{N}_5 = \{1, 3\}$, $\mathbb{N}_2 = \{1, 3, 5, \cdots\}$, $\mathbb{N}_4 = \{1, 3, 5, \cdots, 2\}$는 모두 $(\mathbb{N}, \leq')$의 절편으로서 정렬집합이다.

$\mathbb{N}_n$ 각각에는 서수가 대응하고 $\mathbb{N}_n$ 모두로 이루어진 집합은 정렬집합이다. 여기서 $\mathbb{N}_2$에 대응하는 서수를 α라고 하면 α는 바로 앞 서수를 가지지 않는다. α가 최소서수는 아니지만 α의 바로 앞 서수가 존재하지 않는 것이다. 최소서수가 아니면서 바로 앞 서수가 존재하지 않는 서수를 극한서수limit ordinal라고 한다.

여광: 임의의 정렬집합에서는 마지막 원소가 아닌 모든 원소의 바로 뒤 원소는 항상 존재하나요?

여휴: 아직 증명하지 않았지만 서수로 구성된 집합은 순서 $\leq$에 관하여 정렬집합임을 이용합니다. 주어진 서수를 α라고 합시다. α보다 큰 서수 전체의 집합은 공집합이 아니므로 최소원소가 존재합니다.

여광: 유일하게 존재하는 그 최소원소가 α의 바로 뒤 원소이군요.

여휴: 그렇습니다.

여광: 앞[1장]에서 초한귀납법에 대해 언급하였잖아요. 이 기회에 그에 관해 좀 더 살펴보면 어떨까요?

여휴: 좋은 생각입니다. 초한귀납법의 원리[principle of trans-finite induction]는 다음과 같습니다.

> 정렬집합 $(A, \prec)$와 명제함수 $p(x)$ $(x \in A)$가 있다. 모든 $x \in A$에 대해서 다음이 성립한다고 하자.
>
> > $y \prec x$인 모든 y에 대해 $p(y)$가 참이면 $p(x)$도 참이다.
>
> 그러면 임의의 $x \in A$에 대해서 $p(x)$는 참이다.

여광: 수학적 귀납법은 초한귀납법의 특별한 경우로 볼 수 있겠죠?

여휴: 그렇습니다. 자연수 전체의 집합에는 첫 원소를 제외하면 모든 원소가 바로 앞 원소를 가지기 때문에 기술을 달리 할 수 있는 것입니다.

여광: 초한귀납법의 원리를 증명하는 것은 어려운가요?

여휴: 그렇지 않습니다. 대략 다음과 같은 논리입니다. 초한귀납법 원리의 결론을 부정하여 $p(x)$가 거짓인 $x \in A$가 존재한다고 합시다. 그러면 집합 $B = \{x \in A \mid p(x)$는 거짓$\}$는 공집합이 아닌 A의 부분집합입니다. 따라서 집합 B에는 최소원소 x_0가 존재합니다. 즉,

$x_0 \in B$이므로 $p(x_0)$는 거짓입니다. 한편, 집합 B의 최소원소는 x_0이므로 $y \prec x_0$인 모든 $y \in A$에 대하여 $y \notin B$입니다. 따라서 $p(y)$는 참이죠. 이 때 모든 $y \prec x_0$에 관한 $p(y)$가 참이므로 가정에 따라 $p(x_0)$는 참이 되는데 이는 모순입니다.

여광: 초한귀납법의 특징을 몇 가지 알아보면 이해에 도움이 될 것 같습니다.

여휴: 좋은 생각입니다. 먼저, 수학적 귀납법의 원리는 다음과 같습니다.

> $\mathbb{N}$의 공집합이 아닌 부분집합 X가 다음 두 조건을 만족시킨다고 하자.
> (1) $1 \in X$이다.
> (2) $x \in X$이면 $x^+ \in X$이다.
> 그러면 $X = \mathbb{N}$이다.

몇 가지를 주목합시다. 첫째, 초한귀납법의 원리에서는 전제조건 '모든 $x \in A$에 대해서 다음이 성립한다고 하자: $y \prec x$인 모든 $y \in A$에 대해 $p(y)$가 참이면 $p(x)$도 참이다'로부터 정렬집합 $(A, \preccurlyeq)$의 최소원소 $x_0 \in A$에 대해서는 $p(x)$가 참임을 알 수 있습니다. 둘째, 수학적 귀납법의 원리에서는, 첫 원소에 대하여 성립하고, 임의의 원소에 대하여 성립할 때 그 바로 뒤 원소에 대하여 성립하면, 명제 함수는 모든 경우에 참입니다. 그러나 일반적인 정렬집합에서는 첫 원소가 아니며 바로 앞 원소를 가지지 않는 원소가 존재할 수 있으므로 상황이 달라집니다. 즉, 이러한 원소는 어떠한 원소의 바로 뒤 원소가 될 수 없기 때문에 바로 뒤 원소에 의한 수학적 귀납법은 무력하게 됩니다. 셋째, 수학적 귀납법은 자연수 집합과 순서 동형인 정렬집합에서 유효하지만 초한귀납법은 원리적으로 모든 정렬집합에 적용가능합니다. 수학적 귀납법은 가부번집합의 경우에만 유효하지만 초한귀납법은 비가부번집합에서도 적용가능하다는 의미입니다.

정렬집합 $(A, \preccurlyeq)$에서 스스로의 순서 동형사상은 단위함수뿐이다. 증명하자.

먼저, A의 절편 $A_a = \{x \in A \mid x \prec a\}$에 대해 순서 동형사상 $f \colon A \to A_a$가 존재한다고 하자. $f(a) \prec a$이므로 $B = \{x \in A \mid f(x) \prec x\}$는 공집합이 아니다. b를 B의 최소원소라고 하면 $f(b) \prec b$이다. 순서 동형사상은 단조증가하므로 $f(f(b)) \prec f(b)$이다. 이것은 b의 최소성에 모순이다. 따라서 $(A, \preccurlyeq)$는 그 자신의 진절편과는 순서 동형일 수 없다. 이제 $(A, \preccurlyeq)$에서의 단위함수 $I_A \colon A \to A$ 외의 순서 동형사상 $g \colon A \to A$가 있다고 하자. 단위함수는 단조증가하므로 모든 $x \in A$에 대해서 다음을 알 수 있다.

$$I_A(x) \preccurlyeq g(x) \preccurlyeq I_A(x)$$

따라서 $g = I_A$이다.

∞ ∞ ∞

앞에서 기수 모두의 모임은 집합이 될 수 없다는 것을 알았다. 서수 모두의 모임도 집합일 수 없다. 다음 정리를 보통 '부얼리-포르티 역설Burali-Forti paradox'이라고 하나 지금의 관점에서는 역설이 아니다.

> 서수 전체의 모임 $\mathfrak{OD}$은 집합이 아니다.

증명하자. 서수 전체의 모임 $\mathfrak{OD}$가 집합이라고 하자. 임의의 $\alpha \in \mathfrak{OD}$에 대하여 α를 서수로 가지는 정렬집합 S_α가 존재한다. 이제 집합

$$V = \bigcup_{\alpha \in \mathfrak{OD}} S_\alpha$$

에 대하여 V의 부분집합 모두의 집합 $\wp(V)$는 정렬원리에 의하여 정렬집합이 되고 이제 대응하는 서수를 β라고 하면 $\beta \in \mathfrak{OD}$인데 이는 모순이다. 왜냐하면 $\wp(V)$는 $S_\beta \subset V$와 대등할 수 없기 때문이다.

여광: 지금까지 집합이 아닌 모임 세 개를 소개하였습니다. 모든 집합의 모임, 모든 기수의 모임, 모든 서수의 모임이 그들입니다. 이 모임들의 공통점으로 무엇을 들 수 있을까요?

여휴: 여러 가지를 들 수 있지 않을까요? 무엇보다도 모임이 매우 크다는 것입니다. 집합론에서 통용되는 과정이나 절차를 통해 주어진 집합에서 새로운 집합을 얻으면 새롭게 얻은 그 집합도 품게 됩니다. 이러한 현상은 곧

모순을 유발합니다. 한 가지 예를 들어 봅시다. 모든 집합의 모임이 집합이라고 하면 그 집합을 U로 나타냅시다. U는 U의 멱집합 $\wp(U)$를 원소로 가질 정도로 매우 큽니다. U와 $\wp(U)$ 각각의 기수를 계산하면 곧 모순을 얻게 됩니다. U의 기수는 $\wp(U)$의 기수보다 작기 때문입니다.

서수로 구성된 집합에 정의된 관계 $\leq$는 반사적이고 추이적임을 쉽게 알 수 있다. 사실 이 순서 $\leq$는 정렬이다. 여기에서는 Lin & Lin(1974)의 설명을 따라 $\leq$가 정렬임을 증명한다.

먼저, 용어 하나를 정의하자. 두 정렬집합 $(A, \preccurlyeq)$와 $(B, \preccurlyeq')$에 관한 함수 $f: A \to B$가 다음을 만족시킬 때 f는 단조증가$^{\text{strictly increasing}}$한다고 한다.

$$a_1 \prec a_2 \text{이면 } f(a_1) \prec' f(a_2) \text{이다.}$$

이어서, 초한귀납법을 이용하여 다음을 증명하자.

> 두 정렬집합 $(A, \preccurlyeq)$와 $(B, \preccurlyeq')$에 관한 함수 $f: A \to B$가 순서 보존적이고 $f(A)$가 B의 절편이며, $g: A \to B$가 단조증가하면, 모든 $x \in A$에 대해 $f(x) \preccurlyeq' g(x)$이다.

명제함수 $p(x)$를 '$f(x) \preccurlyeq' g(x)$이다'라고 하고, 다음을 만족시키

는 $a \in A$가 존재한다고 하자.

$$x \prec a \text{이면 } p(x) \text{는 참이지만 } p(a) \text{는 거짓이다.}$$

$x \prec a$이면 $f(x) \preccurlyeq' g(x)$이지만 $g(a) \prec' f(a)$이다. f는 순서 보존적이고 g는 단조증가하므로 모든 $x \prec a$와 모든 $y \succcurlyeq a$에 대해 다음이 성립한다.

$$f(x) \preccurlyeq' g(x) \preccurlyeq' g(a) \preccurlyeq' f(a) \preccurlyeq' f(y)$$

모든 $x \prec a$에 대해서는 $f(x) \prec' g(a)$이고, 모든 $y \succcurlyeq a$에 대해서는 $g(a) \preccurlyeq' f(y)$이므로 $g(a) \notin f(A)$이다. $g(a) \prec' f(a)$이므로 $f(A)$가 B의 절편이라는 사실에 모순이다.

지금까지의 논의로부터 $\leq$가 반대칭적임을 증명한다. 두 정렬집합 $(A, \prec)$와 $(B, \prec')$ 각각의 서수를 α, β라고 하자. $\alpha \leq \beta$이고 $\beta \leq \alpha$이면 순서 동형사상 $f \colon A \to D$와 $g \colon B \to C$가 존재한다. 여기서 C, D 각각은 A, B의 절편이다. 합성함수 $g \circ f$는 A에서 C의 절편 E로의 순서 동형사상이다. C는 A의 절편이므로 $E = C = A$이다. 따라서 $g \colon B \to A$는 순서 동형사상이다.

순서 $\leq$가 전순서임을 증명할 차례다. 이를 위해 한 가지 미리 살피자.

두 정렬집합 $(A, \prec)$와 $(B, \prec')$을 생각한다. $b \in B$에 대해 A의 절편 A_a가 B의 절편 B_b과 순서 동형인 그러한 $a \in A$ 전체의 집합을 A^*라고 하자.

순서 동형사상에 의해 절편 A_a에 대응하는 B의 절편 B_b은 유일하므로 $f(a) = b$로 정의되는 함수 $f \colon M \to B$를 생각할 수 있다. f는 단사이고 단조증가하며 $f(A^*) = B^*$는 B의 절편이다.

이제 반순서 ≤에 관하여 임의의 두 서수 α, β 사이에 차례를 정할 수 있다는 것을 증명하자. $\alpha \leq \beta$ 또는 $\beta \leq \alpha$임을 보이는 것이다. α, β 각각을 서수로 가지는 정렬집합을 $(A, \preccurlyeq)$와 $(B, \preccurlyeq')$라고 하고 $\alpha \not\leq \beta$이고 $\beta \not\leq \alpha$라고 가정하자. A에서 B의 절편으로의 순서 동형사상이 없고, B에서 A의 절편으로의 순서 동형사상도 없는 것이다. $A - A^*$와 $B - B^*$ 모두가 공집합이 아니다. $A - A^*$와 $B - B^*$ 각각의 최소원을 p, q라고 하면 다음이 성립한다.

$$A_p = A^* = B^* = B_q$$

이는 $p \in A^*$임을 뜻함으로 모순이다.

지금까지 관계 ≤는 전순서임을 증명하였다. 마지막으로, ≤에 관한 다음 성질을 증명한다.

> 서수로 구성된 집합위에서 관계 ≤는 정렬이다.

다음을 먼저 주목한다. 서수 α에 대해 집합 $\{\beta \mid \beta < \alpha\}$는 정렬집합이고 이에 대응하는 서수는 α이다. 이유는 다음과 같다.

서수 α, β 각각에 대응하는 정렬집합을 $(A, \preccurlyeq)$, $(B, \preccurlyeq')$라고 하자. B는 A의 진절편 A_b ($b \in A$)와 순서동형이다. 진절편 A_b는 유일하게 결정되므로 함수 $f \colon \{\beta \mid \beta < \alpha\} \to A$가 잘 정의된다. f가 순서 동형임을 쉽게 보일 수 있다.

자연수를 유한 정렬집합에 대응하는 서수로 보면, 정렬집합 $\mathbb{W} = \{0, 1, 2, 3, \cdots\}$에서 다음과 같은 예를 들 수 있다.

$$1 = 0^+ = \{\beta \mid \beta < 1\} = \{0\}$$
$$2 = 1^+ = \{\beta \mid \beta < 2\} = \{0, 1\}$$
$$3 = 2^+ = \{\beta \mid \beta < 3\} = \{0, 1, 2\}$$
$$\omega = \{\beta \mid \beta < \omega\} = \{1, 2, 3, \cdots\}$$
$$\omega^+ = \{\beta \mid \beta < \omega + 1\} = \{1, 2, 3, \cdots, \omega\}$$

여기서 임의의 서수 a에 대해 a^+는 a의 바로 뒤 원소를 나타낸다.

이제 ≼의 정렬성을 간단하게 증명할 수 있다. 정렬이 아닌 서수들의 집합 A가 있다고 하자. A는 최소원소를 가지지 않는 부분집합 $B(\neq \varnothing)$을 가진다. B의 원소들로 이루어진 다음과 같은 무한수열이 존재한다.

$$\beta_1 > \beta_2 > \beta_3 > \cdots$$

$\beta_2, \beta_3, \cdots$ 모두는 $\{\beta \mid \beta < \beta_1\}$에 속한다. 따라서 $\{\beta \mid \beta < \beta_1\}$는 정렬집합이 아니다. 이는 모순이다. $\{\beta \mid \beta < \beta_1\}$는 서수가 β_1인 정렬집합이기 때문이다.

∞ ∞ ∞

임의의 두 서수 α, β에 대하여 $\mathrm{ord}(X, \preccurlyeq') = \alpha$, $\mathrm{ord}(Y, \preccurlyeq'') = \beta$이고 $X \cap Y = \varnothing$인 두 정렬집합 X, Y가 존재한다. 이제 $X \cup Y$에 순서 ≼를 다음과 같이 정의한다.

가. $x, y \in X$인 경우, $x \preccurlyeq y \iff x \preccurlyeq' y$

나. $x, y \in Y$인 경우, $x \preccurlyeq y \iff x \preccurlyeq'' y$

다. $x \in X$이고 $y \in Y$인 경우, $x \preccurlyeq y$이다.

$(X \cup Y, \preccurlyeq)$는 정렬집합이다. 각각의 경우를 살펴 증명할 수 있다. 먼저, 반사율이 성립한다. 즉, 임의의 $x \in X \cup Y$에 대하여 $x \preccurlyeq x$이다. 이유는 다음과 같다.

(1) $x \in X$이면 $x \preccurlyeq' x$이므로 $x \preccurlyeq x$이다.

(2) $x \in Y$이면 $x \preccurlyeq'' x$이므로 $x \preccurlyeq x$이다.

반대칭률이 성립한다. 즉, $x \preccurlyeq y$이고 $y \preccurlyeq x$이면 $x = y$이다. 이유는 다음과 같다.

(1) $x, y \in X$인 경우에는 $x \preccurlyeq' y$이고 $y \preccurlyeq' x$이므로 $x = y$이다.

(2) $x, y \in Y$인 경우에는 $x \preccurlyeq'' y$이고 $y \preccurlyeq'' x$이므로 $x = y$이다.

(3) $x \in X, y \in Y$인 경우에는 $y \preccurlyeq x$일 수 없으므로 반대칭율이 성립한다.

(4) $y \in X, x \in Y$인 경우에는 $x \preccurlyeq y$일 수 없으므로 반대칭율이 성립한다.

추이율이 성립함은 분명하다.

또한 임의의 $x, y \in X \cup Y$에 대하여 $x \preccurlyeq y$ 또는 $y \preccurlyeq x$이다. 마지막으로 $\varnothing \neq A \subset X \cup Y$에 대하여 $X \cap A = \varnothing$인 경우에는 $A = Y \cap A \neq \varnothing$이다. 따라서 $A = Y \cap A$는 Y의 공집합이 아닌 부분집합이므로 최소원소를 가진다. 한편, $X \cap A \neq \varnothing$인 경우에는

$\emptyset \neq X \cap A \subset X$이므로 $X \cap A$는 최소원소를 가진다. $X \cap A$의 최소원소가 A의 최소원소이다.

위 정의는 다음과 같은 의미에서 잘 정의된다.

정렬집합 $(X_1, \preccurlyeq'_1)$, $(X_2, \preccurlyeq'_2)$, $(Y_1, \preccurlyeq''_1)$, $(Y_2, \preccurlyeq''_2)$에 대하여 $X_1 \cap Y_1 = X_2 \cap Y_2 = \emptyset$이고 $X_1 \cong X_2, Y_1 \cong Y_2$이면 $X_1 \cup Y_1 \cong X_2 \cup Y_2$이다.

이제, 정렬집합 $(X \cup Y, \preccurlyeq)$에 대응하는 서수가 존재하는데 이 서수를 $\mathrm{ord}(X \cup Y, \preccurlyeq) = \alpha + \beta$로 정의한다.

서수 덧셈의 몇 개 예를 들자.

$$\begin{aligned} \omega &= \mathrm{ord}(\{1, 2, 3, \cdots\}) \\ 1 + \omega &= \mathrm{ord}(\{0, 1, 2, 3, \cdots\}) \\ \omega + 1 &= \mathrm{ord}(\{1, 2, 3, \cdots, \omega\}) \\ \omega + 2 &= \mathrm{ord}(\{1, 2, 3, \cdots, \omega, \omega + 1\}) \end{aligned}$$

여기서 각 집합 위에 정의된 정렬은 원소가 나열된 순서로 생각한다. 예를 들어, $\{1, 2, 3, \cdots, \omega\}$ 위에서 정의된 순서는

$$1 \prec 2 \prec 3 \prec \cdots \prec \omega$$

에 의해 주어진 순서이다.

> 여광: 위 증명 과정에서 추이율 증명은 분명하다고 했는데 살펴봐야할 경우의 수가 반사율이나 반대칭률에 비해 더 많은 것 아닌가요?

여휴: 그렇지 않습니다. $x \preccurlyeq y$이고 $y \preccurlyeq z$일 때 $x \preccurlyeq z$를 보여야 하는데 $x \preccurlyeq y$라는 사실로부터 z의 경우는 결정됩니다.

여광: 서수의 덧셈에 관한 다음 사실을 설명할 수 있겠습니다. 예를 들어 $1 + 2 = 3$입니다.

여휴: 자연수의 의한 서수의 덧셈은 자연수의 덧셈과 같습니다. 그러나 초한서수의 덧셈은 사뭇 달라집니다. 예를 들어, $\omega + 1 \neq 1 + \omega$이므로 서수 덧셈에 대하여 교환법칙이 성립하지 않습니다. 또, $1 + \omega = 0 + \omega$이므로 서수 덧셈에 대하여 우소거법칙[right cancellative law]이 성립하지 않습니다.

여광: 서수 덧셈에 대하여 결합법칙과 좌소거법칙이 성립할까요?

여휴: 저도 궁금합니다. 적절한 기회에 살펴봅시다. 서수의 덧셈이 잘 정의된다는 것도 짚고 갈 필요가 있습니다.

두 서수의 곱에 대해 알아보자.

임의의 두 서수 α, β에 대하여 $\mathrm{ord}(X, \preccurlyeq') = \alpha$, $\mathrm{ord}(Y, \preccurlyeq'') = \beta$인 두 정렬집합 X, Y가 존재한다. 이제 $X \times Y$에 순서 $\preccurlyeq$를 사전식으로 정의하면 $(X \times Y, \preccurlyeq)$는 정렬집합이 된다.

위 정의는 다음과 같은 의미에서 잘 정의된다.

정렬집합 $(X_1, \preccurlyeq'_1), (X_2, \preccurlyeq'_2), (Y_1, \preccurlyeq''_1), (Y_2, \preccurlyeq''_2)$이면 $X_1 \times Y_1 \cong X_2 \times Y_2$이다.

이제 $(X \times Y, \preccurlyeq)$에 대응하는 서수가 존재하는데, 이 서수를 $\mathrm{ord}(X \times Y, \preccurlyeq) = \beta \times \alpha$로 정의한다.

서수 곱셈의 몇 개 예를 들자.

$$\omega = \mathrm{ord}(\{1, 2, 3, \cdots\})$$
$$2 \times \omega = \mathrm{ord}(\{1, 2, 3, \cdots\})$$
$$\omega \times 2 = \mathrm{ord}(\{1, 2, 3, \cdots, \omega, \omega+1, \omega+2, \cdots\})$$

여광: 정의에 의해 $2 \times 3 = 6$인 것은 알겠는데 확인해야 할 일이 매우 많아 보입니다.

여휴: 그렇죠? 먼저, $(X \times Y, \preccurlyeq)$는 정렬집합임을 설명하여야 합니다.

여광: 위 정의에서 왜 $\mathrm{ord}(X \times Y, \preccurlyeq) = \alpha \times \beta$가 아니죠?

여휴: 간단한 예를 들어 실제로 정렬집합을 구성하면 그 이유를 알 수 있을 것입니다.

임의의 두 서수 α, β에 대하여 $\mathrm{ord}(X, \preccurlyeq') = \alpha$, $\mathrm{ord}(Y, \preccurlyeq'') = \beta$인 두 정렬집합 X, Y가 존재합니다. 이제 $X \times Y$에 순서 $\leq$를 반사전식(anti-lexicographic)으로 정의하면 $(X \times Y, \leq)$는 정렬집합이 됩니다. 이 정렬집합에 대응하는 서수 $\alpha \times \beta$로 정의합니다.

여광: 서수의 덧셈이 자연수 덧셈과 주목할 만한 차이가 있듯이 서수의 곱셈도 그러하겠죠?

여휴: 그렇습니다. 예를 들어, $\omega \times 2 \neq 2 \times \omega$이므로 서수의 곱셈에 대하여 교환법칙이 성립하지 않습니다. 서수의 덧셈과 곱셈은 기수의 그것들보다 더 복잡합니다. 단순한 집합에 대해서가 아니라 순서가 고려된 집합에 대한 연산이기 때문입니다. 증명 없이, 서수의 덧셈에 관하여 결합법칙과 좌소거법칙^{left cancellative law}이 성립합니다. 서수의 덧셈에 관한 곱셈의 좌분배법칙^{left distributive law}이 성립합니다. 그러나 $2 \times \omega = 1 \times \omega$이므로 서수의 곱셈에 대하여 우소거법칙은 성립하지 않습니다. 서수의 덧셈에 관한 곱셈의 우분배법칙도 성립하지 않습니다.

∞ ∞ ∞

다음에서도 무한의 신비함을 엿볼 수 있다.

다음을 만족시키는 비가부번 정렬집합 $(X, \preccurlyeq)$가 존재한다.

임의의 $y \in X$에 대해 진절편 X_y는 가부번이다.

다음과 같이 간단히 증명할 수 있다. 비가부번 집합 하나를 택하고 그것을 X라고 하자. X가 요구하는 성질을 가지면 그만이고, 그렇지 않으면 비가부번인 진절편 X_y가 존재한다. X_y가 비가부번인 y 전체의 집합은 공집합이 아니므로 최소원소 y_0가 존재한다. 정렬집합 X_{y_0}가 구하는 것이다.

12장

무한, 수학자의 낙원인가?

힐베르트는 다음과 같이 말한 바 있다.

> 누구도 우리를 칸토어가 만든 낙원에서 쫓아내지 못할 것이다.
> No one shall expel us from the paradise that Cantor has created.

무한은 수학자의 낙원paradise이라는 말이다. 무한을 통해 수학자는 더 크고 깊은 상상을 하며, 다양한 수학적 문제들을 다룬다.

가우스, 크로네커, 푸앵카레 등 많은 수학자들은 무한에 대한 수학적 접근에 동의하지 않았다. 칸토어 스스로도 무한에 관한 풀리지 않는 여러 문제로 괴로워하였다. 수학자들에게 무한은 과연 지적知的 낙원인가?

이 장에서 논의하는 구체적인 문제는 다음과 같다.

- 무한과 관련된 역설은 어떤 것들이 있는가?
- 수학 전반에 걸친 여러 역설은 수학 발전에 어떠한 역할

을 하였는가?

● 괴델의 불완전성 정리의 개략적인 내용은 무엇이며, 이 정리가 뜻하는 바는 무엇인가?

∞ ∞ ∞

역설은 수학의 역사를 통하여 지속적으로 제기되었고 그 해소 노력은 수학의 발달에 공헌하였다. 무한의 이론 정립 과정에서 러셀의 역설 외에도 여러 가지 형태의 역설이 있었지만 그들은 수학적 개념을 정교화하게 하는 등 수학의 발전에 공헌하였다.

제논의 역설 중 '아킬레스와 거북이'의 내용을 대략 다음과 같이 기술할 수 있다.

> 아킬레스는 거북이보다 10배 빨리 달릴 수 있다. 거북이를 아킬레스보다 100m 앞에서 출발시킨다. 아킬레스가 100m를 달려가면 거북이는 10를 가고, 따라잡기 위해 아킬레스가 10m를 가면 그동안 거북이는 1m를 나아간다. 아킬레스가 거북이를 따라잡기 위해 계속 달린다고 하여도 그 시간 동안 거북이는 움직이므로 아킬레스는 영원히 거북이를 따라잡을 수 없다.

실제로, 아리스토텔레스가 제논의 역설 중 두 번째로 전해주는 '아킬레스와 거북이' 역설은 다음과 같다.[Aristotle, 1980]

> 달리기 경주에서 가장 빠른 주자走者는 가장 느린 주자를 따를 수 없다. 뒤따르는 주자는 앞선 주자가 출발한 곳에 닿아야 하므로 느린 주자가 항상 앞서 있기 때문이다.
>
> In a race, the quickest runner can never overtake the slowest, since the pursuer must first reach the point whence the pursued started, so that the slower must always hold a lead.

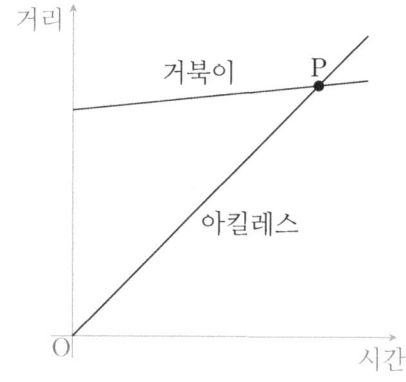

⟨그림 37⟩ 아킬레스와 거북이의 경주 상황

경주 상황을 그림 37과 같이 나타낼 수 있다.

빠른 주자아킬레스는 점 P에서 느린 주자거북이를 만나게 되는 평범한 문제를 제논은 다른 방식으로 기술하여 역설적 상황을 연출한 것이다.

'아킬레스와 거북이' 역설은 다음과 같은 이유를 들어 논박refutation할 수 있다.

- 제논의 역설은 시간의 절대성을 전제한다. 아킬레스가 100m를 움직인 시간과 거북이가 10m를 움직인 시간은 동시적이다. 아인슈타인의 상대성이론의 무대인 시공간space-time의 기하학에서는 동시성이 가능하지 않다. 또 제논의 역설은 아킬레스와 거북이 각각의 시계가 동일하다고 전제한다. 상대성이론에 의하면 속도가 다르면 시계는 같을 수 없다.

- 제논의 역설은 모든 순간에 아킬레스와 거북이의 위치와 속도를 측정할 수 있음을 전제한다. 이는 미세한 물체, 이 경우에

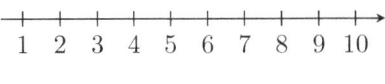

〈그림 38〉 수직선

아킬레스와 거북이의 위치와 운동량을 정확히 측정할 수 있음을 뜻한다. 이러한 측정은 전자electron 수준의 입자에게는 가능하지 않다.

무한이 개입된 다음 주장을 생각하자.

> 수직선 위의 10인 점을 과녁으로 삼아 1인 점에서 활을 쏜다고 가정하자. 두 점 사이에는 무수히 많은 점이 있다. 1인 점을 떠난 화살은 그 점 모두를 통과하여야 하는데 점이 무수히 많으므로 과녁인 10인 점에 영원히 도달할 수가 없다.

화살이 1인 점에서 10인 점까지 움직이는 순서는 우리의 상상과는 완전히 달라야 한다. 우리가 보통 인식하는 순서에 의하면 오른쪽으로 갈수록 수가 커진다. 수직선에서 오른쪽에 있는 화살표는 양positive의 방향, 즉 커지는 방향을 나타낸다. 예를 들어, 1인 점에서 10인 점까지 간다고 할 때, 2인 점을 통과하고, 그 후엔 3인 점을 통과하고, …등과 같은 순서로 갈 것이다. 이렇게 자연수가 부여된 점은 그 순서에 따라 가는 데에는 아무런 문제가 없다. 유한finite이거나 이산전discrete인 상황에서도 문제될 게 없다. 그러나 화실이 1인 점에서 10인 점까지 간다고 하면 그 사이에 있는 모든 점, 실수사 부여된 모든 점도 통과하여야 한다. 연속체contiuum를 통과하여야 하는 것이다. 문제는 다음이다.

> 1인 점에서 10인 점까지 간다고 할 때, 화살은 우리가 알고 있는 순서에 따라 그 사이에 있는 모든 점을 지날까?

이 질문을 수학적으로 표현하면 다음과 같다.

> 닫힌구간 [1, 10]은 우리가 알고 있는 수직선상에서의 순서에 의해 정렬집합인가?

칸토어의 집합론에 의하면 답은 'No'이다. 농도가 $\aleph_1$인 실수 전체의 집합이나 닫힌구간 [1, 10]에서는 '오른쪽으로 갈수록 커진다'는 우리가 알고 있는 수직선 위에서의 순서는 정렬이 아니다. 점 x를 통과한 화살은 그 다음 점인 x^+를 통과해야 하는데 현대수학은 화살이 날아가야 할 공간 [1, 10]에 있는 점 x에 대해 그 다음 점 x^+가 무엇인지 정확히 지정하는 순서가 존재한다고는 선언하지만 그 순서가 무엇인지 구체적으로 제시하지 못한다. 그 순서는 우리가 알고 있는 '수직선 위에서의 순서'는 아니다.

한편, 비표준해석학의 기초인 초실수 전체의 집합은 표준적인 실수 외에 무한소를 포함한다. 비표준해석학에 의하면 직선 위를 움직이는 과정은 무한소와 무관할 수 없다. 그러나 무한소에서 일어나는 사건은 결코 관찰되거나 설명될 수 없다.

수직선 위의 두 점 사이를 날아가는 상황에서 앞의 주장은 연속체의 특성을 간과한 것으로 볼 수 있다. 무한에 관한 역설은 대부분 연속체의 수학적 특징을 간과한 우리의 직관적 인식이 연출한 역설적인 상황으로서 문제 자체가 다시 기술되어야 한다.

∞ ∞ ∞

다음과 같이 정의되는 모임을 생각하자.

$$R = \{X \mid X \notin X\}$$

R가 집합이라고 가정하고 다음 질문을 생각한다.

$$R \notin R \text{인가 아니면 } R \in R \text{인가?}$$

사실, $R \notin R$이면 그리고 이때에만 $R \in R$임을 금방 알 수 있다. 따라서 어떠한 경우라 하더라도 모순을 얻게 된다. 이것을 '러셀의 역설Russell's Paradox'이라고 한다.

여광: X가 집합이면 무조건 $X \notin X$ 아닌가요? X가 집합이 아니라면, $X \in X$와 $X \notin X$는 모두 무의미하고요.

여휴: $R = \{X \mid X \notin X\}$를 생각한 게 이상하죠? 그러나 '이런 모임을 생각하지 말라'고 할 근거가 없잖아요? 더욱이, X를 'the set of all objects describable in exactly eleven English words'이라고 정의하면 $X \in X$입니다. 예를 하나 더 생각합시다. 모든 집합의 모임이 집합이라고 하고 U로 나타내면 $U \in U$입니다.

여광: 그렇기는 하나 뭔지 혼란합니다. $R = \{X \mid X \notin X\}$는 '세비야의 이발사 역설'과 비슷하다는 느낌이 듭니다.

> 스스로 면도하지 않는 세비야의 모든 사람에게 면도해주는 세비야의 이발사를 생각하자. 그는 본인 스스로에게 면도해줄까?
> Imagine the Barber of Seville who shaves every man in Seville who does not shave himself. Does the Barber of Seville shave himself?

여휴: 그렇습니다. 신약성경 디도서 1장 12절에 다음과 같은

구절이 있습니다.

> 모든 크레타 사람은 거짓말쟁이다.
> All Cretans are liars.

이 말을 한 사람은 크레타 사람입니다. 이 사람의 말은 거짓말이 아닌가요? '크레타 사람 역설Cretan paradox" 또는 '거짓말쟁이 역설liar paradox'이라고 하는 이 역설도 러셀의 역설과 비슷한 분위기이죠? 사실, 이와 비슷한 역설을 많이 만들 수 있습니다.

러셀의 역설의 해소 방안은 무엇인가? 일반적으로 러셀의 역설은 다음 공리를 통하여 해소한다.

집합 A와 명제함수 $p(x)$에 대하여 다음 집합을 구성할 수 있다.

$$\{x \in A \mid p(x)\}$$

이 공리를 '내력의 공리axiom of specification' 또는 '추출의 공리axiom of selection'라고 한다. 내력의 공리에 의하면, 이미 존재성이 보장된 집합의 원소들로서 새로운 집합을 구성하여야 한다. 그런데 $R = \{X \mid X \notin X\}$에서 X는 아무런 근거내력 없이 제시추출되었다. 내력의 공리는 이러한 추출을 허락하지 않는다.

∞ ∞ ∞

러셀의 역설의 의의를 살펴보자. 러셀의 역설을 '집합'이라는 용어를 사용할 때 신중해야 한다는 것을 암시한다.

앞에서 기수 전체의 모임과 서수 전체의 모임 각각은 집합이 아니라는 것과 다음을 설명하였다.

> 모든 집합의 집합은 존재하지 않는다.

이 사실을 다른 방식으로 증명할 수 있다. 모든 집합의 집합 U가 존재한다고 하면 내력의 공리에 의하여 다음 집합을 구성할 수 있다.
$$R = \{X \in U \mid X \notin X\}$$

이제 $R \notin R$이기 위한 필요충분조건은 $R \in R$이다. 이는 모순이므로 모든 집합의 집합은 존재할 수 없다.

여광: 역설을 해결하는 대신 역설을 피하는 느낌이 듭니다.

여휴: 역설을 피한다기 보다는 기술記述, description이 잘못되었음을 지적하는 것으로 봐야 하지 않을까요? 많은 역설은 이런 방식으로 해소됩니다. 제논의 '아킬레스와 거북이' 역설도 마찬가지입니다. 제논이 제기한 문제는 그의 방식으로 기술되어 역설적 상황이 초래된 것인데 문제가 그런 식으로 기술될 수 없다는 것입니다.

여광: 어떤 수학자는 '모든 집합의 집합은 존재할 수 없다'는 것을 'Nothing contains everything.'이라고 표현하더군요.

여휴: 재미있는 표현이네요. 공집합은 모든 집합의 부분집합

입니다. 'Everything contains nothing.'이라고 표현하면 어떨까요?

∞   ∞   ∞

유리수는 'rational number'이다. 이성^{ratio}적으로 자연스럽게 받아들일 수 있는 수라고 이해할 수 있다. 이에 비해 무리수$^{irrational\ number}$는 이성적으로 받아들이기가 쉽지 않을 수 있다는 뜻일 것이다.

유리수 전체 집합은 가부번집합임에 비해 무리수 전체 집합은 비가산집합이다. 즉, 유리수 전체 집합의 농도는 $\aleph_0$인데 무리수 전체 집합의 농도는 이보다 큰 c로서 실수 전체 집합의 농도와 같다. 결국, 무리수가 실수의 대부분이라고 하여도 큰 잘못은 아니다. 그러나 다음 실험에서도 알 수 있듯이 일상생활에서의 관찰, 실험, 그리고 경험은 유리수의 범위를 크게 벗어나지 않는다고 할 수 있다.

열 명의 친구들을 대상으로 다음과 같은 실험을 하여보자.

- 사전에 아무런 언질을 주지 말고 '아무 수나 하나를 쓰라'고 부탁한다. 아무런 생각 없이 가급적 빨리 쓰도록 한다.
- 그렇게 얻은 열 개의 수 중에서 정수 또는 유리수는 몇 개이며 무리수는 몇 개인가?

수학적으로 보면 정수를 쓰는 경우가 무리수를 쓰는 경우보다 더 적어야 할 것 같은데 실험 결과는 어떠한가?

위 실험 결과를 다양하게 해설할 수 있다. 예를 들어, 실생활에서 우리에게 친숙한 수는 정수 또는 유리수라고 생각할 수 있다. 우리의 경험experience과 이성reason과의 거리를 알 수 있는 예이다.

여광: 실수實數, real number 세계의 실체는 보통의 느낌이나 상식과는 다르다는 이야기이군요.

여휴: 수학이 상상하는 무한은 우리가 경험하고 관찰함으로써 형성된 느낌이나 상식과는 다릅니다. 무리수를 알기 전에는 '유리수'라는 용어가 필요하시 않았습니다. 유리수가 아는 수 전부였기 때문입니다. 그러나 무리수를 알게 되니 우리가 기존에 알고 있던 수는 수학적 관점에서 없는 것이나 마찬가지로 적다는 것을 알게 되었습니다. 알지 못하면 모르는 것을 모릅니다. 소크라테스가 '너 자신을 알라'를 중시한 이유도 같은 맥락이 아닐까요?

∞ ∞ ∞

위그너E. Wigner의 「The unreasonable effectiveness of mathematics in the natural sciences」(1960)와 해밍R. Hamming의 「The unreasonable effectiveness of mathematics」(1980)는 자연과학에서 수학의 유용성을 말한다.

수학의 유용성은 어디에 근거할까? 혼란의 여지가 없는 정의, 엄밀한 논증 과정 등 여러 가지 근거를 생각할 수 있으나 '공리적 체계'도 하나라고 볼 수 있다.

20세기 중엽, 괴델은 불완전성 정리 Gödel's Incompleteness Theorem를 발표함으로 수학계에 적지 않은 충격을 주었다. 괴델은 우리가 '아는인식하는 것'과 '아는 것을 형식적으로 표현한 것'과의 차이는 무엇인지 생각하게 하였다.

수학은 인간의 이성적 활동을 효과적으로 표현할 수 있는 언어language로 이해할 수 있다. 요즈음의 수학은 많은 경우 공리적 접근을 취한다.

괴델은 페아노 공리계를 비롯하여 특정한 조건을 만족시키는 공리계에 기반을 두는 수학에는 필연적인 한계가 있음을 보였다. 괴델의 정리를 편하게 말하면 '공리적 수학의 한계를 수학이 증명하였다'라고 할 수 있다.

기존의 수학에서 야기된 역설을 제거하고, 수학의 기초를 확실히 다지고자 하는 시도를 형식주의자들이 주도하였다. 다음은 형식주의 입장에 대한 힐베르트의 꿈을 나타낸다.

> 여기에 문제가 있다. 풀이를 찾아라.
> 순수이성으로 찾을 수 있다. 수학은 알 것이다.
> Here is the problem, search for the solution, you can find it by pure thought, for in mathematics there is no ignorabimus.

이 입장의 궁극적인 목표는 수학 체계의 무모순성의 확보였다. 형식주의적 접근은 수학기초에 관하여 주목할 만한 진전을 가져왔지만 새로운 문제 역시 부각시켰다. 공리 체계의 무모순성consistency과 완전성completeness의 문제이다.

> **공리계의 무모순성** 주어진 공리들로부터 모순된 명제가 유도되지 않는다.
>
> **공리계의 완전성** 주어진 공리계의 용어로 기술되지만 공리계로부터 증명도 반증도 되지 않는 그러한 명제는 없다.

공리계의 무모순성은 수학의 공리체계로서는 필수적인 전제이다. 공리계의 완전성은 공리계의 효용성으로 볼 수 있다. 공리계의 '힘'이라고도 할 수 있다. 주어진 공리계의 용어로 기술된 주장들은 공리계로부터 증명 또는 반증이 되는 그러한 공리계가 바람직하다.

힐베르트는 이 문제들에 관하여 낙관적이었다. '모든 수학 문제는 해결이 가능해야 한다'라는 주장이나 '여기에 문제가 있다. 그 해답을 찾으라. 당신은 그 해답을 순수한 사고로 찾을 수 있다. 수학에는 우리가 알지 못하는 것이 없기 때문이다'라는 선언에서 그의 의지와 희망을 볼 수 있다.

1931년, 괴델은 힐베르트의 그러한 계획은 가능한 것이 아니라는 것을 보였다.

> **제1불완전성 정리** 산술을 포함하는 형식적 체계가 무모순적이고 그 체계의 공리를 판별할 수 있는 구현 가능한 방법, 예를 들어 컴퓨터 프로그램이 존재하면 그 체계 내에서는 증명도 반증도 할 수 없는 명제가 있다.

그 체계 내에서는 증명도 반증도 할 수 없는 명제가 존재하는 그러한 불완전한 공리 체계에 새로운 공리를 첨가하여 무모순적인 체계로 보강한다 하더라도 그 체계는 여전히 불완전하다.

> **제2불완전성 정리** 산술을 포함하는 형식적 체계가 무모순적이고 그 체계의 공리를 판별할 수 있는 구현 가능한 방법이 존재하면 그 무모순성을 그 체계 내에서는 증명할 수 없다.

위 두 정리 모두에서 언급된 세 가지 조건 중에서 하나라도 만족시키지 아니하면 괴델의 정리는 유도되지 아니한다. 페아노 공리체계와 체르멜로-프랜켈^{집합론} 공리체계는 괴델의 정리에서 요구하는 세 가지 조건을 모두 만족시킨다.

여광: 괴델의 정리를 두 가지 측면에서 볼 수 있겠습니다. 하나는 공리적 수학은 피할 수 없는 한계를 가질 수밖에 없다는 것이고, 다른 하나는 수학은 영원히 완성될 수 없다는 것입니다.

여휴: 동의합니다.

여광: 기하학에 유클리드 기하학$^{Euclidean\ geometry}$과 비유클리드 기하학$^{non\text{-}Euclidea\ geometry}$이 있듯이, 집합론에도 칸토어 집합론$^{Cantorian\ set\ theory}$과 비칸토어 집합론$^{non\text{-}Cantorian\ set\ theory}$이 있더군요.

여휴: 그렇습니다. 선택공리 또는 연속체 가설 등을 채택하지

않는 집합론을 생각할 수 있습니다. 표준 해석학standard analysis과 비표준 해석학non-standard analysis이 있지 않습니까? 이 모두는 수학의 지평을 넓히기 위한 시도라고 할 수 있습니다.

여광: 이 기회에 수학의 가치중립성을 생각하면 어떨까요?

여휴: 만만치 않은 화두라고 생각합니다. 교회에서 과학수학, 물리학, 이성, 학문하는 자세는 어거스틴의 '알기 위해 믿는다'라는 말로 함축될 수 있습니다. 그러나 데카르트적 사고는 합리적인 사고의 정형으로 자리 잡습니다. 앞2장에서 언급한 이야기를 더 해봅시다. 데카르트의 『논증Arguments』과 스피노자의 『윤리학Ethics』도 유클리드의 원론의 방식을 그대로 따릅니다. 예를 들어, 데카르트나 스피노자는 '신神, God의 존재성'을 증명하기 위하여 먼저 용어를 정의definition하고 기본적인 전체로 공준postulate을 세우고 명제proposition를 하나하나 논증합니다. 이러한 형식으로 데카르트나 스피노자가 증명한 명제 중의 하나가 '신은 존재한다'입니다. 그들의 명제 중에는 '따름정리corollary'도 있습니다. 이러한 자세는 칸트의 '감히 알기를 시도하라!Dare to know!'라는 말로도 함축될 수 있을 것입니다. 이러한 학문 형식은 뉴턴에 의하여 큰 성과를 거두게 합니다. 예를 들어, 뉴턴의 『자연철학의 수학적 원리The Mathematical Principles of Natural Philosophy』

와 『광학The Optics』은 철저히 유클리드의 원론의 방식을 그대로 따릅니다. 뉴턴의 기계론적 우주론이 많은 지지를 받는 등 데카르트적 사고 양식은 모든 학문 분야에서 절대적인 위치에 서게 됩니다. 그러나 최근의 물리학상대성이론, 양자역학, 초끈이론, 논리학괴델의 불완전성 정리, 인식론지식의 암묵적 차원, tacit dimension of knowledge 등은 새로운 형태의 인식 또는 지식의 다른 길을 암시합니다. 토마스 쿤도 패러다임의 전환을 정당화할 수 있는 논리체계는 없다며 일종의 회심conversion이 필요하다고 주장합니다. 이러한 여러 정황을 통해 볼 때 수학의 가치중립성은 가능하지 않다고 보아야 하지 않을까요?

∞ ∞ ∞

여기에서는 괴델의 불완전성 정리 증명을 대략적으로 이해하여 보자. 여기에 제시되는 설명은 신현용(2018)에 있는 것과 같다.

수학을 무모순적consistent이고 완전한complete 공리체계에 구축하고자 했던 힐베르트 등의 계획은 1920년대 후반에 주목할 만한 성과를 거뒀다. 애커만W. Ackerman, 1896-1962이 1928년 일차술어논리first order predicate calculus의 무모순성을 증명한 것이다. 비록 수학 전 체계의 무모순성을 증명한 것은 아니지만 그것은 대단한 성과였다. 애커만이 술어논리의 무모순성을 증명하였으므로, 술어논리의 완전성에 관한 것은 미해결문제로 제시되었다.

그로부터 1년 뒤인 1929년에 괴델이 일차술어논리의 완전성을 증명하게 되고 1930년에 발표하였다. 사실 이 증명은 괴델의 박사학위 논문의 핵심 내용이었다.

이러한 상황에서 힐베르트의 계획은 고무적으로 추진되었지만 1931년 괴델은 힐베르트의 계획이 불가능함을 보였다. '괴델의 불완전성 정리'가 증명된 것이다.

Nagel & Newman[2001]의 설명을 따라 괴델 정리의 증명을 개략적으로 이해하자. 괴델의 기본적인 접근 방식은 다음과 같다.

- 괴델이 논의하는 논리체계는 러셀과 화이트헤드가 Principia Mathematica[PM]에서 구축한 것이다. 괴델이 논의하는 논리체계를 PM으로 나타낸다. 괴델의 논문 제목에서 'Related Systems'가 암시하듯이 괴델의 논의는 페아노 공리체계나 집합론 공리체계에서도 유효하다.

- 수학적 표현은 물론이고 초수학적[meta-mathematical] 표현을 모두 PM의 언어와 문법으로 표현한다. 괴델은 이 과정이 가능하는 것을 보였다. PM에서의 표현은 형식적[formal]인 것으로서 기호[symbol]들의 나열[string]이다. 예를 들어,

$$2+2 \neq 5$$

'x는 소수이다.'

'p이면 q이다.'

라는 표현들은 각각

$$\sim (ss0 + ss0 = sssss0)$$

$$(\exists x)(\exists y)(x = ssy \times ssz)$$

$$p \supset q$$

로 표현될 것이다.

- PM에서 사용하는 상수기호('$\sim$', '(', ')', 's', '=' 등), 수치변수 ('x', 'y', 'z' 등), 문장변수('p', 'q', 'r' 등) 각각에 자연수를 대응시킨다.

- PM의 형식적인 표현들 즉 기호들의 나열인 식 각각에 자연수를 대응시킨다.

괴델의 논문에서 사용한 상수기호^{constant sign}와 각각에 대응하는 수는 표 12.1과 같다^{Gödel(1931)}.

상수기호	대응하는 수	뜻
0	1	0 (처음 수)
f	3	···의 바로 뒤
$\sim$	5	···가 아니다
$\vee$	7	··· 또는 ···
Π	9	임의의
(	11	여는 괄호
)	13	닫는 괄호

⟨표 12.1⟩ 괴델이 논문에서 사용한 상수기호와 이에 대응하는 수

'··· 이고 ···'를 뜻하는 상수기호 '$\wedge$'도 식에 자주 사용되지만 표 12.1에는 없다. '$p \wedge q$'는 '$\sim (\sim p \vee \sim q)$'과 동치이므로 기호 '$\wedge$'에 특별한 수를 대응시키지 안하도 문제되지 않기 때문이다. 사실,

기호 ∧에 적절한 수를 정하여 대응시켜도 된다. 마찬가지로 '…이면 …이다'를 뜻하는 '⊃'도 위 표에는 없다. '$p \supset q$'는 '$\sim p \vee q$'이기 때문이다.

Nagel & Newman이 사용하는 상수기호와 각각에 대응하는 수는 표 12.2과 같다. 여기에서는 기호 '⊃'에 수 '3'을 대응시키고 있다.

상수기호	대응하는 수	뜻
$\sim$	1	…가 아니다
$\vee$	2	… 또는 …
$\supset$	3	…이면 …이다
$\exists$	4	…이 존재한다
$=$	5	…와 …는 같다
0	6	0 (처음 수)
s	7	…의 바로 뒤 수
$($	8	여는 괄호
$)$	9	닫는 괄호
$,$	10	구둣점
$+$	11	덧셈
$\times$	12	곱셈

⟨표 12.2⟩ Nagel & Newman의 대응

한편, 수치변수^{numerical variable}와 각각에 대응하는 수는 표 12.3과 같다.

상수기호	대응하는 수
x	13
y	17
z	19

⟨표 12.3⟩ 수치변수와 이에 대응하는 수

예를 들어, 다음과 같은 논리식을 수의 열로 표현해보자.

$$(\exists x)(x = sy)$$

기호	(	∃	x	)	(	x	=	s	y	)
대응하는 수	8	4	13	9	8	13	5	7	17	9

⟨표 12.4⟩ $(\exists x)(x=sy)$를 구성하는 기호와 이에 대응하는 수

이 식의 의미는 'y의 바로 뒤 수인 x가 존재한다'이다. 이제 논리식 $(\exists x)(x=sy)$에 수를 다음과 같이 부여하자.

$$2^8 \times 3^4 \times 5^{13} \times 7^9 \times 7^9 \times 11^8 \times 13^{13} \times 17^5 \times 19^7 \times 23^{17} \times 29^9$$

소수를 차례대로 나열하고 각 기호들에 대응하는 수를 지수로서 적용하고 그 모든 수를 곱한 것이다. 주어진 식에 대응하는 이 수를 그 식의 '괴델수Gödel number'라고 한다. 결국 상수기호, 수치변수, 논리식 각각을 자연수에 대응시킬 수 있다.

증명 과정은 식들의 열sequence로 볼 수 있다. 예를 들어, '0의 바로 뒤 수가 존재한다'의 증명을 다음과 같은 식들의 열로 볼 수 있다.

$$(\exists x)(x=sy)$$
$$(\exists x)(x=s0)$$

다음과 같이 해석할 수 있다.

y의 바로 뒤 원소인 x가 존재한다.
따라서 0의 바로 뒤 원소인 x가 존재한다.

처음 식의 괴델수를 m이라고 하고 마지막 식의 괴델수를 n이라고 하면 '0의 바로 뒤 수가 존재한다'의 증명 전체를 나타내는 식의 괴델수는 $k=2^m \times 3^n$이라고 할 수 있다. 이처럼 모든 식은 물론이거니와 식의 열로 이루어진 증명에도 괴델수를 대응시킬 수 있다.

이제 괴델수 $2^6 \times 3^5 \times 5^6$가 주어졌다고 하자. 이 수는 수열 '656'으로 나타낼 수 있는 식에 대응한다. 수열 '656'이 나타내는 식은 '0 = 0'이다. 이상으로부터 식이 하나 주어지면 그에 대응하는 괴델수가 유일하고 괴델수가 주어지면 그에 대응하는 식이 유일하다는 것을 알 수 있다.

식 '$2 + 2 \neq 5$'는 '$\sim (ss0 + ss0 = sssss0)$'와 같이 기호들의 나열로 나타낼 수 있다. 괴델은 '식 $\sim (0 = 0)$의 처음 기호는 $\sim$이다'와 같은 초수학적meta-mathematical 표현도 기호의 나열로 표현할 수 있음을 보였다. 이러한 과정을 '초수학의 산술화arithmetization of meta-mathematical'라고 한다. 불완전성정리를 유도하는 괴델의 기본 접근 방식은 초수학적의 형식화와 산술화라고 할 수 있다.

한 예로 '식 $\sim (0 = 0)$의 처음 기호는 $\sim$이다'라는 초수학적 표현을 기호의 나열로 나타내보자.

$\sim (0 = 0)$의 괴델수는 $2^1 \times 3^8 \times 5^6 \times 7^5 \times 11^6 \times 13^9$이다. 이 수를 '$a$'라고 하면 '식 $\sim (0 = 0$의 처음 기호는 $\sim$이다'는 '2는 a의 약수이지만 2^2은 a의 약수가 아님을 뜻한다. 그런데 '2는 a의 약수이지만 2^2은 a의 약수가 아니다'는 다음과 같이 표현할 수 있다.

$(\exists z)(sss \cdots sss0 = z \times ss0)$

$\wedge \quad (\sim (\exists z)(sss \cdots sss0 = z \times (ss0 \times ss0)))$

이 식에서 '$sss \cdots sss$'에는 s가 a개 있으며 '$\wedge$'는 '그리고and'를 나타내는 상수기호이고 '$\times$'는 곱셈기호이다.

괴델의 증명에서 중요한 역할을 하는 두 가지 초수학적 표현에 대해 알아보자. 첫째는 '논리식들의 열 A는 논리식 B의 증명이다' 라는 표현이다. 논리식들의 열 A를 괴델수 x로 대응시키고, 논리식 B를 괴델수 z로 대응시킨 뒤 'dem(x, z)'를 생각하자. 여기서 'dem' 은 '증명demonstration'을 의미한다. 즉, dem(x, z)은 '괴델수 x로 대응되는 논리식들의 열은 괴델수 z로 대응되는 논리식의 증명이다'를 뜻하게 된다. 괴델은 dem(x, z)은 PM 체계 내에서 논리식으로 나타낼 수 있음을 보였다. 'Dem(x,z)'은 dem(x, z)을 나타내는 것으로서 기호들의 형식적 나열string이다.

이와 같은 방식으로 수학적 의미를 가지는 dem(x, z)을 수학적 의미를 가지지 않는 Dem(x, z)으로 나타낼 수 있는 것이다.

예를 하나 들어보자. 앞에서 두 식의 열

$$(\exists x)(x = sy)$$

$$(\exists x)(x = s0)$$

을 '0의 바로 뒤 수가 존재한다'의 증명으로 보았다. 처음 식의 괴델수 m, 마지막 식의 괴델수 n에 대해 $k = 2^m \times 3^n$은 '0의 바로 뒤 수가 존재한다'의 증명의 괴델 수이다. 이는 dem(k, n)의 한 예이다.

둘째는 '괴델수 m을 가지는 식에서 17에 대응되는 변수를 모두 숫자 m으로 대치하여 얻어지는 식'을 뜻하는 'Sub$(m, 17, m)$'을 생각한다. 여기서 'Sub'는 '대치substitution'를 뜻한다. 식 Sub$(m, 17, m)$의 괴델수를 'sub$(m, 17, m)$'으로 나타내자.

예를 하나 들어보자. 논리식 '$(\exists x)(x = sy)$'의 괴델수는 다음이다.

$$2^8 \times 3^4 \times 5^{13} \times 7^9 \times 11^8 \times 13^{13} \times 17^5 \times 19^7 \times 23^{17} \times 29^9$$

이 수를 m이라고 하면 $\text{Sub}(m, 17, m)$은 다음과 같다.

$$(\exists x)(x = sss \cdots sss0)$$

여기에 등장하는 s의 개수는 $m+1$이다. $\text{Sub}(m, 17, m)$의 괴델수 $\text{sub}(m, 17, m)$는 다음과 같다.

$$2^8 \times 3^4 \times 5^{13} \times 7^9 \times 11^8 \times 13^{13} \times 17^5$$
$$\times 19^7 \times 23^7 \times 29^7 \times \cdots \times (p_{m+8})^7 \times (p_{m+9})^6 \times (p_{m+10})^9$$

이 수에서 지수가 7인 소수는 19부터 p_{m+8}까지 모두 $m+1$ 개다. 여기서 p_i는 i 번째 소수를 뜻한다. 이제 다음 식을 생각하자.

$$\sim (\exists x)\text{Dem}(x, \text{sub}(y, 17, y))$$

이 식의 괴델수를 n이라고 하고 다음 식을 생각한다.

$$\sim (\exists x)\text{Dem}(x, \text{sub}(n, 17, n))$$

이 식을 'G'라고 하면 다음을 알 수 있다.

가. G의 괴델수는 $\text{sub}(n, 17, n)$이다. 괴델수가 n인 식

$$\sim (\exists x)\text{Dem}(x, \text{sub}(y, 17, y))$$

에서 17에 대응되는 변수인 y를 모두 n으로 대치시킨 식인

$$\mathrm{Sub}(n, 17, n)$$

은 $\sim (\exists x)\mathrm{Dem}(x, \mathrm{sub}(n, 17, n))$이기 때문이다. G가 말하는 바는 '괴델수가 $\mathrm{sub}(n, 17, n)$인 식은 증명을 할 수 없다'이므로 'G는 증명할 수 없다'이다.

나. PM이 무모순적이면 G는 증명할 수 없다. G를 증명할 수 있다면 '괴델수가 $\mathrm{sub}(n, 17, n)$인 식은 증명할 수 없다'는 주장이 틀리다는 것을 증명하는 것이다. 즉, G를 증명할 수 있으면 $\sim G$도 증명할 수 있다. 이는 무모순적인 논리체계에서는 가능하지 않다. 따라서 PM이 무모순적이면 증명할 수 없는 식 G가 존재하므로 PM은 완전하지 않다.

다. G는 참이다. 왜냐하면 G는 증명할 수 없고, G는 'G는 증명할 수 없다'라고 말하기 때문이다. PM에는 참이지만 참이라고 증명할 수 없는 식이 존재한다.

지금까지 논의한 결과를 보통 괴델의 '제1불완전성정리The First Incompleteness Theorem'라고 한다. 괴델은 PM이 무모순적이면 PM은 완전할 수 없다는 것을 보인 것이다.

이제 '제2불완전성정리The Second Incompleteness Theorem'에 대하여 알아보자. 사실, 제2불완전성정리는 제1불완전성정리의 따름정리corollaray라고 할 수 있다.

PM 체계가 모순적inconsistent이면 PM 체계 내의 모든 식은 증명 가능하다. 따라서 PM 체계내의 논리식 중 하나가 증명 불가능하면

PM은 무모순적^{consistent}이다. 한편, PM이 무모순적이면 PM은 완전하지 못하므로 PM 체계 내의 논리식 중 적어도 하나는 증명 불가능하다. 즉, PM이 무모순적이기 위한 필요충분조건은 PM 체계내의 논리식 중 적어도 하나는 증명 불가능하다는 것이다.

이제 PM 체계내의 논리식 중 적어도 하나는 증명 불가능하다는 것을 다음과 같이 표현할 수 있다.

$$(\exists y) \sim (\exists x)\text{Dem}(x, y)$$

이 식의 의미는 '어떠한 x에 의해서도 증명되지 않는 y가 존재한다'이다. PM이 무모순적이면 PM은 분완전하므로 다음을 얻을 수 있다.

$$(\exists y) \sim (\exists x)\text{Dem}(x, y) \supset \sim (\exists x)\text{Dem}(x, \text{sub}(n, 17, n))$$

앞부분의 식 $(\exists y) \sim (\exists x)\text{Dem}(x, y)$을 A로 나타내자. 뒷부분의 식 $\sim (\exists x)\text{Dem}(x, \text{sub}(n, 17, n))$은 앞의 '제1불완전성정리'의 설명 과정에서 등장한 G이다. 위의 식을 간략히 표현하면 '$A \supset G$'이고, 이 식은 증명 가능하다.

논리식 A는 증명이 불가능하다. 왜냐하면 A가 증명 가능하다면 $A \supset G$는 증명가능하므로 G의 증명도 가능해야 한다. 이는 모순이다. 즉, PM이 무모순적이면, A는 증명불가능하다.

식 A는 'PM이 무모순적이다'를 의미하므로 이상의 논의는 'PM이 무모순적이면 PM 스스로의 무모순성은 증명할 수 없다'는 것을 뜻한다. 이것이 '제2불완전성정리'의 내용이다.

∞　∞　∞

무한을 '수학자의 낙원'이라고 하는 이유는 무엇인가? 무한을 적극적으로 이해하고 도입함으로써 수학이 어떻게 달라지는 지는 간단히 실해석학real analysis을 살핌으로 분명하게 알 수 있다.

무한이 개입함으로 얻게 되는 수학적 성과의 예를 몇 개 더 살펴보자.

무한은 괴델의 불완전성 정리에서 핵심적인 역할을 한다. 무한이 포함되지 않는 경우에는 무모순적이고 완전한 공리체계가 가능하기 때문이다.

프랙털fractals에서 무한은 자기상사self-similarity와 함께 중요한 요소이다. 자기상사 과정을 무한 번 계속하지 않으면 아무런 의미를 가지지 않기 때문이다.

띠frieze와 벽지wllpaper 각각은 대칭의 관점에서 일곱 개와 열일곱 개의 타입 밖에는 없다. 문양에 관한 이러한 접근과 분류가 가능하기 위해서는 문양의 무한성을 전제하여야 한다. 즉, 띠와 벽지 각각의 기본조각fundamental region이 각각 좌우방향, 좌우와 상하방향으로 무한히 반복된다고 전제하여야 한다.

피타고라스 음계Pythagorean scale는 유리수, 산술arithmetic평균, 조화harmonic평균을 사용하지만 평균율Equal Temperament, Well Temperament은 기하geometric평균을 사용한다.

유리수는 유한단순연분수이고 무리수는 무한단순연분수이므로 피타고라스 음계는 유한에 기반을 두는 음계이고 평균율은 무한에 기반을 두는 음계라고 할 수 있다.

∞　∞　∞

Wir mussen wissen. Wir werden wissen.

힐베르트의 묘비명이다. 다음과 같이 번역할 수 있다.

　우리는 알아야 한다. 우리는 알 수 있다.
　We must know. We will know.

힐베르트는 경건한 크리스천 신앙의 가정에서 자랐고 세례도 받았으나 수학을 깊이 이해하고 난 후 신앙을 버렸다. 수학으로 명징하게 논증된 명제를 성경의 가르침보다 더 신뢰한 것 같다.

그는 수학에 모든 것을 기대하였다. 수학은 모든 것을 알아야 하고, 알 수 있다고 그는 믿은 것이다. 무덤에 누워서도 그렇게 외치고 있다.

괴델은 힐베르트의 물음에 힐베르트가 기대한 방향으로는 답을 하지 않았지만 무한의 깊은 신비를 보여줬다. 무한을 '수학자의 낙원'이라던 힐베르트를 실망시키지는 않았을 것 같다.

13장

퍼지논리, 무엇이 다른가?

'11은 10보다 큰 수이다'라고 말하면 모든 사람이 동의할 수 있지만, '11은 큰 수이다'라고 말하면 동의하지 않을 수 있다. '기온이 영하 10도이다'라고 하면 그 뜻이 분명하지만 '오늘 상당히 춥다'라고 하면 상황이 다르다.

전통적으로 수학에서는 '참 또는 거짓을 분명히 판정할 수 있는' 문장인 '명제'에 대해서 다룬다. 그러나 일상생활에서 주로 사용되는 것들은 항상 명제 수준의 문장들이 아니다. 말하는 상황이나 듣는 사람에 따라 다르게 이해될 수 있는 것들이 대부분이다. 이러한 상황을 수학적으로 어떻게 다룰 수 있을까? 참, 거짓의 '이치논리二値論理, logic of bivalence'가 아닌 '다치논리多値論理, logic of multivalence'가 필요할 것이다.

1960년 대 중반 미국의 자데L. A. Zadeh, 1921-2017는 전통적인 집합론에서의 이치논리 개념을 일반화하여 다치논리의 '퍼지집합fuzzy set' 개념을 소개하였다. '퍼지fuzzy'는 '희미한' 또는 '분명하지 않은'의 뜻이 있다.

이 장에서 논의하는 문제는 다음과 같다.

- 퍼지집합은 이치논리 체계와 무엇이 다른가?
- 퍼지집합의 연산을 어떻게 하나?
- 퍼지집합의 관계는 어떻게 정의할 수 있는가?

$$\infty \quad \infty \quad \infty$$

어떤 집합 X와 한 대상^{object} x에 대하여 $x \in X$ 또는 $x \notin X$ 둘 중 하나만 성립한다. 집합 $X = \{1, 2, 3, 4\}$와 X의 부분집합 $Y = \{1, 2\}$에 대하여 특성함수 $\chi_Y : X \to \{0, 1\}$를 생각하면

$$\chi_Y(1) = 1, \ \chi_Y(2) = 1, \ \chi_Y(3) = 0, \ \chi_Y(4) = 0$$

이다.

집합 Y를 다음과 같이 나타낼 수도 있다.

$$Y = \{(1, 1), (2, 1), (3, 0), (4, 0)\}$$

X의 각 원소의 특성함수 χ_Y의 값을 함께 표시한 것이다. 마찬가지로 Y의 여집합 Y^c는

$$Y^c = \{(1, 0), (2, 0), (3, 1), (4, 1)\}$$

과 같이 나타낼 수 있다. X의 부분집합 $Z = \{2, 3\}$도

$$Z = \{(1, 0), (2, 1), (3, 1), (4, 0)\}$$

로 나타내어지고 이에 관하여 다음을 알 수 있다.

$$Y \cup Z = \{(1,1),(2,1),(3,1),(4,0)\}$$
$$Y \cap Z = \{(1,0),(2,1),(3,0),(4,0)\}$$

또한 다음을 어렵지 않게 확인할 수 있다.

$$Y^c \cap Z^c = \{(1,0),(2,0),(3,0),(4,1)\} = (Y \cup Z)^c$$
$$Y^c \cup Z^c = \{(1,1),(2,0),(3,1),(4,1)\} = (Y \cap Z)^c$$

집합 X에서의 특성함수는 함숫값을 0 또는 1만 가진다. 이제, 함숫값을 닫힌구간 $[0,1]$의 어떤 값이라도 가질 수 있는 함수 $\mu\colon X \to [0,1]$를 생각하자. 여기서 닫힌구간 $[0,1]$은 실수의 부분집합으로서

$$[0,1] = \{x \in \mathbb{R} \mid 0 \leq x \leq 1\}$$

을 뜻한다.

예를 하나 들어보자. 집합 $X = \{1,2,3,4\}$에 대하여 함수 $\mu\colon X \to [0,1]$을 다음과 같이 정의하자.

$$\mu(1) = 0.1,\ \mu(2) = 1,\ \mu(3) = 0,\ \mu(4) = 0.7$$

집합 X와 함수 $\mu\colon X \to [0,1]$에 대하여 순서쌍들의 집합

$$\{(x, \mu(x)) \mid x \in X\}$$

를 X 위에서의 퍼지집합fuzzy set이라고 하고, 함수 μ를 그 퍼지집합의

귀속도함수membership function라고 한다. 귀속도함수를 '소속함수'라고도 한다.

이치논리에 의한 기존의 집합은 다치논리에 의한 퍼지집합의 특수한 예라고 여길 수 있다.

사건이 일어날 확률을 귀속도함수로 사용할 수 있지만, 일반적으로 귀속도함수는 확률과는 무관하다. 확률이론에는 '임의성randomness'이 결정적인 역할을 하지만, 퍼지집합에서는 임의성이 아닌 주관성이 개입한다. 집합 $X = \{1, 2, 3, 4\}$와 $\mu(1) = 0.1$, $\mu(2) = 1$, $\mu(3) = 0$, $\mu(4) = 0.7$로 정의되는 귀속도함수 $\mu \colon X \to [0, 1]$에 의한 퍼지집합은

$$\{(1, 0.1), (2, 1), (3, 0), (4, 0.7)\}$$

이다.

퍼지집합에서는 귀속도함수가 중요한 역할을 한다. 귀속도함수에 따라 퍼지집합이 결정되는 것이다.

집합 X에서 귀속도함수 μ_A와 μ_B 각각에 의하여 결정되는 퍼지집합을 X_A, X_B로 나타내기로 하자. 집합 X위에서의 두 퍼지집합 X_A와 X_B에 대하여, 임의의 $x \in X$에 대하여 $\mu_A(x) \leq \mu_B(x)$일 때 X_A는 X_B의 부분퍼지집합이라고 하고, $X_A \subset X_B$와 같이 나타낸다.

예를 들어, 퍼지집합 $X_A = \{(1, 1), (2, 1), (3, 0), (4, 0)\}$는 $X_B = \{(1, 1), (2, 1), (3, 1), (4, 1)\}$의 부분퍼지집합이다.

임의의 $x \in X$에 대하여 $\mu_A(x) = \mu_B(x)$일 때, 두 퍼지집합 X_A와 X_B는 같다고 하고, $X_A = X_B$와 같이 나타낸다. 두 퍼지집합 X_A와 X_B가 같으면 그리고 이때에만 $X_A \subset X_B$이고 $X_B \subset X_A$

임을 알 수 있다.

두 집합 사이의 연산으로서 교집합과 합집합을 생각하듯이, 두 퍼지집합 사이의 연산을 생각할 수 있다.

퍼지집합 X_A와 X_B에 대하여 함수 $\mu_{A\cap B}\colon X \to [0,1]$가

$$\mu_{A\cap B}(x) = \min\{\mu_A(x), \mu_B(x)\}$$

으로 정의될 때,

$$X_A \cap X_B = \{(x, \mu_{A\cap B}(x)) \mid x \in X\}$$

와 같이 정의하고 $X_A \cap X_B$를 퍼지교집합이라고 한다. 또, 함수 $\mu_{A\cup B}\colon X \to [0,1]$가

$$\mu_{A\cup B}(x) = \max\{\mu_A(x), \mu_B(x)\}$$

으로 정의될 때,

$$X_A \cup X_B = \{(x, \mu_{A\cup B}(x)) \mid x \in X\}$$

와 같이 정의하고 $X_A \cup X_B$를 퍼지합집합이라고 한다.

∞ ∞ ∞

퍼지합집합과 퍼지교집합을 정의하듯이 퍼지차집합을 정의할 수 있다. 이를 위해, 먼저, 퍼지여집합을 정의한다.

귀속도함수 μ_A에 의한 퍼지집합 X_A가 주어졌을 때, 다음과 같은

함수 $\mu_{A^c} : X \to [0,1]$를 생각하자.

$$\mu_{A^c}(x) = 1 - \mu_A(x)$$

이 함수 μ_{A^c}도 집합 X에 정의되는 귀속도함수임을 알 수 있다. 이제, 퍼지집합 X_A의 퍼지여집합 X_{A^c}는 다음과 같이 정의된다.

$$X_{A^c} = \{(x, \mu_{A^c}(x)) \mid x \in X\}$$

퍼지차집합은 퍼지여집합 개념을 이용하여 다음과 같이 정의된다.

$$X_A - X_B = X_A \cup X_{B^c}$$

앞으로, 집합 X가 무엇인지 강조할 필요가 없을 때에는, 퍼지집합 X_A와 퍼지여집합 X_{A^c}를 각각 A와 A^c로 나타낸다.

이와 같이, 이치논리 체계에서의 교집합, 합집합, 차집합 등 연산이 다치논리 체계에서 자연스럽게 얻어진다.

∞　∞　∞

여광: 보통의 집합연산에 관한 많은 성질이 퍼지집합의 연산에 대해서도 성립하겠죠?

여휴: 그래야하지 않을까요? 예를 들어, 임의의 퍼지집합 A, B, C에 대하여 다음이 성립합니다.

가. $A \cap A = A$, $A \cup A = A$, $(A^c)^c = A$

나. $(A \cap B) \cap C = A \cap (B \cap C)$

$(A \cup B) \cup C = A \cup (B \cup C)$

다. $A \cap B = B \cap A$, $A \cup B = B \cup A$

라. $A \cap (B \cup C) = (A \cap B) \cup (A \cap C)$

$A \cup (B \cap C) = (A \cup B) \cap (A \cup C)$

마. $(A \cap B)^c = A^c \cup B^c$, $(A \cup B)^c = A^c \cap B^c$

여광: 퍼지이론의 중요한 특징은 배중률law of excluded-middle이 성립하지 않는다는 것이겠죠? 간단한 예를 통하여 이 사실을 설명할 수 있을까요?

여휴: 집합 X위에서의 임의의 퍼지집합 A에 대하여 다음은 일반적으로 성립하지 않습니다.

가. $A \cup A^c = X$

나. $A \cap A^c = \varnothing$

여기서 $X = \{(x,1) \mid x \in X\}$이고 $\varnothing = \{(x,0) \mid x \in X\}$입니다.

여광: 그러한 집합 A가 있으면 어떤 원소가 'A에 속하지 않는다'고 하여도 그 원소가 'A^c에 속한다'고 할 수 없군요. 마찬가지로, 어떤 원소가 'A에 속한다'고 하여도 A^c에 속하지 않는다'고도 할 수 없습니다. 그러한 성질을 가지는 퍼지집합 A의 구체적인 예를 들 수 없을까요?

여휴: 여러 예를 들 수 있습니다. 간단한 예를 살펴봅시다. 퍼지집합 $X = \{(1,1)\}$에서 부분퍼지집합 $A = \{(1, 0.5)\}$를 생각합시다. $A \cup A^c = A \neq X$이고 $A \cap A^c = A \neq \varnothing$입니다.

∞ ∞ ∞

두 집합 X와 Y에 대하여 X에서 Y로의 퍼지관계 R를 데카르트 곱 $X \times Y$위에서의 퍼지집합 R로 생각할 수 있다.

$$\{((x,y), \mu_R(x,y)) \mid (x,y) \in X \times Y\}$$

여기서 μ_R은 퍼지집합 R의 귀속도함수 $\mu_R \colon X \times Y \to [0,1]$이다.

예를 들어, $X = \{x_1, x_2\}$와 $Y = \{y_1, y_2\}$의 데카르트 곱 $X \times Y$ 위에서

$$R = \{((x_1, y_1), 0.2), ((x_1, y_2), 1), ((x_2, y_1), 0), ((x_2, y_2), 0.7)\}$$

은 하나의 X에서 Y로의 퍼지관계이다.

퍼지관계는 행렬로 표현하면 편리하다. 위 예에서의 퍼지관계 R는

$$\begin{bmatrix} \mu_R(x_1, y_1) & \mu_R(x_1, y_2) \\ \mu_R(x_2, y_1) & \mu_R(x_2, y_2) \end{bmatrix} = \begin{bmatrix} 0.2 & 1.0 \\ 0.0 & 0.7 \end{bmatrix}$$

과 같은 행렬로 나타낼 수 있다. 이 행렬의 (i,j) 성분은 $\mu_R(x_i, y_j)$를 나타낸다.

$X \times X$위에서의 퍼지집합을 간단히 X위에서의 퍼지관계라고 한다. X위에서의 퍼지관계 R이 다음을 만족시킬 때, R을 반사적^{reflexive}이라고 한다.

$$\text{임의의 } x \in X \text{에 대하여 } \mu_R(x,x) = 1 \text{이다.}$$

집합 X위에서의 퍼지관계 R이 다음을 만족시킬 때, R을 대칭적^{symmetric}이라고 한다.

$$\text{임의의 } x, y \in X \text{에 대하여 } \mu_R(x,y) = \mu_R(y,x) \text{이다.}$$

집합 X위에서의 퍼지관계 R이 다음을 만족시킬 때, R을 반대칭적$^{\text{anti-symmetric}}$이라고 한다.

임의의 $x, y \in X$ $(x \neq y)$에 대하여,
$\mu_R(x,y) \neq \mu_R(y,x)$ 또는 $\mu_R(x,y) = \mu_R(y,x) = 0$이다.

집합 X위에서의 퍼지관계 R이 다음을 만족시킬 때, R을 추이적^{transitive}이라고 한다.

임의의 $x, z \in X$에 대하여,
$\mu_R(x,z) \geq \max\{\min\{\mu_R(x,y), \mu_R(y,z)\} \mid y \in X\}$이다.

X위에서의 퍼지관계 R가 주어졌을 때,

$$\mu_{R^2}(x,z) = \max\{\min\{\mu_R(x,y), \mu_R(y,z)\} \mid y \in X\}$$

와 같이 정의된 귀속도함수 μ_{R^2}에 의한 퍼지집합을 $R \cdot R$ 또는 R^2으로 나타낸다.

여휴: X위에서의 퍼지관계 R가 추이적이면 그리고 이때에만 $R^2 \subset R$임을 설명할 수 있을까요?

여광: 정의 자체 아닌가요?

여휴: 그렇다고 볼 수 있죠? 예를 들어 봅시다. $x_1 =$ 청주, $x_2 =$ 대전, $x_3 =$ 광주, $x_4 =$ 대구라고 할 때, 집합 $X = \{x_1, x_2, x_3, x_4\}$ 위에 퍼지관계 'x는 y에 꽤 가깝다'를 다음 행렬로 나타낼 때, 이 관계에 대하여 다음을 확인하여 봅시다.

$$\begin{bmatrix} 1.0 & 0.9 & 0.1 & 0.1 \\ 0.9 & 1.0 & 0.3 & 0.3 \\ 0.1 & 0.3 & 1.0 & 0.4 \\ 0.1 & 0.3 & 0.4 & 1.0 \end{bmatrix}$$

가. 반사적이고 대칭적이다.

나. 추이적이 아니다.

다. 반대칭적이 아니다.

여광: 주대각선 위의 모든 수가 '1'이라는 것은 관계가 반사적임을 뜻합니다. 주대각선을 축으로 위와 아래가 반사적인 것은 관계가 대칭적임을 뜻합니다. 두 개의 순서쌍 (x_2, x_3)과 (x_3, x_2)의 귀속도가 0.3으로 같으나 0이 아니므로 반대칭적이지는 않습니다. 마지막으로 관계가 추이적이지 않음을 설명하기 위해 위 퍼지관계를 R이라고 합시다. 몇 가지 계산을 해봅시다.

$$\min\{\mu_R(x_1, x_1), \mu_R(x_1, x_4)\} = 0.1$$

$$\min\{\mu_R(x_1, x_2), \mu_R(x_2, x_4)\} = 0.3$$

$$\min\{\mu_R(x_1, x_3), \mu_R(x_3, x_4)\} = 0.1$$

$$\min\{\mu_R(x_1, x_4), \mu_R(x_4, x_4)\} = 0.1$$

$$\mu_R(x_1, x_4) = 0.1 < 0.3 = \max\{0.1, 0.3, 0.1, 0.1\}$$

이므로 R는 추이적이지 않습니다.

∞ ∞ ∞

보통 집합에서 동치관계를 생각하듯이 퍼지집합에서 퍼지동치관계를 생각할 수 있다. 집합 X 위에서의 퍼지관계 R가 반사적, 대칭적, 추이적일 때, 관계 R를 퍼지동치관계fuzzy equivalence relation라고 한다.

집합 X위에서의 퍼지관계 R와 임의의 실수 α에 대하여

$$R_\alpha = \{(x,y) \in X \times X \mid \mu_R(x,y) \geq \alpha\}$$

는 $X \times X$의 보통 부분집합으로서 X위에서의 관계이다.

집합 X위에서의 퍼지동치관계 R에 대하여 R_α는 X위에서의 보통 동치관계임을 알 수 있다. 먼저, R_α가 반사적이고 대칭적이라는 것은 쉽게 알 수 있다. 이제, R_α가 추이적임을 보이기 위해서 $xR_\alpha y$이고 $yR_\alpha z$라고 하자. 즉, $\mu_R(x,y) \geq \alpha$이고 $\mu_R(y,z) \geq \alpha$라고 하자. 그러면

$$\mu_R(x,z) \geq \min\{\mu_R(x,y), \mu_R(y,z)\}$$

이므로 $\mu_R(x,z) \geq \alpha$, 즉 $xR_\alpha z$이다.

한편, 집합론에서 순서관계를 정의하듯이 퍼지집합의 경우에도 퍼지순서관계fuzzy order relation를 정의할 수 있다. 집합 X위에서의 퍼지관계 R가 반사적, 반대칭적, 추이적일 때 관계 R를 퍼지순서관계라고 한다.

예를 들어, 집합 $X = \{x_1, x_2, x_3, x_4\}$ 위에 퍼지관계가 행렬

$$\begin{bmatrix} 1.0 & 0.8 & 0.0 & 0.0 \\ 0.2 & 1.0 & 0.0 & 0.0 \\ 0.3 & 0.4 & 1.0 & 0.1 \\ 0.0 & 0.0 & 0.0 & 1.0 \end{bmatrix}$$

로 정의되는 퍼지관계는 퍼지순서관계이다.

보통 함수 개념에 퍼지 개념을 도입하는 방법은 다양하게 있을

수 있다. 여기에서는 그 중 한 가지만을 간략히 소개한다.

두 집합 X, Y에 대하여 함수 $f: X \to Y$가 있다고 하자. 또한 X, Y 각각의 위에서의 퍼지집합 A, B가 있다고 하자. 임의의 $x \in X$에 대하여 $\mu_A(x) \leq \mu_B(f(x))$일 때, 함수 f는 퍼지제한함수fuzzy constraint function라고 한다.

퍼지제한함수의 합성은 잘 정의된다. 즉, 두 퍼지제한함수 $f: X \to Y$와 $g: Y \to Z$의 합성함수 $g \circ f: X \to Z$는 퍼지제한함수이다.

∞ ∞ ∞

전통적인 수학은 이치논리 체계로서 유한개, 특히 두 개의 진릿값을 가지지만, 퍼지 수학은 무한개의 귀속도를 가지는 다치논리 체계이다.

논리 체계가 다르면 증명기법도 달라진다. 전통적인 수학에서 유용하고 강력한 증명 기법인 귀류법이 퍼지 수학에서는 무효가 되는 이유이다.

논증 기법은 문제가 주어진 환경이나 당시 기술의 수준에 따라서도 달라질 수 있다. 전통적인 증명기법은 삼단논법이나 수학적 귀납법 또는 초한 귀납법으로 대표되는 결정론적 증명이다. 그러나 근래에는 결정론적deterministic이 아닌 확률론적probabilistic 논증 기법도 활용되고 있다[8장].

보통의 경우에는, 용어의 혼란을 피하기 위해, '증명proof'이라는 용어는 결정론적 논증 기법을 뜻하는 것으로 제한하고, 그보다 더 넓은 의미의 논증 기법을 논의할 때에는 '정당화$^{\text{justification, verification}}$'
라는 용어를 사용한다. 정당화는 기존의 증명 기법인 '증명'은 물론
이고 확률론적 논증도 포함하는 개념이다. 베이컨이 '새 오르가논'
에서 강조한^{1장} 귀납적 논리는 정당화의 한 기법으로 볼 수 있다. 오
랜 경험과 섬세한 관찰에 의해 얻은 명제는 충분한 정당성을 가지게
된다.

정보통신 이론인 부호론$^{符號論, \text{ coding theory}}$과 정보보호 이론인 암
호학$^{暗號學, \text{ cryptography}}$에서 흔히 사용되는 확률론적 정당화는 비결정
론석 논증 기법이다.

확률론적 정당화의 예를 하나 들어보자. 컴퓨터의 성능에 따라
다르지만 노트북 수준의 보통 컴퓨터가 수

$$289,231,698,061,336,681,936,377,637,313$$

의 다음 두 소인수$^{\text{prime factor}}$

$$434,629,305,430,289, \quad 665,467,547,741,617$$

을 찾으려면 다소의 시간이 걸리지만 처음 주어진 수가 소수^{prime}
^{number}가 아닌 합성수$^{\text{composite number}}$라는 사실은 금방 안다. 컴퓨터는
소인수분해^{factorization}를 하지 않고 소수 판정$^{\text{primality test}}$을 하기 때문이
다. 컴퓨터는 소수 판정을 확률론적 과정을 통해 수행한다. 컴퓨터
가 '수 289,231,698,061,336,681,936,377,637,313은 합성수이다'
라고 선언할 때, 이 선언의 정확한 표현은 '주어진 수가 합성수일
확률은 거의 1이다'인 것이다.

확률론적 정당화에서는 유한과 무한은 주요한 요소가 아니다. 제아무리 큰 수라고 하더라도 그 수의 소인수는 유한개일 수밖에 없지만 계산하여야 할 경우의 수가 매우 많은 경우에는 주어진 시간과 공간의 제약을 받게 되어 확률론적 접근을 시도한다.

확률론적 정당화 과정에서는 막강한 계산 능력을 가진 컴퓨터의 지원이 필수적이라는 것은 주목할 필요가 있다.

한편, 결정론적 증명에서는 구성적인 constructive 증명과 함께 비구성적 non-constructive 증명도 가능하다. 예를 들어, 100,000 명을 수용하는 경기장에서의 경기 관람을 위한 입장권 100,000 장이 모두 팔렸고, 99,999 명이 입장했다면 '경기장에 빈 좌석이 하나 있다'는 사실은 그 빈 좌석이 어디인지 구체적으로 찾아내지 않아도 알 수 있다.

무한의 상황에서 선택공리를 사용하는 증명은 비구성적인 존재 existential 증명이다. '한 개의 공球을 수학적 방법을 사용하여 다섯 조각으로 난 후, 다른 방식으로 결합하여 원래의 공과 같은 부피를 가지는 공을 두 개 만들 수 있다'는 바나흐-타르스키 정리 바나흐-타르스키 역설, 1장에서 공을 나누기 위해서는 보이는 칼刀 대신 보이지 않는 선택공리를 사용하여야 한다. 나누는 과정은 결코 관찰될 수 없는 것이다.

여광: 자데 L. A. Zadeh가 다치논리 체계로서 퍼지이론을 소개하고 얼마 후, 인지과학자 호프스태터 D. Hofstadter, 1945-는 『괴델, 에셔, 바흐: 영원한 황금 노끈 Gödel, Escher, Bach: an

바흐 (J. S. Bach, 1685-1750)

Eternal Golden Braid』이라는 책을 출간했습니다. 퍼지논리 체계가 기존의 논리 체계와 크게 다른 특징 중 하나는 무한이라고 생각합니다. 전통적인 수학의 논리 체계에서는 0과 1 두 개의 귀속도만 가능하지만 퍼지이론에서는 무한히 많은 귀속도가 가능하기 때문입니다. 호프스태터가 주목한 괴델, 에셔, 바흐의 공통점도 무한이 아닐까요?

여휴: 무슨 뜻일까요?

여광: 괴델이 논의하는 공리계는 무한이 내제된 것이어야 합

에셔 (M. C. Escher, 1898-1972)

니다. 무한이 내재되지 아니하는 공리체계는 무모순적이며 완전할 수 있기 때문이죠. 한편, 에셔와 바흐에서 대칭은 핵심적인 역할을 합니다. 에셔가 그린 벽지 문양의 대칭성을 수학적으로 접근하고자 하면 무한을 전제해야 합니다. 기본조각이 두 방향으로 무한히 반복된다고 전제하기 때문입니다.

여휴: 무슨 의미인지 알 것 같습니다. 바흐의 음악에서는 어떻게 무한을 이야기할 수 있을까요?

여광: 바흐의 '무한한 카논Never-ending canon' 또는 '크랩 카논Crab

canon' 등에서 무한과 뫼비우스 띠Möbius strip 등을 이야기 할 수 있지 않을까요?

여휴: 바흐는 대위법counterpoint을 즐겨 사용했는데 대칭이 자연스럽게 개입할 수밖에 없을 것 같습니다. 실제로, 그의 음악에서는 반사reflection와 회전rotation은 물론이거니와 미끄럼반사glide-reflection도 볼 수 있습니다. 앞에서 주목하였듯이, 대칭은 무한을 감안하여야 제대로 논의할 수 있습니다.

여광: 바흐의 음악에는 무한이 깊이 스몄다고 할 수 있을 것 같습니다.

여휴: 호프스태터는 괴델, 에셔, 바흐 각각에서 '이상한 고리strange loop'를 발견할 수 있다며 이상한 고리가 무엇인지를 논의합니다. 무한이 개입되지 아니하면 '이상한 고리'는 이상하지 않을 것 같습니다. 1954년 8월 27일부터 9월 26일까지 암스테르담 시립박물관The Stedelijk Museum Amsterdam에서 에셔 작품 전시회가 열렸습니다. 1954년 9월 2일에 개막된 세계수학자대회International Congress of Mathematicians, Amsterdam 기간에 맞추어 기획된 이 전시회는 여러 수학자가 방문함으로 큰 성공을 거두었고, 수학과 예술의 활발한 교류의 기회를 제공하였습니다.

여광: 수학과 예술의 활발한 대화는 서로에게 큰 도움이 되었겠습니다.

여휴: 그렇습니다. 수학은 예술가에게, 예술은 수학자에 영감을 주게 됩니다. 에셔의 '원형 극한circle limit III'에는 수학이 더 많이 스몄습니다. 1954년 이후의 작품인 이 문양에는 비유클리드 기하학이 있습니다. 무한이 없으면 비유클리드 기하학도 없습니다. 에셔가 무한을 만남으로 그의 작품이 달라진 것입니다.

여광: 수학은 여러 곳에 은밀하게 스미잖아요? 요즈음 많은 관심을 끌고 있는 블록체인block chain이나 비트코인bitcoin에서는 수학이 전부라고 할 수 있을 것 같아요. 자유가 본질인 수학은 이치논리와 다른 다치논리 체계를 생각하듯이, 전통적인 '은행과 고객'의 구도에 의한 화폐 개념에서 개인 대 개인Peer-to-Peer, P2P 구도인 블록체인을 활용하는 화폐 개념은 가히 수학적 발상이라고 할 수 있지 않을까요?

여휴: 그렇게 생각할 수 있겠습니다. 비트코인을 화폐로서 인정받게 하는 모든 기능은 수학입니다. 예를 들어, 공개열쇠암호체계public-key cryptostsem, 전자서명digital signature, 해쉬함수hash function 등과 관련된 모든 성질은 수학특히, 정수론입니다.

여광: 비트코인은 무한과는 무관할까요?

여휴: 뜻밖의 질문이군요. 비트코인은 대부분 정수론의 문제로서 소수, 소인수분해 등과 관련된 개념이므로 무한

과의 직접적이고 자연스러운 관련을 말하기 어렵겠지만 전혀 무관하지도 않다고 생각합니다. 아시다시피, 비트코인은 2008년부터 개발자 스스로에 의해 채굴이 시작되었습니다. 당시 블록 한 개가 형성되면 50 개의 비트코인, 즉 50 BTC가 보상으로 주어졌습니다. 비트코인의 원래 설계에 따르면 비트코인은 2100만 개만 채굴될 것이고, 21만 개가 추가로 채굴되면 보상되는 비트코인의 개수가 반으로 감소합니다. 평균적으로 매 10분마다 한 개의 블록이 생성되므로 21만 개가 생성되는 데에는 약 4 년이 걸립니다. $6 \times 24 \times 365 \times 4$가 약 21만이기 때문이죠. 이에 따라, 대략 2012년 이후 블록 한 개가 형성되면 25 BTC가 보상으로 주어졌고, 2016년 이후에는 12.5 BTC가 보상으로 주어지고 있습니다. 2140년경에는 전체 개수로 정해진 2100만 개가 모두 채굴될 것으로 예상되고 있습니다.

$$210000 \times 50 \times \left(1 + \frac{1}{2} + \left(\frac{1}{2}\right)^2 + \cdots + \left(\frac{1}{2}\right)^8\right)$$

가 약 2100만이기 때문입니다. 여기서 무한등비급수

$$1 + \frac{1}{2} + \frac{1}{4} + \cdots$$

를 주목합시다. 새롭게 등장하는 블록체인은 무수히 증가할 수 있지만 채굴될 비트코인의 수는 영원히 2100만

개가 되지 못합니다.

$$1 + \frac{1}{2} + \left(\frac{1}{2}\right)^2 + \cdots + \left(\frac{1}{2}\right)^n$$

이 영원히 2가 될 수 없기 때문입니다. 비트코인의 시세에 따라 채굴은 계속될 수 있습니다. 예를 들어, 비트코인 한 개의 가치가 매우 큰 경우에는 10^{-10} 개의 비트코인도 상당한 재화가 될 수 있기 때문입니다. 비트코인이 지속적인 가치를 가질 수 있도록 초기 설계자들의 장치라고 할 수 있습니다. 무한의 성질을 이용한 것으로 볼 수 있지 않을까요?

여광: 무한의 기본 성질을 이용한 것이군요. 비트코인이 기반을 두고 있는 블록체인이 매 10 분마다 업데이트 되는 까닭은 매 10 분마다 한 개 꼴로 블록이 생성되기 때문인가요?

여휴: 그렇습니다. 블록체인과 비트코인에서 '수학이 모든 것'이라고 말할 수 있습니다.

여광: 경제 활동으로서 비트코인을 구매하고자 하는 사람은 비트코인에서 제공하는 여러 가지 프로그램을 내려 받아 사용하면 되므로 어떠한 수학이 어떻게 쓰이는지 알 필요가 없습니다.

여휴: 수학이 실생활에 스미는 일반적인 모습이 아닐까요? 철학이나 예술 그리고 인문학에도 수학은 그런 모습으로

있습니다. 무한이 유한에 스미는 모습도 그와 같습니다. 무리수가 없으면 유리수는 의미를 상실하고, 수학적 관점에서 무한이 정의되지 않으면 유한도 정의되지 않습니다. 관찰할 수 없음으로 실험이나 경험할 수 없는 무한은 그런 모습으로 유한의 실생활에 스미는 것이죠.

14장

무한으로

더 넓은 세계를 상상하는 것은 때론 기존 세계에서의 문제를 해결하는데 도움이 된다. 예를 들어, 자연수만을 다루는 문제는 때론 자연수 전체의 집합 $\mathbb{N}$을 확장한 정수 전체의 집합 $\mathbb{Z}$을 상상함으로 쉽게 해결될 수 있다. 정수 전체의 집합에서는 덧셈에 관한 항등원과 역원을 고려할 수 있기 때문이다. 이때, $-1, -2, \cdots$ 등의 음의 정수가 실제 세계에서 어떻게 관찰될 수 있는지는 중요하지 않다.

'제곱하면 -1이 되는 수'인 이상한 수 i를 상상하는 이유도 같은 맥락에서 이해할 수 있다. 주어진 문제가 오로지 실수만을 다루는 것일지라도 실수 전체의 집합 $\mathbb{R}$를 확장하여 복소수 전체의 집합 $\mathbb{C}$를 상상하는 것이다. 예를 들어, 이상적분

$$\int_0^\infty \cos(x^2)\,dx, \qquad \int_0^\infty \frac{\sin x}{x}\,dx$$

등의 값을 구하는 문제는 순수하게 실수 세계에서의 문제이지만 복소수를 고려하여 복소함수의 적분을 이용하면 쉽게 해결될 수 있다.

무한도 마찬가지이다. 신비한 무한의 세계를 논리의 타당성에 유의하며 상상한다면, 주어진 문제가 단지 유한한 대상을 다루는 것일지라도 그 문제를 해결할 수 있다.

이 장에서 논의하는 문제는 다음과 같다.

> - 무한을 주의 깊게 다루지 않으면 어떠한 문제가 발생하는가?
> - 유한한 대상을 다루는 문제를 무한에 도움을 받아 해결할 수 있는가?

유한의 세계에서 성립했던 사실 등이 우리의 직관과 부합하다 하더라도 이를 무한의 세계에 그대로 적용할 수 없다. 앞에서 살펴본 예로서 무한급수 $1+\frac{1}{2}+\frac{1}{4}+\frac{1}{8}+\frac{1}{16}+\cdots$ 와 $1+2+4+8+16+\cdots$ 의 문제[1장], 제논의 역설, 러셀의 역설[12장] 등은 무한이 매우 조심스럽게 논의되어야 하는 대상임을 설명하고 있다.

여기에서 한 가지를 예를 더 살펴보자. 원의 둘레의 길이의 근삿값을 구하기 위해서는 그림 39와 같이 주어진 원에 내접하는 정다각형의 둘레의 길이를 재면 된다. 더 정확한 근삿값을 얻기 위해서는 꼭짓점의 수가 더 많은 정다각형을 이용하면 된다. 주어진 원에 내접한 정n각형의 둘레의 길이는 원의 둘레의 길이에 수렴하기 때문이다. 직관적으로 꼭짓점의 수 n이 커지면 커질수록 내접한 정n각형이 주어진 원에 점점 더 '가까워'지므로 이러한 방법이 타당하다는 것에 동의할 수 있을 것이다.

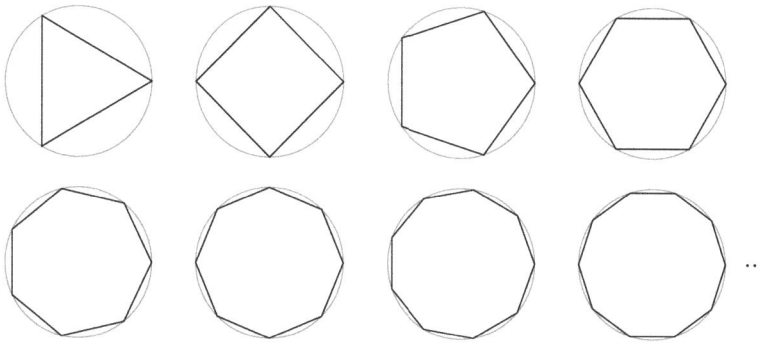

⟨그림 39⟩ 원에 내접한 정다각형

한편, 다음을 생각해보자. 임의의 자연수 n에 대하여 함수

$$f_n : [0, 2\pi] \to \mathbb{R}, \quad f_n(x) = \frac{1}{n} \sin(nx)$$

를 고려하자. 여기서 $[0, 2\pi]$는 닫힌구간 $\{x \in \mathbb{R} \mid 0 \leq x \leq 2\pi\}$를 뜻한다. 그림 40은 자연수 n에 값에 따른 함수 f_n의 그래프의 개형을 보여준다.

자연수 n의 값이 점점 커짐에 따라 그래프의 주기와 진폭이 점점 작아져 그래프가 선분

$$S = \{(x, 0) \in \mathbb{R}^2 \mid 0 \leq x \leq 2\pi\}$$

에 '가까워'지고 있음을 확인할 수 있다. 이 경우에도 원의 둘레를 구할 때와 마찬가지로, n이 커짐에 따라 함수 f_n의 그래프의 길이가 선분 S의 길이인 2π에 수렴한다고 할 수 있을까?

이 문제에 답하기 위해서 함수 f_n의 그래프의 길이를 계산해보자. 간단한 미적분학 지식으로 충분하다. 함수 f_n의 그래프의 길이

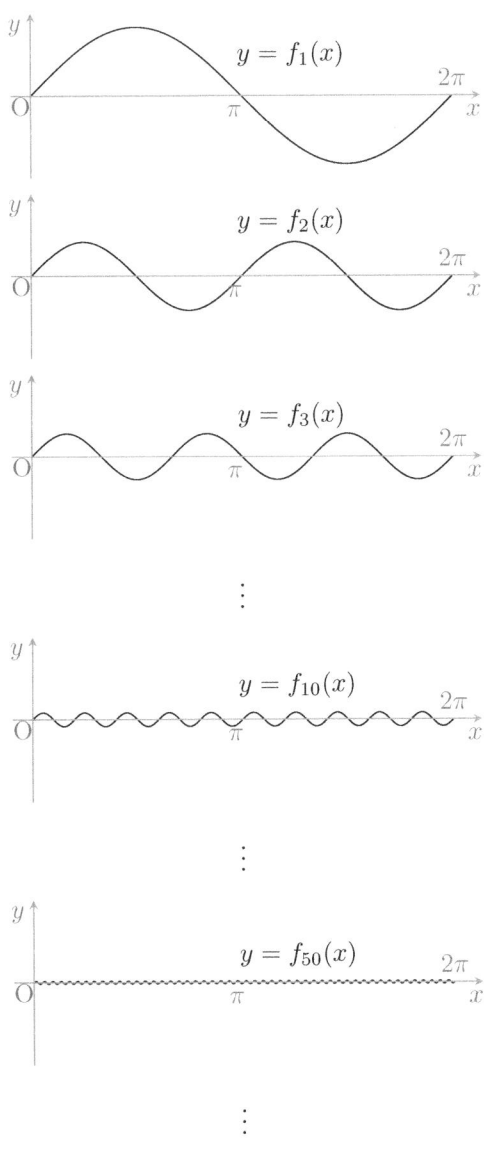

⟨그림 40⟩ 함수 f_n의 그래프의 개형

는 다음 식을 이용하여 계산할 수 있다.

$$\int_0^{2\pi} \sqrt{1 + \{f_n'(x)\}^2}\,dx$$

치환적분과 삼각함수의 주기성을 이용하면 주어진 식은 다음과 같이 나타낼 수 있다.

$$\begin{aligned}\int_0^{2\pi} \sqrt{1 + \{f_n'(x)\}^2}\,dx &= \int_0^{2\pi} \sqrt{1 + \cos^2(nx)}\,dx \\ &= \frac{1}{n}\int_0^{2n\pi} \sqrt{1 + \cos^2 u}\,du \\ &= \int_0^{2\pi} \sqrt{1 + \cos^2 x}\,dx \\ &= \int_0^{2\pi} \sqrt{1 + \{f_1'(x)\}^2}\,dx\end{aligned}$$

이 값은 함수 f_1의 그래프의 길이이다. 따라서 임의의 자연수 n에 대하여 함수 f_n의 그래프 각각의 길이는 모두 같다.

매우 놀라운 결과이다. 적분값 $\int_0^{2\pi} \sqrt{1 + \cos^2 x}\,dx$을 직접 계산하지 않아도 함수 f_1의 그래프의 길이가 선분 S의 길이보다는 분명히 크기 때문에 함수 f_n의 그래프의 길이는 결코 선분 S의 길이인 2π에 가까워질 수 없음을 알 수 있다. 즉, 함수 f_n의 그래프는 n의 값이 커질수록 선분 S에 가까워지지만, 그래프의 길이는 항상 선분의 길이인 S보다는 큰 일정한 값을 유지한다. 원의 둘레의 길이를 구하는 경우와 어떤 점이 다르기에 이러한 결과를 얻었을까? 이처럼 무한을 다룰 때에는 경험이나 직관에 의존해서는 안된다.

여광: 참 신기합니다. 제 직관과 전혀 다른 결과입니다. 해석학의 용어를 빌려 표현하자면 함수 f_n은 함숫값을 항상 0을 가지는 상수함수에 점별수렴pointwisely convergent할 뿐만 아니라 균등수렴uniformly convergent하는데요? 즉, 함수 f_n의 그래프는 n에 값이 커짐에 따라 선분 S에 충분히 가까워지고 있다고 할 수 있잖아요. 원의 둘레의 길이를 구하는 상황과 함수 f_n의 그래프의 길이를 구하는 상황이 어떻게 다르기에 이러한 결과를 얻은 것일까요? 그래프의 길이를 계산하는 과정에서 이용한 치환적분이나 삼각함수의 주기성 등은 전혀 문제가 되지 않아 보입니다.

여휴: 좋은 질문입니다. 이와 관련하여 여러 가지 답을 할 수 있겠지만 여기서는 그래프의 호의 길이를 구하는 공식에 주목해 봅시다.

여광: 열린구간 (a,b)에서 미분가능한 함수 $f\colon [a,b] \to \mathbb{R}$의 그래프의 호의 길이는 다음과 같습니다.

$$\int_a^b \sqrt{1 + \{f'(x)\}^2}\,dx$$

앞서 함수 f_n의 그래프의 길이를 구할 때에도 이 공식을 이용하였습니다. 그런데 이 공식에 무슨 문제라도 있나요?

여휴: 공식에는 문제가 없습니다. 다만 적분을 하는 함수의

모양을 보면 그래프의 호의 길이는 함수 f가 아닌 도함수 f'에 의해 결정됨을 알 수 있습니다.

여광: 아직 이해가 잘 되지 않습니다. 도함수 f'도 결국에는 함수 f에 의해서 결정되는 것이 아닌가요?

여휴: 앞의 예를 다시 살펴봅시다. 설명을 위하여 잠시 함수 $g : [0, 2\pi] \to \mathbb{R}$를 함숫값을 0으로 가지는 상수함수라고 합시다. 여광 선생님이 말한대로 함수열 $\{f_n\}_{n \in \mathbb{N}}$은 g로 균등수렴합니다. 이제 f_n의 도함수를 살펴볼까요?

여광: 간단한 계산을 통해서

$$f'_n(x) \;=\; \cos(nx)$$

임을 알 수 있습니다.

여휴: 상수함수 g의 도함수는 그대로 모든 함숫값이 0인 상수함수 g입니다. f'_n 역시 n이 커짐에 따라 g에 수렴한다고 할 수 있나요?

여광: 그것은 아닙니다. (잠시 후) 아! 이제 알겠습니다. 각각의 도함수 f'_n이 g에 수렴하지 않으니 f_n의 그래프의 길이인

$$\int_0^{2\pi} \sqrt{1 + \{f'_n(x)\}^2}\, dx$$

가 선분 S의 길이인

$$\int_0^{2\pi} \sqrt{1+\{g(x)\}^2}\,dx = \int_0^{2\pi} dx = 2\pi$$

에 수렴한다고 할 수 없군요!

여휴: 그렇습니다. 막연히 '가까워진다'와 같은 상상은 무한을 다루는 데 있어서 매우 위험합니다. 이 경우에서처럼 그래프의 길이를 고려할 때는 함숫값만 수렴하고 도함수의 함숫값은 수렴하지 않는지, 함숫값과 도함수의 함숫값 모두가 수렴하는지를 확인할 필요가 있습니다.

$\infty \quad \infty \quad \infty$

무한의 세계를 탐험할 때는 논리 체계에 따라 조심스럽게 탐험해야 하지만, 이를 피하지 않고 자유롭게 탐험하다보면 유한의 세계에 갇혀있을 때는 알지 못했던 아름다운 사실들을 알게 된다.

피보나치수열Fibonacci sequence은 다음 점화식에 의하여 정의된다.

$$a_0 = 1, \quad a_1 = 1,$$
$$a_{n+2} = a_n + a_{n+1} \ (n \in \mathbb{W})$$

위 점화식에 따라 피보나치수열의 처음 몇 항을 계산하면

$$1,\ 1,\ 2,\ 3,\ 5,\ 8,\ 13,\ 21,\ 34,\ \cdots$$

를 얻는다. 피보나치수열의 100번째 항은 얼마일까? 2019번째 항은 얼마일까?

어렵지 않다. 이 문제는 점화식을 반복적으로 이용하여 항을 차례로 구함으로써 쉽게 해결된다. 원하는 항을 구하는 과정에서 많은 계산이 필요할 진 몰라도 무한한 계산은 필요로 하진 않기 때문이다. 즉, 이 문제는 유한을 다루는 문제이다.

이 수열의 일반항, 즉 n 번째 항 a_n은 어떻게 구할 수 있을까? 이를 구하는 다양한 방법이 알려져 있다. 여기에서는 무한을 적극적으로 이용하여 피보나치수열의 일반항을 구하는 방법을 소개한다. 이를 위해 먼저 몇가지 용어를 정의하자.

실수 $a_0, a_1, a_2, \cdots, a_n, \cdots$ 에 대하여

$$\sum_{n=0}^{\infty} a_n x^n = a_0 + a_1 x + a_2 x^2 + \cdots + a_n x^n + \cdots$$

와 같은 표현을 형식적 멱급수$^{\text{formal power series}}$라고 한다. 여기서 '형식적'이라는 수식어가 붙은 이유는 이 표현이 비록 급수^{무한합}의 형태를 가지고 있지만 이 표현의 수렴성은 고려하지 않기 때문이다. 즉, 형식적 멱급수는 실수 $a_0, a_1, a_2, \cdots$를 나타내는 하나의 표현 방식인 것이다.

두 형식적 멱급수 $\sum_{n=0}^{\infty} a_n x^n$, $\sum_{n=0}^{\infty} b_n x^n$의 합은

$$\sum_{n=0}^{\infty} a_n x^n + \sum_{n=0}^{\infty} b_n x^n = \sum_{n=0}^{\infty} (a_n + b_n) x^n$$

으로 정의하고, 이들의 곱은 다음과 같이 정의한다.

$$\left(\sum_{n=0}^{\infty} a_n x^n\right)\left(\sum_{n=0}^{\infty} b_n x^n\right) = \sum_{n=0}^{\infty} c_n x^n$$

여기서 $c_n = \sum_{r=0}^{n} a_r b_{n-r}$이다. 형식적 멱급수의 덧셈과 곱셈은 보통의 다항식의 덧셈과 곱셈과 비슷한 방식으로 정의되었다. 특히 형식적 멱급수의 곱셈의 경우는 보통의 다항식의 곱을 구할 때 분배법칙을 이용하는 것과 같은 방식으로 계산할 수 있다. 예를 들어 보자. 다음 두 형식적 멱급수의 곱을 생각해보자.

$$1 - x + 0x^2 + 0x^3 + 0x^4 + \cdots, \ 1 + x + x^2 + x^3 + x^4 + \cdots$$

두 형식적 멱급수의 상수항은 $1 \cdot 1$로서 1이고, 일차항의 계수는 $1 \cdot 1 + (-1) \cdot 1$로서 0, 이차항의 계수는 $1 \cdot 1 + (-1) \cdot 1 + 0 \cdot 1$로서 0이다. 계속해서 계산해보면 이차이상의 항의 계수는 모두 0임을 알 수 있다. 즉, 두 형식적 멱급수의 곱은

$$1 + 0x + 0x^2 + 0x^3 + 0x^4 + \cdots$$

이다. 이 결과를 다항식의 경우와 마찬가지로 계수가 0인 항은 생략하여 나타내면

$$(1-x)(1 + x + x^2 + x^3 + x^4 + \cdots) = 1$$

과 같고 이를

$$\frac{1}{1-x} = 1 + x + x^2 + x^3 + x^4 + \cdots$$

와 같이 나타내기도 한다. 이것은 형식적인 표현으로 수렴반경 등은 고려하지 않는다. 이 등식을 '위와 같이 형식적 멱급수의 곱을 정의했을 때 $\frac{1}{1-x}$은 $1-x$와 곱해서 1이 되는 형식적 멱급수로서 $1 + x + x^2 + x^3 + x^4 + \cdots$와 같다'와 같이 이해해야 한다.

수열 $\{a_n\}_{n\in\mathbb{W}}$이 주어졌을 때, 형식적 멱급수

$$A(x) = \sum_{n=0}^{\infty} a_n x^n = a_0 + a_1 x + a_2 x^2 + a_3 x^3 + \cdots$$

를 $\{a_n\}_{n\in\mathbb{N}}$의 일반생성함수^{ordinary generating function}라고 한다. 예를 들어, 피보나치수열의 일반생성함수는

$$A(x) = 1 + x + 2x^2 + 3x^3 + 5x^4 + 8x^5 + 13x^6 + \cdots$$

이다.

> 여광: 수열의 일반항 a_n을 구하기 위해서 주어진 수열의 모든 항을 고려하겠다는 것 같습니다. 즉, 무한개의 항을 모두 생각하는 것입니다. 그런데 한 가지 의문이 듭니다. 수열의 생성함수는 결국 그냥 수열을 나타내는 또 다른 표현에 불과한 것 아닌가요? 수열 $1, 2, 3, 4, \cdots$를 단지 $1 + 2x + 3x^2 + 4x^3 + \cdots$와 같이 표현한 것이잖아요. 이때 $x, x^2, x^3, \cdots$ 등은 단지 항의 번호를 나타내기 위해 도입한 것으로 이해할 수 있기 때문입니다.
>
> 여휴: 그렇게 볼 수 있습니다. 그러나 한 가지 중요한 사실은 앞서 형식적 멱급수의 덧셈과 곱셈을 정의하였고 이를

이용하여 $\frac{1}{1-x}$과 같은 표현도 생각할 수 있다는 것입니다.

∞ ∞ ∞

다시 피보나치수열 $\{a_n\}_{n \in \mathbb{W}}$의 일반항을 구하는 문제로 돌아오자. 피보나치수열의 생성함수를 $A(x)$라고 하면, 점화식 $a_{n+2} = a_n + a_{n+1}$에 의하여 등식

$$xA(x) + x^2 A(x) = A(x) + (a_0 - a_1)x - a_0$$

가 성립한다. 실제로 다음과 같이 계산하여 확인할 수 있다.

$$\begin{aligned} xA(x) &+ x^2 A(x) \\ &= (a_0 x + a_1 x^2 + a_2 x^3 + \cdots) + (a_0 x^2 + a_1 x^3 + a_2 x^4 + \cdots) \\ &= a_0 x + (a_0 + a_1) x^2 + (a_1 + a_2) x^3 + \cdots \\ &= a_0 x + a_2 x^2 + a_3 x^3 + \cdots \\ &= A(x) + (a_0 - a_1)x - a_0 \end{aligned}$$

$a_0 = a_1 = 1$이므로 다음 등식을 얻는다.

$$A(x) = \frac{1}{1 - x - x^2}$$

이제 피보나치수열의 일반항을 구하기 위해 위 등식을 다시 형

식적 멱급수의 꼴로 나타내자. 방정식 $x^2 + x - 1 = 0$의 두 근

$$-\frac{1+\sqrt{5}}{2}, \quad -\frac{1-\sqrt{5}}{2}$$

를 각각 α, β로 나타내면 항등식 $\frac{1}{AB} = \frac{1}{B-A}\left(\frac{1}{A} - \frac{1}{B}\right)$에 의하여 다음이 성립한다.

$$\begin{aligned} A(x) &= \frac{1}{1-x-x^2} \\ &= \frac{-1}{(x-\alpha)(x-\beta)} \\ &= \frac{1}{\beta-\alpha}\left(\frac{1}{x-\alpha} - \frac{1}{x-\beta}\right) \\ &= \frac{1}{\sqrt{5}}\left(\frac{\beta}{\beta x + 1} - \frac{\alpha}{\alpha x + 1}\right) \\ &= \frac{1}{\sqrt{5}}\left(\frac{\beta}{1-(-\beta x)} - \frac{\alpha}{1-(-\alpha x)}\right) \\ &= \frac{1}{\sqrt{5}}\left(-\alpha\sum_{n=0}^{\infty}(-\alpha)^n x^n - (-\beta)\sum_{n=0}^{\infty}(-\beta)^n x^n\right) \\ &= \sum_{n=0}^{\infty}\frac{(-\alpha)^{n+1} - (-\beta)^{n+1}}{\sqrt{5}}x^n \end{aligned}$$

피보나치수열의 일반항 a_n은 생성함수 $A(x)$에서 n차항의 계수와 같으므로

$$a_n = \frac{1}{\sqrt{5}}\left(\left(\frac{1+\sqrt{5}}{2}\right)^{n+1} - \left(\frac{1-\sqrt{5}}{2}\right)^{n+1}\right)$$

이다.

여광: 생성함수를 다시 형식적 멱급수로 표현하는 과정에서 '$1+\alpha x$와 $1-\alpha x+\alpha^2 x^2-\alpha^3 x^3+\cdots$의 곱은 1'이라는 사실, 즉
$$\frac{1}{1+\alpha x} = \sum_{n=0}^{n}(-\alpha)^n x^n$$
을 이용하였습니다. 모든 과정이 이해됩니다. 무한개의 항을 동시에 생성함수로서 생각하는 것으로부터 시작하여 일반항 공식을 찾았습니다.

여휴: 그렇습니다. 일반항의 공식에 황금비인 $\frac{1+\sqrt{5}}{2}$도 보이니 그럴듯 해 보입니다. 놀라운 사실은 임의의 자연수 n에 대하여 식

$$\frac{1}{\sqrt{5}}\left(\left(\frac{1+\sqrt{5}}{2}\right)^{n+1} - \left(\frac{1-\sqrt{5}}{2}\right)^{n+1}\right)$$

의 값은 항상 피보나치수열의 항으로서 자연수라는 것입니다.

∞ ∞ ∞

5장에서 논의한 유한집합의 분할의 개수에 대해서 생각해보자. 위수가 n인 유한집합 X를 분할하는 방법의 수는 보통 B_n으로 나타내고 이를 벨 수^{Bell number}라고 한다. 앞에서와 같이 생성함수를 이용하여 벨 수의 성질을 알아보기 위해 몇 가지 용어와 기호를 더 정의하자.

형식적 멱급수 $1+x+\frac{x^2}{2!}+\frac{x^3}{3!}+\frac{x^4}{4!}+\cdots$를 간단히 e^x로 나타낸다. 즉,

$$e^x \;=\; 1+x+\frac{x^2}{2!}+\frac{x^3}{3!}+\frac{x^4}{4!}+\cdots$$

이다. 또한 형식적 멱급수 $A(x)=\sum_{n=0}^{\infty}a_n x^n$에 대하여

$$A'(x) \;=\; \sum_{n=1}^{\infty} n a_n x^{n-1}$$

을 $A(x)$의 형식적 미분formal derivative라고 한다. 형식적 멱급수 e^x를 $\exp(x)$로 나타내면

$$\exp'(x) \;=\; \exp(x)$$

임을 쉽게 확인할 수 있다.

수열의 일반생성함수의 계수를 약간 수정하여 새로운 생성함수를 정의한다. 수정된 생성함수는 특히 형식적 미분을 다룰 때 매우 편리하다. 수열 $\{a_n\}_{n\in\mathbb{W}}$에 대하여 형식적 멱급수

$$\mathfrak{A}(x) \;=\; \sum_{n=0}^{\infty} \frac{a_n}{n!} x^n \;=\; a_0 + a_1 x + \frac{a_2}{2!}x^2 + \frac{a_3}{3!}x^3 + \cdots$$

를 지수생성함수exponential generating function라고 한다.

∞   ∞   ∞

이제 벨 수 B_n에 대해 알아보자. 여기서 소개하는 결과를 증명하기 위해서는 형식적 멱급수의 성질 등에 대해 보다 엄밀한 논의가 필요하지만 이 책의 취지에서 벗어나므로 증명의 대략적인 아이디어만 살피기로 하자.

먼저 벨 수 B_n은 다음과 같이 귀납적으로 계산할 수 있다.

$$B_0 = 1$$
$$B_{n+1} = \sum_{k=0}^{n} {}_n\mathrm{C}_k B_k$$

단, ${}_n\mathrm{C}_k$는 서로 다른 n 개의 대상 중 k 개를 선택하는 방법의 개수로서 $\frac{n!}{k!(n-k)!}$이다.

여광: $B_{n+1} = \sum_{k=0}^{n} {}_n\mathrm{C}_k B_k$가 성립하는 이유는 무엇인가요? 이해가 잘 되지 않습니다. 예를 들어 B_4를 어떤 식으로 계산하겠다는 것인가요?

여휴: 좋은 질문입니다. B_4를 계산하기 위해서 위수가 4인 집합 $\{1,2,3,4\}$의 분할을 생각해봅시다. 집합이 분할되었을 때 원소 4가 어느 부분집합에 속하게 되는지에 따라 경우를 나눌 수 있겠습니다.

여광: 다음과 같은 경우가 있을 수 있습니다.

$$\{4\},$$
$$\{1,4\},\{2,4\},\{3,4\},$$
$$\{1,2,4\},\{1,3,4\},\{2,3,4\},$$
$$\{1,2,3,4\}$$

일반적으로 원소 4가 속하는 부분집합의 위수가 k인 경우는 ${}_3\mathrm{C}_k$ 가지 있습니다.

여휴: 예를 들어, 4가 $\{1,4\}$에 속하게 되는 $\{1,2,3,4\}$의 분할의 개수를 생각해봅시다. 이는 $\{1,4\}$의 여집합인 $\{2,3\}$를 분할하는 방법의 개수와 같으므로 B_2가 됩니다.

여광: 아! 알겠습니다. 각각의 경우에 대해서 여집합의 분할의 개수를 생각하면 되는군요. 그러면

$$B_4 = {}_3C_0\, B_3 + {}_3C_1\, B_2 + {}_3C_2\, B_1 + {}_3C_3\, B_0$$

입니다. ${}_nC_k = {}_nC_{n-k}$임을 이용하면 벨 수를 귀납적으로 구하는 공식을 얻을 수 있군요.

여휴: 그렇습니다. 벨 수를 귀납적으로 계산하는 또 다른 방법이 있습니다. 다음과 같은 벨 삼각형^{Bell triangle} 이용하는 것입니다.

$$\begin{array}{ccccc}
\boxed{1} & & & & \\
1 & \boxed{2} & & & \\
2 & 3 & \boxed{5} & & \\
5 & 7 & 10 & \boxed{15} & \\
15 & 20 & 27 & 37 & \boxed{52}
\end{array}$$

$\vdots$

여광: 각 행에 맨 오른쪽에 있는 수가 벨 수인 것이지요? 어떤 규칙으로 수를 채워가는 것인가요?

여휴: 먼저, 첫 행은 1 하나로 이루어집니다. 이제 i 행의 맨 왼쪽에는 $i-1$ 행의 맨 오른쪽의 수로 시작합니다. i

행의 j 열 성분은 i 행의 $j-1$ 열 성분과 $i-1$ 행의 $j-1$ 열 성분의 합입니다.

여광: 제가 벨 삼각형의 여섯 번째 행을 구해보겠습니다. 먼저 다섯 번째 행의 맨 오른쪽 수인 52로 시작해야겠죠? 그 이후의 등장하는 수는 차례대로

$$\begin{aligned} 52+15 &= 67, \\ 67+20 &= 87, \\ 87+27 &= 114, \\ 114+37 &= 151, \\ 151+52 &= 203 \end{aligned}$$

입니다.

여휴: 동의합니다.

벨 수 B_n의 지수생성함수를 $\mathfrak{B}(x)$라고 하면 등식

$$B_{n+1} = \sum_{k=0}^{n} {}_n\mathrm{C}_k\, B_k$$

로부터 다음 등식이 성립한다.

$$\mathfrak{B}'(x) = e^x \mathfrak{B}(x)$$

좌변과 우변을 각각 직접 계산하여 각각의 항의 계수를 비교하여 확인할 수 있다.

형식적 멱급수에 대해 '합성' 개념을 적절하게 정의하면 합성의 미분은 보통의 연쇄법칙chain rule을 따르는데 이 사실을 이용하면 미분방정식 $\mathfrak{B}'(x) = e^x\mathfrak{B}(x)$의 해는

$$\mathfrak{B}(x) = e^{e^x-1}$$

임을 확인할 수 있다.

$\mathfrak{B}(x) = e^{e^x-1}$를 형식적 멱급수 꼴로 나타내면 도빈스키 공식Dobinski formula

$$B_n = \frac{1}{e}\sum_{k=0}^{\infty}\frac{k^n}{k!}$$

을 얻을 수 있다. 위 공식에서 알 수 있듯이 e^{e^x-1}의 각 항의 계수가 수렴하는 무한급수로 표현된다. 따라서 이 증명에서는 앞서 살펴본 피보나치수열의 경우와는 달리 해석적analytic 접근이 필요하다. 엄밀한 증명은 생략한다.

여광: 보통의 함수를 다루듯이 형식적 멱급수를 다룬 것 같습니다만 잘 이해가 되지 않네요. 그럼에도 불구하고 벨 수 B_n을 n에 관한 식으로 표현했다는 사실은 매우 흥미롭습니다. 물론 공식에 무한급수가 있다는 것이 매우 불편합니다. 실제로 공식을 이용해서 벨 수를 구하는 것은 꽤 복잡해 보입니다.

여휴: 동의합니다.

∞ ∞ ∞

『자본론Capital』과 『공산당 선언Manifesto of the Communist Party』 등으로 소련과 중국의 정치적 사상을 제공한 마르크스K. Marx, 1818-1883는 850여 쪽 분량의 '수학 문서Mathematical Manuscripts'를 남겼다. 이 문서들의 주요 주제는 미분학의 기초이다.

함수 $f(x)$의 도함수derivative $f'(x)$의 정의는 다음과 같다.

$$f'(x) = \lim_{\Delta x \to 0} \frac{f(x+\Delta x) - f(x)}{\Delta x}$$

여기서 '$\Delta x \to 0$'이 관건이다. 'Δx가 0에 무한이 가까이 가면…'은 무엇을 뜻하는가? 제논의 역설이 여기에 있고, 뉴턴과 라이프니츠가 상상한 무한소 개념이 여기 어느 지점에 있다.

뉴턴과 라이프니츠의 무한에 관한 상상은 다른 사람은 물론이거니와 스스로도 만족시키지 못했다. 그들이 남긴 아쉬운 부분을 메우려 시도한 달랑베르J. D'Alembert, 1717-1783도 수학자가 충분히 동의할 수 있는 설명은 하지 못했다. 마르크스가 남긴 문서의 대부분은 이 문제에 대한 도전이다. 정치 사상가인 그가 무한을 이야기한 것이다.

'$\Delta x \to 0$'에 대해 전반적으로 받아들여진 설명은 코시A. Cauchy, 1789-1857에 의한다. 소위 '$\varepsilon - \delta$ 논법epsilon-delta argument'이다. 마르크스는 코시의 설명을 들었는지 듣지 못했는지 알 수 없지만, 그의 글에서 코시를 언급하지 않았다.

마르크스는 왜 미분학에 남다른 관심을 기울였을까? 다음과 같은 유추가 가능하다.

- 사상이나 사회의 변화change는 '최고 수준의 운동highest form of motion'으로 볼 수 있다. 미분학differential calculus은 '운동'에 관한

이론이다. 운동의 본질을 설명하기 위해서는 '무한^{infinity}'을 언급하지 않을 수 없다.

- 마르크스는 '정–반–합$^{thesis-antithesis-synthesis}$'으로 표현되는 헤겔$^{G.}$ $^{W.\ F.\ Hegel,\ 1770-1831}$ 변증법^{dialectics}의 계보를 잇는다. 다음이 마르크스의 정–반–합이다.

사회 변화를 상상하던 그는 무한에서 '변화'의 진수를 이해하고자, 무한과 운동을 논하는 미적분학을 통해 그의 '변증법적 이해'를 시도하여 그의 철학적 신념의 근거를 견고하게 하고자 했을 것이다.

유물론적 변증법$^{materialistic\ dialectics}$은 마르크스의 주요 사상이다. 다음은 수학이나 과학에 대한 마르크스의 생각이다.

> 자연과학은 지식의 기초이다.
> Natural science is the foundation of all knowledge$^{Dauben(2004),}$ ^{재인용}.

자연과학적 설명 없이는 사회 변화에 관한 그의 이론은 불완전하다고 생각했을 것이다. 결국 마르크스는 자신의 철학적 기초와 관련하여 미적분학에 관심을 가졌을 것이다.

마르크스는 뉴턴–라이프니츠, 달랑베르–오일러, 라그랑주의 접근을 소개하며 각각을 수학적 관점에서 논의한다. 스트루익$^{D.\ J.}$

Struik(1948)과 도벤[J. W. Dauben](2004) 등은 '수학 문서'의 수학적 가치를 부여하지만 대부분의 수학자는 그의 이론에 수학적 가치나 의미를 부여하지 않거나 관심 자체를 가지지 않는다[Deakin(2009)]. 스트루익은 평생 공산당원이었고 도벤은 스트루익의 제자이다.

닫는 글

수학의 전통과 관습을 벗어나지 않는다면 무한에 관한 상상은 자유입니다. '가무한'과 '실무한'의 입장이 있고 '칸토어'와 '비칸토어' 집합론이 있으며, '표준'과 '비표준'해석학이 있고 '이치'와 '다치'의 논리 체계가 있습니다.

이 책은 지금까지 많은 사람이 동의하는 방식을 따라 단어와 용어를 만들며 무한을 상상해 왔습니다.

$$\infty \quad \infty \quad \infty$$

피타고라스와 그의 제자들은 무한이 궁금했을 것입니다. 다음 대화를 가상합니다.

피타고라스: 히파수스, 요즈음 수학은 잘 하고 있나?

히 파 수 스: 예, 선생님. 수학을 하는 것은 참 재미있는 것 같아요. 매일 수학을 해서 그런지 요즈음 들어 '만물은 수'라고 하신 선생님의 말씀이 점점 더 옳아 보입니다. 그런데 궁금한 게 하나 있습니다. 선생님께서는 어떤 이유로 그렇게 생각하시나요?

피타고라스: 그야 분명하지 아니한가? 예를 들어, 삼각형을 세 개의 수로 나타낼 수 있고, 삼각형의 성질을 수의 성질로 나타낼 수 있잖아? 마찬가지로 모든 도형과 그 성질을 수로 표현할 수 있으니 '도형은 수'라고 하여도 된다.

히 파 수 스: 그게 이유의 전부일 것 같지 않습니다. 몇 가지 예를 더 들어 주세요.

피타고라스: 해와 달의 움직임도 수학으로 설명할 수 있지? 그뿐이 아니지. 우리가 즐기는 음악도 매우 수학적이란다.

히 파 수 스: 소리를 수로 설명할 수 있다는 게 참 신기합니다. 요즈음 저도 이에 관하여 배우고 있습니다. 제가 요즈음 배운 것을 말씀드려 보겠습니다. 혹시 제가 잘못 알고 있으면 고쳐주시기 바랍니다.

피타고라스: 그래 한 번 들어보자.

히 파 수 스: 소리에 관하여 선생님께서 발견하신 것 중에서 중요한 것은 다음 두 가지라고 생각합니다. 첫째는, 주어진 현의 길이를 반 $\frac{1}{2}$로 줄이면 한 옥타브 위의 음을 얻는다는 것이고, 다른 하나는 주어진 현의 길이를 $\frac{2}{3}$로 줄이면 완전5도 위의 음을 얻는다는 것입니다.

피타고라스: 그래. 그 두 사실은 참으로 흥미 있고 중요한 사실이지. 그런데 말이야, 한 옥타브 위의 음을 얻는 방법이 중요한 것은 누구나 다 알 것 같다. 완전 5도 위의 음을 얻는 방법이 왜 중요할까?

히 파 수 스: 완전5도는 인간의 귀에 가장 아름답게 들리는 화음이기 때문입니다.

피타고라스: 아, 훌륭하다. 음악 공부 많이 하였구나. 실제로 도와 솔, 파와 도, 솔과 레의 음정이 완전5도이지. 이 정도에서 '도'의 현의 길이를 1이라고 하면 레, 파, 솔의 현의 길이를 계산할 수 있겠지?

히 파 수 스: 그럼요. 게다가 레와 라, 그리고 라와 미의 음정도 완전5도임을 감안하면 도, 레, 미, 파, 솔, 라, 시 모두의 현의 길이를 계산할 수 있습니다.

피타고라스: 소리조차도 이렇게 수로 표현할 수 있으니 '만물은 수'라고 주장하는 게 무리는 아닌 것 같구나.

히 파 수 스: 선생님께서 불편해 하실 말씀을 드리겠습니다. 선생님께서 '만물은 수'라고 하실 때의 '수'는 유리수를 뜻합니다. 그런데 '$\frac{정수}{정수}$' 꼴로 표현할 수 없는 수가 있다는 것을 우리는 알고 있잖아요?

피타고라스: 자네 정말 불편한 진실을 말하는군. 그래, '$\frac{정수}{정수}$' 꼴로 표현할 수 없는 수가 있지. 그 '새로운 수'를

'무리수'라고 부르자. 이 무리수 때문에 나도 많은 혼란을 겪고 있단다. 그런데, 그 사실을 일단은 우리만 알고, 밖에는 말하지 않도록 하여라. 분명한 사실을 영원히 숨길 수는 없을 것이지만, 그에 관한 우리의 입장을 확실히 정리하여야 하기 때문이다.

히파수스: 예, 노력하겠습니다. 그러나 워낙 엄청난 사실이라서 우리만 알고 있기는 어려울 것 같습니다.

피타고라스: 나도 이해한다. 사실, 나도 그러하거든. 이 새로운 수, 즉 무리수 외에 또 하나의 불편한 진실이 내 음악이론에도 있단다.

히파수스: 예? 정말이세요? 그게 무엇인지 말씀하여 주세요.

피타고라스: 별로 어려운 것이 아닌데, 아직 자네가 발견하지 못했구나.

히파수스: 그 정도까지는 공부하지 못했나 봅니다.

피타고라스: 처음 주어진 음에서 완전5도만큼 12번 올리면 주어진 음에서 7옥타브 위의 음과 같은 음이 얻어져야 한다.

히파수스: 그럴 것 같습니다. 실제로 계산하는 것도 쉬울 것 같고요. 그런데 그게 왜 문제죠?

피타고라스: 위 사실을 내 음악이론으로 표현하면 다음과 같이
　　　　　 된다.
$$\left(\frac{2}{3}\right)^{12} = \left(\frac{1}{2}\right)^7$$
　　　　　 말이 되니?

히 파 수 스: 옳은 등식이 아닙니다. 위 식의 양 변의 수가 각각
　　　　　 의 소리로 표현될 때, 우리의 귀는 큰 차이를 느끼
　　　　　 지 못한다 하더라도 이론상으로는 분명히 문제입
　　　　　 니다.

　　　　　　∞　∞　∞

　스테빈S. Stevin, 1546-1620과 오일러L. Euler, 1707-1783는 유리수에 의한 음계가 가지는 한계를 극복하고 싶었습니다.
　다음도 가상대화입니다. 실제로, 두 사람은 만날 수 없는 시대를 살았습니다.

스테빈: 오일러 선생, 수학적 명성은 자자하나 처음 만나는 것
　　　　같습니다.

오일러: 스테빈 선생님, 이렇게 뵙게 되어 영광입니다.

스테빈: 오래전 피타고라스 선생님께서는 음악의 여러 이론을
　　　　수학으로 설명하시곤 하였죠?

오일러: 저도 음악은 매우 수학적이라고 생각합니다. 사실, 음
　　　　악에서 대칭, 규칙, 조화 등이 중요하므로 음악은 수학

오일러 (L. Euler, 1707-1783)

적일 수밖에 없다고 봐요. 라이프니츠 선생님께서 '음악은 셈으로부터 인간 마음이 느끼는 즐거움이지만 마음은 센다는 사실을 인식하지 않는다. Music is the pleasure the human mind experiences from counting without being aware that it is counting.'라고 하셨는데, 참 재미있는 표현인 것 같습니다.

스테빈: 한 옥타브를 12개의 음^{반음}으로 나누되 기하평균을 이용하여 나눌 수 있습니다. 따라서 $r = \sqrt[12]{2}$라는 무리수를 사용하면 편리할 것 같아요. 왜냐하면, 한 옥타브 위의 음에 대응되는 현의 길이는 주어진 현의 길이의

$\left(\frac{1}{r}\right)^{12} = \frac{1}{2}$배이고, 완전5도 위의 음에 대응되는 현의 길이는 $\left(\frac{1}{r}\right)^{7}$배가 되어야 하는데 이는 $\frac{2}{3}$과 거의 같습니다.

오일러: 그렇겠습니다. 특히 피타고라스 이론이 가지고 있는 문제가 말끔히 사라지게 됩니다.

$$\left(\frac{1}{r^7}\right)^{12} = \left(\frac{1}{r^{12}}\right)^{7} = \left(\frac{1}{2}\right)^{7}$$

이기 때문입니다.

스테빈: 피타고라스 선생님께서 부담스러워 하시던 무리수가 피타고라스 선생님의 또 다른 걱정거리인 '피타고라스 콤마Pythagorean comma'를 해결하여 줍니다.

오일러: 그러네요.

∞　∞　∞

유리수는 실생활에서 자연스럽게 접하는 수이므로 그 개념은 누구에게나 '무리가 되지 않게有理' 설명할 수 있습니다. 자연수는 유한을 나타내는 수고, 양의 유리수는 두 개의 자연수로 설명이 되므로 유리수는 무한과 연계될 필요가 없습니다. 그러나 무리수는 다릅니다.

어떠한 동일한 과정을 무한히 반복할 수 있으려면 그 때 등장하는 수는 유리수일 수 없습니다. 황금비 $\frac{1+\sqrt{5}}{2}$와 인쇄지 규격 $\sqrt{2}$는 그러한 예입니다. 유한단순연분수는 유리수이고 무한단순연분수는 무리수라는 사실7장도 같은 맥락입니다. 유리수는 무한한 단순연분수로 표현될 수 없고, 무리수는 유한한 단순연분수로 표현될 수 없다는 말이기 때문입니다.

무리수는 무한에 대한 수학적 상상의 결과물입니다. 무한을 상상하던 수학은 무리수를 통해 오래된 화성학^{和聲學}의 문제를 해결하여 완전히 새로운 음악의 세계를 펼쳐 보였고, 무리수를 유리수와 어우러지게 하여 완비된^{complete} 실수체^{實數體}를 구성하였습니다.

∞ ∞ ∞

칸토어는 크로네커에게서 수학을 배운 적이 있었으나 무한을 비롯한 수학 전반에 걸쳐 칸토어와 크로네커 각자의 생각은 사뭇 달랐습니다. 그 결과 칸토어와 크로네커는 무한에 관한 수학의 형성 과정에서 학문적 논쟁을 자주 벌였습니다. 두 사람이 직접 만나 논쟁을 벌이기보다는 주로 논문 등을 통하여 논쟁하였습니다. 아래는 두 수학자의 가상 논쟁입니다.

칸 토 어: 선생님, 오랜만에 뵙습니다. 그간 안녕하셨어요?

크로네커: 아, 칸토어 박사구만. 오랜만입니다. 반갑네요.

칸 토 어: 제가 베를린대학교에서 공부할 때 선생님의 강의를 듣고 수학이 얼마나 아름다운지를 깨달았습니다. 그때, 저도 선생님처럼 훌륭한 수학자가 되겠다고 맘먹었답니다.

크로네커: 그랬다니 기쁘군요. 칸토어 박사가 요즈음 새로운 수학 분야에서 활발하게 연구하고 있는 것을 잘 압

니다.

칸 토 어: 그렇습니다. 저는 요즈음 '무한'에 대하여 관심이 많습니다. 무한은 수학에서 자주 등장하는 개념인데 아직 그 개념이 정확히 정립되지 않은 것 같습니다.

크로네커: 그래서 무한을 수학적으로 접근하고자 하는 것이군요.

칸 토 어: 그렇습니다. 무한을 논리적이고 체계적으로 다룰 수 있는 이론을 개발하고 싶습니다.

크로네커: 무한이라는 개념을 수학적으로 엄밀하게 정립하기는 어렵지 않을까요? 무한이라는 것은 우리가 관찰하거나 실험할 수도 없고 실제로 경험할 수 없는 것이기 때문입니다. 그러한 모호한 것을 수학에서 본격적으로 다룰 필요가 있을까요?

칸 토 어: 무한에 관한 선생님 말씀에 동의합니다. 그렇기 때문에 지금까지 2,500년 이상에 걸치는 수학의 역사에서 무한이 막연하게만 다뤄졌다고 생각합니다.

크로네커: 그런데 요즈음 칸토어 박사가 하고자 하는 것은 무엇인가요? 약 2,300년 전 아리스토텔레스 선생님 때부터 최근의 가우스 선생님에 이르기까지 훌륭한 철학자와 수학자가 그런 정도로만 무한을 다뤄

온 것을 칸토어 박사가 잘 알잖아요? 그리고 더 중요한 것은 무한을 그렇게 엄밀히 다루지 않고도 수학은 훌륭하게 발전하여 오지 않았나요?

칸 토 어: 예, 잘 압니다. 아르키메데스 선생님, 뉴턴 선생님, 라이프니츠 선생님, 그리고 오일러 선생님 등은 무한의 개념이 정확히 정립되지 않았어도 원의 넓이나 구의 부피를 계산하셨고, 미적분학을 만드셨으며,

$$1 + \frac{1}{4} + \frac{1}{9} + \cdots + \frac{1}{n^2} + \cdots = \frac{\pi^2}{6}$$

등과 같이 무한과 관련된 문제를 성공적으로 해결하셨습니다.

크로네커: 그런데 칸토어 박사가 무한에 관한 엄밀한 이론을 만들려고 하는 이유가 무엇인가요?

칸 토 어: 사실, 저도 제 맘을 잘 모르겠어요. 왜 그렇게 무한에 마음이 가는지 저도 이해하지 못하겠어요. 그런데 뉴턴 선생님이나 라이프니츠 선생님의 미적분학 이론은 어딘지 부실한 것 같아요. 게다가 오일러 선생님의 여러 증명도 허점이 많아 보이고요. 무엇보다도 제가 수학을 하면서 무한 개념이 모호하니까 어려운 점이 한둘이 아닙니다.

크로네커: 무한 자체만을 위한 이론을 본격적으로 만들지 않고도, 수학을 하다가 마주친 문제들을 그때그때 해결할 수 있지 않을까요?

칸 토 어: 저도 그런 생각이 들기도 합니다. 무한과 관련하여 어려운 난관에 부딪히면 적절히 해결할 수 있을 것으로 생각합니다. 그러나 무한에 관한 합리적이고 체계적인 이론이 있다면 무한과 관련된 모든 문제들에 대해 일관성 있는 해결책을 제시할 수 있을 것으로 기대됩니다.

크로네커: 칸토어 박사의 기대를 이해하지만 일단은 그런 이론이 가능할까라는 의구심이 들고, 실제로 그러한 이론이 만들어 졌다 하여도 그게 수학에 무슨 도움이 되겠어요? 그 이론의 유용성이나 타당성을 검증할 길이 없을 테니 말입니다. 특히 '합리적'이라는 것을 어떻게 따지겠어요? 무한은 경험할 수 없으므로 '합리적'이라고 주장할 근거가 없을 것입니다.

칸 토 어: 선생님, 은사님 앞에서 다소 외람된 생각인지 모르겠습니다마는 요즈음 제 마음 속에 수학의 가장 중요한 특징은 자유라는 생각이 들어요. 과학자들이야 실험이나 관찰에 근거하여야 하지만 우리 수학자는 그런 것에서부터 자유로울 수 있다고 생각합니다.

크로네커: 그래요. 그런 면에서 수학자는 과학자들에 비해 자유스럽습니다. 그러나 수학도 우리의 상식을 완전히 무시하는 것은 적절하지 않아요.

칸 토 어: 예, 저도 수학이 다루는 내용은 가급적 우리의 상식에 크게 어긋나지 않으면 좋겠다고 생각합니다. 그런데 무한의 경우는 좀 다르다는 생각입니다. 선생님께서도 말씀하셨듯이 무한은 우리의 실험, 관찰, 경험을 허락하지 않으므로 그에 관한 상식이라는 것이 없습니다. 어떤 선입견은 있을 수 있어도 타당한 상식은 없다고 생각합니다. 따라서 무한에 대해서는 많은 수학자가 인정할 수 있는 체계로서 논리적인 모순이 발생하지 않는다면 수학적 이론으로 충분히 인정받을 수 있다고 생각합니다.

크로네커: 칸토어 박사의 수학에 대한 생각이 내 생각과 크게 다르군요. 나는 나대로 칸토어 박사의 무한에 대한 생각에 동의하지 않는 여러 이유를 들 수 있지만, 탁월한 선배 수학자이신 가우스 선생님의 무한에 대한 생각을 기억할 필요가 있다고 생각합니다.

칸 토 어: 예, 저도 기억하고 있습니다. '지금까지 수학에서 무한이 허락된 적이 없듯이, 나는 무한을 완전한 양으로 사용하는 것에 반대한다. 무한은 단지 표현의 방식으로서, 그 진정한 의미는 어떤 비가 무한

히 가깝게 접근하거나 제약 없이 무한히 증가하는 것을 나타낼 뿐이다'라고 말씀하신 것으로 이 책의 맨 앞에 소개되었습니다. 가우스 선생님은 수학에서 무한을 실존하는 어떤 대상으로 수학이 다루는 것을 반대하셨던 것으로 이해하고 있습니다. 사실, 제가 존경하는 선배 수학자이신 가우스 선생님의 그러한 말씀은 제가 처음 무한을 적극적으로 접근하려고 할 때 큰 부담이었습니다. 그러나 지금은 생각이 달라졌습니다. 일단은 제가 너무 불편합니다. 제 연구를 위해서라도 무한에 관한 개념을 분명히 하고 싶습니다. 그리고 힐베르트 같은 유능한 후배 수학자 등 여러 젊은 수학자들은 저와 같은 생각이라서 용기도 생겼습니다.

크로네커: 젊은 수학자인 칸토어 박사가 단호한 결심으로 그렇게 하겠다니 내가 어찌 할 수 없지만 염려가 되는군요. 머지않아 사라질 수밖에 없을 이론에 왜 그렇게 집착하는지 안타까운 마음이에요.

칸 토 어: 제가 연구하고 있는 이론이 그렇게 되지 않도록 노력하겠습니다. 오히려 제 이론을 통하여 수학의 세계가 더 넓어지고 깊어지기를 바라고 있습니다.

∞ ∞ ∞

다음은 학생과 교사의 가상대화입니다.

학생: 크로네커와 칸토어의 가상 논쟁을 정확히 이해하기가 쉽지 않아요. 저희가 이해할 수 있는 수학으로 두 사람의 입장 차이를 설명해주시면 좋겠어요.

교사: 그래요. 나도 그렇게 할 참이었습니다. 먼저, 다음을 계산할 수 있나요?

$$0.9 + 0.09 + 0.009 + \cdots$$

규칙이 무엇인지 알겠죠? 그 규칙대로 무수히 계속하여 계산하라는 것입니다.

학생: 아, $0.999\cdots$가 얼마인지 물으시는 것이군요?

교사: 와, 훌륭합니다. 크로네커나 칸토어 선생님보다 더 훌륭합니다.

학생: 선생님의 칭찬, 고맙습니다. 그런데 선생님께서 $0.999\cdots = 1$이라는 것을 지난 시간에 설명하셨잖아요? 그때, '무한'과 같은 말씀은 하지 않으시고 쉽게 설명하셨는데요.

교사: 내가 지난 시간에 설명한 것을 다시 살펴봅시다. 먼저, $0.999\cdots$를 x라고 놓았죠? 즉 $x = 0.999\cdots$라고 하였습니다. 그 다음 양변을 10배하여 $10x = 9.999\cdots$라

고 하였고, 두 등식 $10x = 9.999\cdots$와 $x = 0.999\cdots$의 좌변과 우변에서 각각 **뺄셈**을 하여 $9x = 9$를 얻었고, 이로부터 $x = 1$을 얻은 것입니다.

학생: 전혀 문제가 없어 보이는데요?

교사: 그렇게 보이죠? 그럼 선생님의 질문에 답해 보세요. 먼저, $0.999\cdots$를 x라고 놓았다는 것은 $0.999\cdots$가 어떤 수라는 사실을 이미 인정한 것입니다. 0.9나 0.99 같은 것은 분명히 수입니다. 그러나 $0.999\cdots$의 경우에는 어떤 규칙에 따라 무한히 계속 계산하라는 것인데 그게 수라는 사실을 어찌 아나요?

학생: 그러고 보니 그러네요.

교사: 질문이 또 있습니다. 유한소수 0.999를 10배하면 소수점이 오른쪽으로 한 칸 이동하여 9.99가 되지만, 무한소수 $0.999\cdots$를 10배 해도 소수점이 오른쪽으로 한 칸 움직인다는 것을 어떻게 알 수 있나요?

학생: 그것도 그러고 보니 그러네요.

교사: 한 가지 더 질문합시다. 두 등식 $10x = 9.999$와 $x = 0.999$의 좌변과 우변에서 각각 **뺄셈**을 하여 $9x = 9$를 얻는 것은 이해가 됩니다. 그러나 두 개의 무한소수 $9.999\cdots$와 $0.999\cdots$의 **뺄셈**을 유한인 경우와 똑같이 할 수 있다는 것을 어떻게 알죠?

학생: 이것도 그러고 보니 그러네요. 자세히 보니 문제투성이입니다.

교사: 사실, 앞에서 한 작업 하나 하나가 옳다는 것을 설명하기 위해서는 무한에 관한 이론이 필요합니다.

학생: 아, 그렇군요. 선생님을 신뢰하고 설명만 따라 가느라고 다른 생각은 하지 않았는데 말씀을 듣고 보니 여러 가지 문제가 있었네요. 그런데 이러한 예가 또 있나요?

교사: 중학교 수학의 과정에서는 이와 비슷한 문제가 많지는 않아요. 그러나 여러분들은 다른 예도 충분히 이해할 수 있을 것 같군요.

학생: 어떤 예인데요?

교사: 다음을 계산할 수 있을까요?

$$\frac{1}{2} + \left(\frac{1}{2}\right)^2 + \left(\frac{1}{2}\right)^3 + \left(\frac{1}{2}\right)^4 + \cdots$$

학생: 어려워 보입니다.

교사: 조금 깊이 생각하면 그렇게 어렵지는 않답니다. 예를 들어, 이 책 1장에서와 같이 이 수를 S라고 놓고 양변을 2배하고 적절히 계산하면 $S = 1$임을 알 수 있습니다. 다른 방법도 생각할 수 있어요. 위 식을 다음 그림처럼 생각하여 보세요.

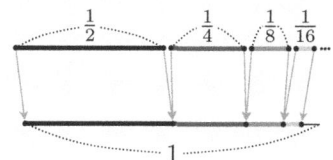

$\frac{1}{2} + \left(\frac{1}{2}\right)^2 + \left(\frac{1}{2}\right)^3 + \left(\frac{1}{2}\right)^4 + \cdots$ 은 1에 무한히 가까워질 것으로 예상되지 않나요? 다음 그림을 생각해도 마찬가지이죠?

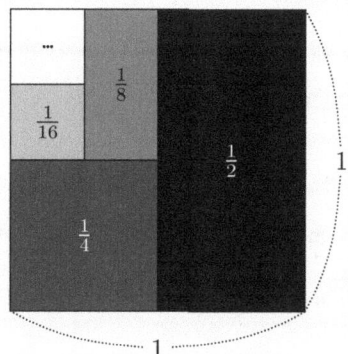

자, 이와 관련된 문제는 이것입니다. 다음 주장 중에서 어느 것이 옳다고 생각하나요?

가. $\frac{1}{2} + \left(\frac{1}{2}\right)^2 + \left(\frac{1}{2}\right)^3 + \left(\frac{1}{2}\right)^4 + \cdots$ 은 무한히 1에 가까이 접근하지만 1은 아니다.

나. $\frac{1}{2} + \left(\frac{1}{2}\right)^2 + \left(\frac{1}{2}\right)^3 + \left(\frac{1}{2}\right)^4 + \cdots$ 은 1이다. 즉 다음 등식이 성립한다.

$$\frac{1}{2} + \left(\frac{1}{2}\right)^2 + \left(\frac{1}{2}\right)^3 + \left(\frac{1}{2}\right)^4 + \cdots = 1$$

학생: 앞에서 생각한 문제와 똑같은데요. 제 느낌으로는 처음 주장이 옳다고 생각하지만 선생님께서 원하시는 답은 두 번째 주장일 것 같습니다.

교사: 내가 원하는 답은 없어요. 다만, 요즈음 수학에서는 정답이 두 번째입니다. 그러나 현대 수학의 이론에 의하면 그렇다는 것이지 처음 주장이 틀렸다는 것은 아닙니다.

학생: 시험에 '0.999…는 얼마인가?'라는 문제가 나오면 '1'이라고 해도 맞고 '1'에 무한히 가까이 간다'라고 해도 맞는다는 말씀이신가요?

교사: 아닙니다. 답은 '1'이라고 하여야 합니다. 현대수학에서는 '0.999…는 1에 무한히 가까이 간다'와 같이 모호하게 답하지 않습니다. 분명하게 '0.999… = 1'이라고 합니다.

학생: 아하, 현대수학에서는 0.999…를 분명한 한 개의 수라고 인정하고 그 수는 1과 같다는 것을 이론적으로 설명하는군요.

교사: 그렇습니다. 무한에 관한 칸토어의 이론과 그 이후에 더욱 발전된 현대수학으로 말미암아 앞에서 말한 계산은 물론이거니와 무한과 관련된 많은 수학문제에 답을 제시할 수 있게 되었답니다.

구체적 조작을 요구하는 초등학교에서 자연수와 분수만을 다루고, 중등학교에서 무리수를 소개하는 것은 유한과 무한의 관점에서 적절하다고 볼 수 있습니다.

∞ ∞ ∞

원에 내접한 정삼각형, 정사각형, 정오각형, ⋯ 이런 식으로 무한히 계속하여 '정∞각형'을 만든다고 하면 이것은 원이 될까요? 그럴 수 없습니다. 정∞각형의 꼭짓점 전체의 집합은 가부번집합이나 원 위에 있는 점 모두의 집합은 비가부번집합이기 때문입니다.

피보나치수열 Fibonacci sequence

$$1, 1, 2, 3, 5, 8, 13, \cdots$$

을 생각합시다. 이 수열을 $\{a_n\}_{n \in \mathbb{N}}$으로 나타내면 임의의 자연수 $n \in \mathbb{N}$에 대하여

$$a_{n+2} = a_n + a_{n+1}$$

이 성립합니다. 이 수열로부터 새로운 수열 $\left\{\frac{a_{n+1}}{a_n}\right\}_{n \in \mathbb{N}}$을 생각합시다. 유리수로 된 수열

$$\frac{1}{1}, \frac{2}{1}, \frac{3}{2}, \frac{5}{3}, \frac{8}{5}, \frac{13}{8}, \cdots$$

을 얻습니다. 항을 계속 얻어도 영원히 유리수입니다. 이 수열은 수렴합니다. 그러나 이 수열의 극한값은 유리수가 아닙니다. 유리수의 세계를 벗어납니다.

> 토끼 한 쌍이 생후 2개월부터 매 달 한 쌍의 새끼를 낳는다고 하자. 새로 태어난 쌍도 마찬가지이다. 지금 갓 태어난 토끼 한 쌍이 있다면 일 년 후에는 모두 몇 쌍의 토끼가 있게 될까?

오래 전, 피보나치가 제시한 문제입니다. '매 달 한 쌍의 새끼를 낳는다'는 설정은 지나친 억지인 것 같습니다. 더 중요한 전제는 여기에 등장하는 모든 토끼는 영원히 죽지 않고 매 달 꼬박꼬박 새끼를 낳아야 합니다. 수학자는 왜 이런 부자연스러운 문제 상황을 설정했을까요? 오직 무한의 신비를 상상하기 위함일 것입니다.

자연수 n에 대해

$$b_n = \frac{9}{10} + \frac{9}{10^2} + \frac{9}{10^3} + \cdots + \frac{9}{10^n}$$

을 생각합시다. n을 아무리 크게 하여도 b_n은 분명 1보다 작습니다. 이 수열 $\{b_n\}_{n \in \mathbb{N}}$은 수렴하지만 그 극한값은 1이므로 1보다 작지 않습니다.

사람은 오래전부터 무한을 상상하며 신비와 아름다움을 꿈꿔 왔습니다. 무한은 그 속성상 관찰, 실험, 경험, 상식 등을 벗어나 있습니다. 따라서 무한의 이론은 자유로운 수학적 상상의 결과입니다. 무한은 유한에서 유효한 과정을 계속 반복함으로 닿을 수 있는 것이 아닙니다. 무한은 수학자들이 수학철학을 크게 달리할 수 있는 주제입니다.

참고 문헌

김명환·김홍종 (2001). 현대수학입문, 경문사.

김웅태·박승안 (2002). 정수론, 경문사.

박한식 (1991). 한국수학교육사, 교과서연구총서6. 서울: 대한교과서주식회사.

신기철·신현용 (2019). 정수와 대수: 암호, 부호, 매디자인.

신현용 (2013). 집합론, 한국수학교육학회 수학교사 시리즈4, 교우사.

신현용 (2016). 정수론, 한국수학교육학회 수학교사 시리즈6, 교우사.

신현용 (2018). 수학: 학제적 대화코드, 매디자인.

신현용·승영조 역 (2002). 무한의 신비, 승산.

신현용·신기철 (2017). 대칭: 갈루아 이론, 매디자인.

신현용·유익승·문태선·신기철·신실라 (2016). 수학 IN 디자인, 한국수학교육학회 수학교사 시리즈13, 교우사.

신현용·이지영·강호진·김지영 (2014). 수학개론, 한국수학교육학회 수학교사 시리즈11, 교우사.

Aristotle (1952). Physics, Great Books of the Western World 8, Encyclopaedia Britannica, INC.

Bolzano, B. (1950). Paradoxes of the Infinite, Routledge and Kegan Paul, London.

Cantor, G. (1955). Transfinite numbers, Dover.

Cohen, P. and Hersh, R. (1967). Non-Cantorian Set Theory, Scientific American, Dec..

Dauben, J. W. (2004). Mathematics and ideology, LLULL, Vol. 27.

Deakin, M. (2009). Marx and mathematics, Parabola, Vol. 45 Issue 3.

Dedekind, R. (1963). Essays on the theory of numbers, Dover.

Descartes, R. (1952). Arguments, Great Books of the Western World 31, Encyclopaedia Britannica, INC.

Fahey, C., Lenard, C. T., Mills, T. M. and Milne, L. (2009). Calculus: A Marxian approach, Aust MS, Vol. 36 No 4.

Gödel, K. (1931). On Formally Undecidable Propositions of Principia Mathematica and Related Systems, In J. van Heijennoort(Ed. 1967), From Frege to Gödel, Harvard University Press.

Hofstadter, D. (1999). Gödel, Escher, Bach: An Eternal Golden Braid, Basic Books.

Kennedy, H. C. (1977). Karl Marx and the foundations of differential calculus, Historia Mathematica 4.

Lin, Y. F. and Lin, S. Y. (1974). Set Theory, Houghton Mifflin Company.

Munkres, J. R. (1975). Topology, Prentice–Hall, INC.

Nagel, E. and Newman, J. R. (2001). Gödel's Proof, New York University Press.

Newton, I. (1952). Mathematical Principles of Natural Philosophy, Great Books of the Western World 34, Encyclopaedia Britannica, INC.

Newton, I. (1952). Optics, Great Books of the Western World 34, Encyclopaedia Britannica, INC.

Peitgen, H., Jürgens, H. and Saupe, D. (1991). Fractals for the Classroom, Springer–Verlag.

Pinter, C. C. (1971). Set Theory, Addison-Wesley.

Plato (1952). Symposium, Great Books of the Western World 7, Encyclopaedia Britannica, INC.

Salmon, W. C. (1970)(Ed.). Zeno's Paradoxes, The Robbs–Merril Company, INC.

Schattschneider, D. (1987), The Pólya–Escher Connection, Mathematics Magazine, Vol. 60, No. 5.

Smith, C. Hegel, Marx and the Calculus, https://www.marxists.org/reference/archive/smith-cyril/works/articles/hegel-marx-calculus.pdf

Spinoza, B. (1952). Ethics, Great Books of the Western World 31, Encyclopaedia Britannica, INC.

Struik, D. J. (1948). Marx and Mathematics, Science and Society.

찾아보기 |한글|

ㄱ

가무한, 14

가부번, 249

가산, 249

가우스, 10

갈릴레오, 27

강하게 귀납적, 224

거짓말쟁이 역설, 311

결합자, 60

공변역, 133

공자, 27

공집합의 존재, 58

관계, 111

괴델, 281, 320

괴델수, 323

귀납적, 221

귀속도함수, 334

극대원소, 169

극소원소, 169

극한서수, 291

기수, 16, 263

ㄴ

내력의 공리, 59, 311

논리곱, 61

논리적 동치, 66, 67

논리합, 61

농도, 16, 249

뉴턴, 9, 29

ㄷ

다치논리, 331

단사함수, 137

단조증가, 296

대각선 논법, 19
대각선논법, 258
대등, 246
대수적 구조, 130
대우(對偶), 77
대칭적, 113, 339
데데킨트, 248
데카르트 곱, 108
동치관계, 116
동치류, 121

ㄹ
라이프니츠, 9, 29
러셀의 역설, 310
로빈슨, 20, 232

ㅁ
마르크스, 372
마지막 원소, 168
멱집합 공리, 58
명제, 60
명제함수, 70
모순명제, 65
뫼비우스 띠, 126
무모순성, 316

무순서쌍의 존재, 58
무한단순연분수, 208
무한성 공리, 59, 183
무한소, 29, 232
무한집합, 247
무한히 가깝다, 233
무한히 작다, 233
무한히 크다, 233

ㅂ
바로 뒤 원소, 176
바로 앞 원소, 176
반대칭적, 114, 339
반사적, 113, 339
반순서, 162
반순서집합, 162
반음, 122
버클리, 31
벨 삼각형, 369
벨 수, 366
변환, 133
복소수, 210
볼차노, 10, 32
부분퍼지집합, 334

부얼리-포르티 역설, 295

부정, 60

분할, 118

비가부번, 249

비가산, 249

비표준해석학, 232

ㅅ

사상, 133

삼단논법(三段論法), 77

상, 133, 135

상계, 172

상수기호, 321

상수함수, 139

상한, 172

서수, 288

선택공리, 18, 59, 214

선택함수, 215

선형순서, 165

세비야의 이발사 역설, 310

센트, 122

소속함수, 334

소수전개, 257

수열, 110

수치변수, 322

수학기초론, 23

수학적 귀납법, 185

순서 n쌍, 109

순서 동형사상, 284

순서 동형적, 284

순서 보존적, 284

순서쌍, 108

스테빈, 379

실무한, 9, 15

실수, 207

쌍조건문, 63

쌍조건부, 63

ㅇ

아래로 유계, 172

아리스토텔레스, 9, 25

아벨, 10

애커만, 319

역상, 143

역함수, 145

연속체, 16, 258

연속체 가설, 16, 280

연쇄, 220

오일러, 379

완전성, 316

외연의 공리, 58

원기둥, 124

원상, 143

원판, 125

원환면, 126

위로 유계, 172

위로의 함수, 138

위상적 구조, 130

유계, 172

유독소스, 14

유리수, 202

유리수의 조밀성, 250

유한단순연분수, 208

유한집합, 247

음정, 122

이접, 61

일대일대응, 139

일대일함수, 137

일반 연속체 가설, 17

일반생성함수, 363

ㅈ

자데, 331

자유한외(限外)필터, 239

잠재적 무한, 14, 26

전단사함수, 139

전사함수, 138

전순서, 165

전순서집합, 165

전칭기호, 72

절편, 289

정렬성, 194

정렬원리, 18, 216

정렬집합, 174

정수, 197

정의역, 133

제1불완전성 정리, 316

제2불완전성 정리, 317

제논, 24

조건명제, 70

조건문, 62

조건부, 62

존재기호, 73

지수생성함수, 367

진리집합, 71

진리표, 60

진릿값, 60

진부분집합, 247

진절편, 289

집합의 크기, 249

ㅊ

첫 원소, 167

체르멜로, 214, 280

초른의 보조정리, 221

초수학적, 324

초실수, 232

초한 귀납법, 18

초한귀납법의 원리, 292

초한기수, 263

초한수, 17

최대원소, 168

최대하계, 171

최소상계, 172

최소원소, 167

추이적, 114, 339

추출의 공리, 59, 311

축소, 156

치역, 136

ㅋ

칸토어, 15

코시동치, 207

코시수열, 206

코언, 281

쾨니흐, 280

크레타 사람 역설, 311

크로네커, 250

클라인 병, 128

ㅌ

토리첼리, 28

토리첼리 트럼펫, 28

특성함수, 139

ㅍ

퍼지관계, 338

퍼지교집합, 335

퍼지동치관계, 341

퍼지순서관계, 342

퍼지여집합, 336

퍼지제한함수, 343

퍼지집합, 333

퍼지차집합, 336

페아노, 184

푸앵카레, 12
피보나치수열, 360, 393
피타고라스 콤마, 381

ㅎ
하계, 171
하우스도르프의 극대원리, 221
하한, 171
한정기호, 72
함수, 132
함의한다, 66

합성함수, 140
합접, 61
합집합 공리, 58
항등함수, 139
항진명제, 65
형식적 멱급수, 361
형식적 미분, 367
홉스, 28
확장, 156
흄, 10
힐베르트, 15, 305

찾아보기 |영어|

A

Abel, N., 10

Ackerman, W., 319

actual infinity, 9, 15

algebraic structure, 130

annulus, 125

anti-symmetric, 114, 339

Aristotle, 9, 25

axiom of choice, 18, 59, 214

axiom of extension, 58

axiom of infinity, 59, 183

axiom of selection, 59, 311

axiom of specification, 59, 311

B

Bell number, 366

Berkeley, G., 31

biconditional, 63

biconditional statement, 63

bijective function, 139

Bolzano, B., 10, 32

bounded, 172

bounded above, 172

bounded below, 172

Burali-Forti paradox, 295

C

Cantor, G., 15

cardinal number, 16, 263

cardinality, 16, 249

Cartesian product, 108

Cauchy equivalent, 207

Cauchy sequence, 206

cent, 122

chain, 220

characteristic function, 139

choice function, 215

circular cylinder, 124

codomain, 133

Cohen, P., 281

completed infinity, 9

completeness, 315

complex number, 210

composite function, 140

conditional, 62

conditional proposition, 70

conditional statement, 62

conjunction, 61

connective, 60

consistency, 315

constant function, 139

constant sign, 321

continuum, 16, 258

continuum hypothesis, 16, 280

contradiction, 65

contrapositive, 77

countable, 249

Cretan paradox, 311

D

decimal expansion, 257

Dedekind, R., 248

density property, 250

denumerable, 249

diagonal method, 19, 258

disjunction, 61

domain, 133

E

equipotent, 246

equivalence class, 121

equivalence relation, 116

Eudoxus of Cnidus, 14

Euler, L., 379

existential quantifier, 73

exponential generating function, 367

extension, 156

F

Fibonacci sequence, 360, 393

finite set, 247

finite simple continued fraction, 208

first element, 167

formal derivative, 367

formal power series, 361

Foundations of Mathematics, 23

free ultra-filter, 239

function, 132

fuzzy constraint function, 343

fuzzy equivalence relation, 341

fuzzy order relation, 342

fuzzy set, 333

G

Galilei, G., 27

Gauss, C. F., 10

generalized continuum hypothesis, 17

Gödel number, 323

Gödel, K., 281

greatest element, 168

greatest lower bound, 171

H

Hausdorff maximality principle, 221

Hilbert, D., 15

Hobbes, T., 28

Hume, D., 10

hyper-real, 232

I

identity function, 139

image, 133, 135

immediate predecessor, 176

immediate successor, 176

imply, 66

inductive, 221

infimum, 171

infinite set, 247

infinite simple continued fraction, 208

infinitely close, 233

infinitely large, 233

infinitely small, 233

infinitesimal, 29, 232

injective function, 137

integer, 197

interval, 122

inverse function, 145

inverse image, 143

K

Klein bottle, 128

König, G., 280

Kronecker, L., 250

L

last element, 168

least element, 167

least upper bound, 172

Leibniz, G., 9, 29

liar paradox, 311

limit ordinal, 291

linear order, 165

logical equivalence, 66, 67

logical product, 61

logical sum, 61

lower bound, 171

M

mapping, 133

Marx, K., 372

mathematical induction, 185

maximal element, 169

membership function, 334

meta-mathematical, 324

minimal element, 169

Möbius strip, 126

N

negation, 60

Newton, I., 9, 29

nondenumerable, 249

non-standard analysis, 232

numerical variable, 322

O

one-to-one correspondence, 139

one-to-one function, 137

onto function, 138

ordered n-tuple, 109

ordered pair, 108

order-isomorphism, 284

order-preserving, 284

ordinal number, 288

ordinary generating function, 363

P

partial order, 162

partially ordered set, 162

partition, 118

Peano, G., 184

Poincaré, H., 12

poset, 162

potent, 249

potential infinity, 14, 26

power, 249

pre-image, 143

principle of trans-finite induction, 292

proper segment, 289

proper subset, 247

proposition, 60

propositional function, 70

Pythagorean comma, 381

Q

quantifier, 72

R

range, 136

rational number, 202

real number, 207

reflexive, 113, 339

relation, 111

restriction, 156

Robinson, A., 20, 232

Russell's paradox, 310

S

segment, 289

semitone, 122

sequence, 110

Stevin, S., 379

strictly increasing, 296

strongly inductive, 224

supremum, 172

surjective function, 138

syllogism, 77

symmetric, 113, 339

T

tautology, 65

topological structure, 130

Torricelli, E., 28

Torricelli's Trumpet, 28

torus, 126

total order, 165

totally ordered set, 165

trans-finite cardinal number, 263

transfinite induction, 18

transfinite number, 17

trans-finite ordinal number, 288

transformation, 133

transitive, 114, 339

truth set, 71

truth table, 60

truth value, 60

U

uncountable, 249

universal quantifier, 72

upper bound, 172

V

virtual infinity, 14

W

well-ordered set, 174

well-ordering principle, 18, 216

well-ordering property, 194

Z

Zadeh, L. A., 331

Zeno of Elea, 24

Zermelo, E., 214, 280

Zorn's lemma, 221

매디자인이 만든 책

- 기독수학교육시리즈

1. 수학, 성경과 대화하다 (에스라수학교육동역회)
2. 수학, 창세기를 읽다 (에스라수학교육동역회)
3. 할아버지가 들려주는 수학이야기 (신현용, 염명선)
4. 수학, 성경과 여행하다 (에스라수학교육동역회)

- 단행본

1. 수학, 성경을 읽다 (신현용)
2. 대칭: 갈루아 이론 (신현용, 신기철) 2017년도 대한민국학술원 선정 우수학술도서
3. 수학: 학제적 대화코드 (신현용) 2018년도 대한민국학술원 선정 우수학술도서
4. 학교수학의 점프 (신현용, 유익승, 한인기, 서보억, 전윤배, 나준영, 신기철)
5. 무한: 수학적 상상 (신기철, 신현용)
6. 정수와 대수: 암호, 부호 (신기철, 신현용)

- 근간

1. 수학으로 세상에 복이 된 사람들 (에스라수학교육동역회, 기독수학교육시리즈)
2. 수학, 그림을 그리다 (신실라, 신현용)
3. 초상화로 읽는 수학이야기 (신현용)

만든 사람들

신기철 (gshin@ucdavis.edu)
이 책의 글을 썼다. 한국교원대학교를 졸업하였으며 미국 University of California Davis에서 박사학위를 받았다. 주요 연구 분야는 군표현론과 대수조합론이다. 〈수학 IN 음악〉, 〈수학 IN 디자인〉, 〈대칭: 갈루아 이론〉, 〈무한: 수학적 상상〉, 〈정수와 대수: 암호, 부호〉의 저술에 참여하였고 수학 대중화에도 관심이 많다. 현재 한국교원대학교와 서원대학교에서 강의하고 있다.

신현용 (shin@knue.ac.kr)
이 책의 글을 썼다. 〈대칭: 갈루아 이론〉, 〈대칭: 갈루아 유언〉, 〈수학: 학제적 대화코드〉, 〈무한: 수학적 상상〉, 〈정수와 대수: 암호, 부호〉, 〈수학, 성경과 대화하다〉, 〈수학, 성경을 읽다〉, 〈수학, 성경과 여행하다〉, 〈할아버지가 들려주는 수학이야기〉 등을 저술하였으며, 한국수학교육학회 회장, 제12차국제수학교육대회(ICME-12) 조직위원장, 한국교원대학교 교수로 일했고, 지금은 수학디자인연구소에서 일하고 있다.

김영관 (badang25@naver.com)
이 책의 초상화를 그렸다. 학생들이 수학을 직접 경험하게 하는 수학체험전에 남다른 열정과 경험을 가지고 있다. 수학교육자로서 흔하지 않게 초상화를 자주 그린다. 학생들에게 꿈을 심어줄 수학자의 초상을 계속 그리고 있다. 〈대칭: 갈루아 유언〉, 〈수학: 학제적 대화코드〉, 〈수학, 성경과 여행하다〉, 〈할아버지가 들려주는 수학이야기〉의 초상화를 그렸고, 현재는 제주특별자치도교육청 교감으로 교육행정 업무에 임하고 있다.

ⓒ 2019. 매디자인
*이 책의 무단전재와 무단복제를 금합니다.

무한: 수학적 상상

2019년 02월 17일 초판 인쇄
2019년 02월 20일 초판 발행

지은이 신기철, 신현용
그림 김영관
펴낸이 신실라

펴낸곳 매디자인
주소 충청북도 청주시 흥덕구 강내면 태성탑연로 314-8
전화 010-8448-1929
이메일 mathesign@naver.com
홈페이지 https://blog.naver.com/mathesign
등록 2016. 06. 17 제2016-000025호

이 도서의 국립중앙도서관 출판예정도서목록(CIP)은 서지정보유통지원시스템 홈페이지(http://seoji.nl.go.kr)와
국가자료종합목록시스템(http://www.nl.go.kr/kolisnet)에서 이용하실 수 있습니다.(CIP제어번호:CIP2019004555)

979-11-959658-8-5
값 25,000원